次世代信号情報処理シリーズ　1

Next SIP series

信号・データ処理のための行列とベクトル

―複素数，線形代数，統計学の基礎―

田中聡久　著

コロナ社

シリーズ刊行のことば

信号処理とは，音声，音響，画像，電波など，連続する数値や連続波形が意味を持つデータを加工する技術です。現代のICT社会・スマート社会は信号処理なしには成り立ちません。スマートフォンやタブレットなどの情報端末はコンピュータ技術と信号処理技術が見事に融合した例ですが，私たちがその存在を意識することがないほど，身の回りに浸透しています。さらには，応用数学や最適化，また統計学を基礎とする機械学習などのさまざまな分野と融合しながらさらに発展しつつあります。

もともと信号処理は回路理論から派生した電気電子工学の一分野でした。抵抗，コンデンサ，コイルを組み合わせると，特定の周波数成分を抑制できるアナログフィルタを構成できます。アナログフィルタ技術は電子回路と融合することで能動フィルタを生み出しました。そしてディジタル回路の発明とともに，フィルタもディジタル化されました。一度サンプリングすれば，任意のフィルタをソフトウェアで構成できるようになったのです。ここに「ディジタル信号処理」が誕生しました。そして，高速フーリエ変換の発明によって，ディジタル信号処理は加速度的に発展・普及することになったのです。

ディジタル技術によって，信号処理は単なる電気電子工学の一分野ではなく，さまざまな工学・科学と融合する境界分野に成長し始めました。フィルタのソフトウェア化は，環境やデータに柔軟に適応できる適応フィルタを生み出しました。信号はバッファリングできるようになり，画像信号はバッチ処理が可能になりました。そして，線形代数や統計学を柔軟に応用することで，テレビやカメラに革命をもたらしました。もともと周波数解析を基とする音声処理技術は，ビッグデータをいち早く取り込み，人工知能の基盤技術となっています。電波伝送の一分野だった通信工学は，通信のディジタル化によって信号処理技術なしには成り立たないうえ，現代のスマート社会を支えるインフラとなっています。このように，枚挙に暇がないほど，信号処理技術は社会における各方面での基盤となっているだけでなく，さまざまな周辺技術と柔軟に融合し新たなテクノロジーを生み出しつつあります。

また，現代テクノロジーのコアたる信号処理は，電気・電子・情報系における大学カリキュラムでは必要不可欠な科目となっています。しかしながら，大学における信号処理教育はディジタルフィルタの設計に留まり，高度に深化した現代信号処理からはほど遠い内容となっています。一方で，最新の信号処理技術，またその周辺技術を知るには，論文を読んだり，洋書にあたったりする必要があります。さらに，高度に抽象化した現代信号処理は，ときに高等数学をバックグラウンドにしており，技術者は難解な数学を学ぶ必要があります。以上のことが本分野へ参入する壁を高くしているといえましょう。

これがまさに，次世代信号情報処理シリーズ “Next SIP” を刊行するに至ったきっかけです。本シリーズは，従来の伝統的な信号処理の専門書と，先端技術に必要な専門知識の間のギャップを埋めることを目的とし，信号処理分野で先端を走る若手・中堅研究者を執筆陣に揃えています。本シリーズによって，より多くの学生・技術者に信号処理の面白みが伝わり，さらには日本から世界を変えるイノベーションが生まれる助けになれば望外の喜びです。

2019 年 6 月

次世代信号情報処理シリーズ監修　田中聡久

ま　え　が　き

アナログの時代には，信号処理技術の理解には複素関数論が重要でした。しかし，ディジタルの時代には，信号は数ある「データ」の一種にすぎなくなり，これを適切に処理・解析するには，数学の知識がますます重要になってきています。特に，線形代数や統計学は重要で，その理解なしには研究開発が困難になるだけでなく，既存のアルゴリズムの理解や実装も難しいでしょう。本書では，信号処理研究者として長年研究してきた筆者独自の視点で，機械学習や最適化と密接につながっている現代の信号処理を理解するために必要な基礎数学を網羅しました。

一般的に，数学書はとてもレベルが高く，現実の課題に直面している技術者，研究者にとっても難しく感じられます。また個別技術の専門書は，数学の解説が断片的で，知識の点と点がなかなかつながっていきません。本書は，数学書と技術専門書の間を埋めることを目的としています。信号処理技術者や研究者，またこの分野に参入しようとしている大学生や大学院生が，高等学校の数学知識（プラス α）で読めるように配慮してあります。また，一通り大学初年度の数学を学んだものの，数年後に研究や開発で必要となったとき，どのように学び直したらいいのかわからない，という人でも理解しやすいように記述しました。なお，本書では直接触れていませんが，プログラミング言語の Python や MATLAB を意識した表記や構成になっています。

本書の特徴は，複素数から始めることです。通信や音声・音響を扱う場合，一度複素数を介した処理をする必要があります。したがって第 1 章で必要な複素数の知識が得られるようになっています。

第 2 章は，ベクトルの話です。高等学校の数学ではベクトルを平面・空間上の「長さを持った矢印」として習いますが，むしろ数列やプログラミング言語における配列とみなすべきです。また，単なる数の集まりではなく，連続関数もベクトルとしてみなすことができる点が，線形代数の醍醐味であり，そのことについて理解できるようにしてあります。

第3章では行列について，一通りの知識を得られるようになっています。行列に関しては，高等学校で行列を習っていない人にもわかりやすい説明を心がけました。なぜ行列などという演算を考えるのかを明確にするために，ベクトルの線形結合の観点から導入しました。行列を導入することで，連立1次方程式の見通しがよりクリアになります。

第4章からいよいよ抽象的な数学に突入します。基底と部分空間の概念は信号やデータの背後に存在する構造を理解するのに非常に有用です。特にランクや次元の概念により，信号やデータの見かけの次元と本当の次元を明確に区別することができるようになるのです。

第5章では，ベクトルどうしの位置関係を決める内積の概念を導入します。別々のデータの近さを測るための基礎概念を習得します。

第6章と第7章が本書での最初の山場です。固有値と固有ベクトルから固有値分解を定義できます。そして固有値分解を通じて，矩形行列に特異値分解を導入できます。特異値分解を用いると，連立1次方程式の解が一意に決まらない場合，または存在しないような場合にも何らかの「解」を得ることができます。この見通しをクリアにする道具が一般化逆行列と射影行列です。

第8章からは，データが不確かな振舞いをする場合について述べます。実際の信号やデータは観測するまでわからないので，何らかの「傾向」があるものとして信号処理アルゴリズムを組み立てる必要があります。その「傾向」が確率と呼ばれるものです。

そして第9章で，確率的な対象を処理するための基礎的な方法であるパラメータ推定を学びます。パラメータ推定とは，処理アルゴリズムに特性を調整できるツマミ（パラメータ）をつけて，そのツマミを観測信号やデータから決定する方法のことです。この考え方は，統計学や機械学習と大きな共通点を持っています。

最後の付録には，ベクトルや行列の関数の微分についてまとめました。ベクトルや行列の関数は，信号処理や機械学習では頻出の数学的テクニックです。本書では，トレースと全微分を用いた形式的な求め方について触れました。2乗誤差を扱う場合，この方法は非常に有用ですが，これについてまとめられている成書は多くないようです。

伝統的な信号処理に必要な数学であるフーリエ解析は，第1章で簡単に触れるに留めました。フーリエ解析の成書はすでにたくさん出版されているためです。

本書を執筆するにあたって，多くの方の協力を得ました。特に，新潟大学の村松正吾先生，大阪市立大学の林和則先生，東京工業大学の小野峻佑先生には大変有益なコメントをいただきました。付録のベクトル関数の微分については，林和則先生の助言が大変役に立ちました。図の作成には，筆者の研究室の山本紗有さんに助けてもらいました。筆者には画才がないので，とても助かりました。

2019年6月

田中聡久

目　　　　次

1. 複　　素　　数

2. ベ　ク　ト　ル

3.　行　　　列

4.　基底と部分空間

5.　内積と直交性

6. 固有値分解

7.　特異値分解，一般逆行列

8.　確率ベクトル

9. パラメータの推定

付録：ベクトル・行列関数の微分

複　素　数

Next SIP

時系列の信号を扱う場合，複素数は重要な概念です。また，数学を用いる場合も，最初から複素数の範囲で考えておけば，実数のみの議論をする場合もすべて包含できるので，大変便利です。ここでは，高等学校で複素数に触れたことがある程度の知識を前提に，複素数について説明していきます。

1.1　実数，虚数，複素数

実数は，整数や有理数（分母分子が整数で表される数）に加えて，無理数（有理数で表現できない無限小数）を包含した数のことです[†1]。例えば無理数は方程式の解として現れます。例として，$x^2 = 3$ の解は整数や有理数で表現できず，無理数を利用して $x = \pm\sqrt{3}$ となります。

同様にして，$x^2 = -1$ のように 2 乗して負になるような方程式にも解を導入できたら便利です。この解は形式的には $x = \pm\sqrt{-1}$ となりますが，$\sqrt{\cdot}$ は正の数のみに定義されているため，本来は $\sqrt{-1}$ は存在しません。そこで，2 乗すると負になる数を定義し，それを**虚数**（imaginary number）と呼ぶことにします。特に 2 乗すると -1 になる虚数を**虚数単位**（imaginary unit）と呼び，i で表します[†2]。そうすると，$x^2 = -2$ の解は，$x = \pm i\sqrt{2}$ と表現できます。

2 次方程式 $ax^2 + bx + c = 0$ $(a \neq 0)$ の解は，$b^2 - 4ac > 0$ のとき

---

†1　実数の正確な定義は数学書を見てください。
†2　電気工学では i ではなく，j が広く使われます。電流の記号に i を用いるためです。

$$x = \frac{-b \pm \sqrt{b^2 - 4ac}}{2a}$$

です。しかし，$b^2 - 4ac < 0$ となる場合にも，虚数を導入することで必ず解を持つことになります。例えば，$x^2 + 2x + 3 = 0$ の解は，$x = -1 \pm i\sqrt{2}$ となることが，上の公式からわかります。このように，a，b を実数としたとき

$$z = a + ib$$

で表現できる数のことを**複素数**（complex number）と呼びます。複素数の集合を $\mathbb{C}$ と表記します。「z は複素数である」を，集合論の記号を使って $z \in \mathbb{C}$ と表記します。虚数と複素数を混同する人をよく見かけますが，あくまでも虚数は ib のことであり，$a + ib$ は虚数ではなく複素数です。a のことを**実数成分**（real component），b のことを**虚数成分**（imaginary component）と呼びます。

また，複素数 z の実数成分を $\mathrm{Re}[z]$，虚数成分を $\mathrm{Im}[z]$ と書く場合もあります。つまり，$z = a + ib$ に対しては，$\mathrm{Re}[z] = a$，$\mathrm{Im}[z] = b$ です。

このように便宜的に導入した複素数ですが，数学をとても豊かなものにし，関数論という大きな分野が生まれました。ただし本書では深入りせず，必要な知識だけ扱っていきます。特に，音や株価，気象変動や脳波のような時系列信号を扱う場合，複素数を用いることで，解析の幅が大きく広がります。

1.2 複素数の演算

複素数には，加算，乗算，除算が定義されます。

1.2.1 共　　役

それらについて見る前に，まず複素数特有の演算である共役について述べます。複素数 $z = a + ib$ に対して，共役 $\bar{z}$ とは虚数の符号を反転させる操作のことで，具体的には

$$\bar{z} = a - ib$$

と定義されます。本によっては，共役を z^* と表記する場合もあります。

実数の共役は，もとの実数そのものです。つまり実数 a に対しては $\bar{a} = a$ が成り立ちます。

1.2.2 複素数の加算

二つの複素数 $z_1 = a_1 + ib_1$，$z_2 = a_2 + ib_2$ に対して，その和は

$$z_1 + z_2 = (a_1 + a_2) + i(b_1 + b_2)$$

と定義されます。

複素数とその共役の和は，必ず実数になります。複素数 $z = a + ib$ に対して

$$z + \bar{z} = (a + ib) + (a - ib) = 2a$$

です。一方，複素数とその共役の差は，次式のように必ず虚数になります。

$$z - \bar{z} = (a + ib) - (a - ib) = i2b$$

したがって，実数成分を取り出すには

$$\mathrm{Re}[z] = \frac{z + \bar{z}}{2}$$

とし，虚数成分を取り出すには

$$\mathrm{Im}[z] = \frac{z - \bar{z}}{i2}$$

とすればよいことがわかります。

1.2.3 複素数の乗算

乗算は，つぎのように自然に決まります。

$$\begin{aligned} z_1 z_2 &= (a_1 + ib_1)(a_2 + ib_2) \\ &= a_1 a_2 + a_1(ib_2) + (ib_1)a_2 + (ib_1)(ib_2) \end{aligned}$$

$$= a_1a_2 + i(a_1b_2 + a_2b_1) + i^2b_1b_2$$
$$= (a_1a_2 - b_1b_2) + i(a_1b_2 + a_2b_1)$$

複素数とその共役の積は，必ず実数になります。複素数 $z = a + ib$ に対して

$$z\bar{z} = (a+ib)(a-ib) = a^2 - iab + iba - i^2b^2 = a^2 + b^2$$

となります。特に，$\sqrt{z\bar{z}}$ を z の**絶対値**（absolute value または modulus）または**振幅**（amplitude）と呼び $|z|$ と表記します。すなわち

$$|z| = \sqrt{z\bar{z}} = \sqrt{a^2 + b^2} \tag{1.1}$$

です。本書では，特に断りのない限り，$|z|$ を z の振幅と呼ぶことにします。信号処理分野では振幅が一般的だからです。

1.2.4　複素数の有理化と除算

有理化とは，虚数単位をすべて分子に集める操作で，分母分子に，分母の共役を乗じる操作です。すなわち，$z = a + ib$ に対して

$$\frac{1}{z} = \frac{\bar{z}}{z\bar{z}} = \frac{a - ib}{a^2 + b^2} = \frac{1}{a^2 + b^2}(a - ib)$$

となります。

除算 $\dfrac{z_1}{z_2}$ は，z_1 に z_2 の逆数 $\dfrac{1}{z_2}$ を乗じたものと考えればよく

$$\begin{aligned}\frac{z_1}{z_2} = z_1\frac{1}{z_2} &= (a_1 + ib_1)\frac{a_2 - ib_2}{a_2^2 + b_2^2}\\ &= \frac{(a_1 + ib_1)(a_2 - ib_2)}{a_2^2 + b_2^2}\\ &= \frac{a_1a_2 + b_1b_2 + i(b_1a_2 - a_1b_2)}{a_2^2 + b_2^2}\end{aligned}$$

となります。

1.3 複素数平面と極座標表示

1.3.1 複素数平面

実数を図示するときは，数直線を使いました。同様にして，実数には横軸の数直線，虚数に対しては縦軸の数直線を導入することで，複素数を平面上の一点として考えることができます（**図 1.1**）。この横軸を特に**実軸**（real axis），縦軸を特に**虚軸**（imaginary axis）と呼びます。

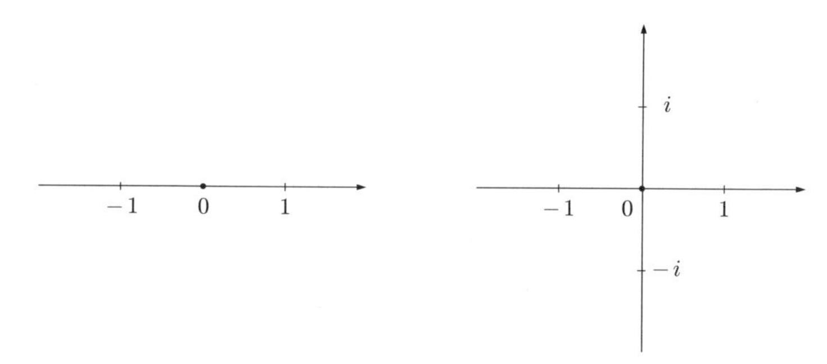

図 1.1　実数の数直線を複素数に拡張すると平面になる

図 1.2 は，二つの複素数 $2+i$ と $-1-i3$ を図示した例です。表示の方法には 2 種類あります。左図は，複素数を点で表す方法，右図は，矢印で表す方法

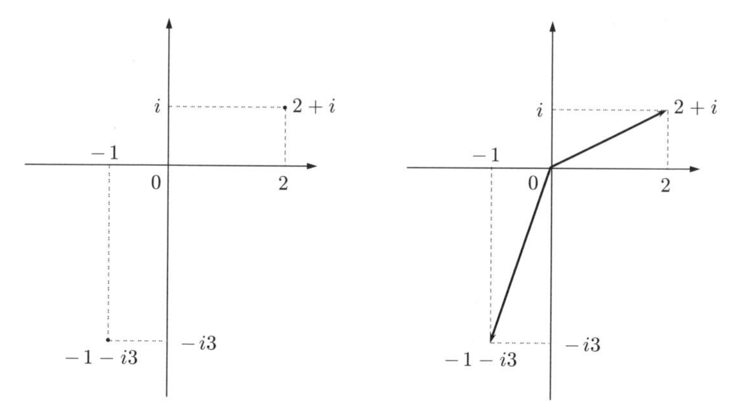

図 1.2　複素数平面上における $2+i$ と $-1-i3$

を示しています。基本的にはどちらの方法を使ってもよいのですが，このあと示すように矢印表記のほうが，加減算において直観的にわかりやすい場合が多いです。

1.3.2 極　　座　　標

複素数平面上では，実数を横軸，虚数を縦軸にとり，直交座標上の点と複素数を対応づけるのでした。これは次章で扱うベクトルとの親和性が非常に高い表現です。

しかしながら，複素数を平面上で表現するには，別の見方もできます。それが**極座標表示**（polar coordinate representation）と呼ばれるものです。**図 1.3** には，複素数 $x = 2 + i$ を複素数平面で表した例が示されています。この複素数の振幅（複素数平面上では「長さ」）は $|x| = \sqrt{5}$ です。ここで，x が横軸となす角度を θ とします。そのうえで，複素数平面上に，半径 1 の円（これを単位円と呼びます）を描きます。そうすると，x に対応する矢印が単位円と交わる点の実軸と虚軸の座標は三角関数を用いて，それぞれ $\cos\theta$，$i\sin\theta$ になることがわかります。つまり，x が単位円と交わる点（x に対する単位円上の点）は，$\cos\theta + i\sin\theta$ と表現できます。単位円上における複素数の振幅は必ず 1 ですか

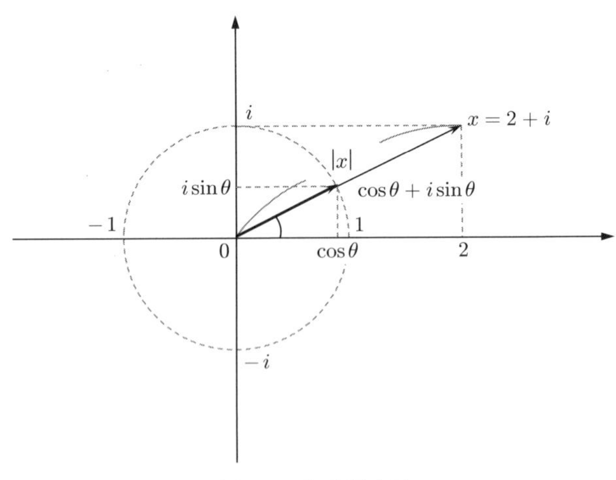

図 1.3　極座標表示

ら，任意の複素数 x は，その長さ $|x|$ と，実軸からの角度 θ を用いて

$$x = |x|(\cos\theta + i\sin\theta) \tag{1.2}$$

と表現できることがわかります。ここで，角度 θ は，特に**偏角**（argument）または**位相**（phase）と呼ばれています。単位は rad です。信号処理分野では位相と呼ぶのが一般的なので，本書もそれに倣うことにします。x の位相であることを明示的に表すには，$\arg x$ という表記を用います。このように，複素数の振幅と位相の組 $(|x|, \arg x)$ を**極座標**（polar coordinate）と呼びます。

ここで，複素数表示を強力にする公式

$$e^{i\theta} = \cos\theta + i\sin\theta \tag{1.3}$$

を**オイラーの公式**（Euler's law）と呼びます。

この公式は，指数関数のテイラー展開[†1]から定義される複素指数関数[†2]

$$e^{z} = 1 + \frac{z}{1!} + \frac{z^2}{2!} + \frac{z^3}{3!} + \cdots \tag{1.4}$$

に $z = i\theta$ を代入すると

$$\begin{aligned} e^{i\theta} &= 1 + \frac{i\theta}{1!} + \frac{(i\theta)^2}{2!} + \frac{(i\theta)^3}{3!} + \cdots \\ &= \left(1 - \frac{\theta^2}{2!} + \frac{\theta^4}{4!} - \cdots\right) + i\left(\theta - \frac{\theta^3}{3!} + \frac{\theta^5}{5!} - \cdots\right) \end{aligned} \tag{1.5}$$

と表現できます。式 (1.5) の第 1 項が $\cos\theta$ のテイラー展開

$$\cos\theta = 1 - \frac{\theta^2}{2!} + \frac{\theta^4}{4!} - \cdots$$

[†1] 実数 x に対して，e^x のテイラー展開は

$$e^{x} = 1 + \frac{x}{1!} + \frac{x^2}{2!} + \frac{x^3}{3!} + \cdots$$

となります。

[†2] 複素指数関数では，実数の指数関数と同様の性質が成り立ちます。例えば，複素数 z_1，z_2 に対して

$$e^{z_1}e^{x_2} = e^{z_1+z_2}$$

が成り立ちます。

第 2 項が $\sin\theta$ のテイラー展開

$$\sin\theta = \theta - \frac{\theta^3}{3!} + \frac{\theta^5}{5!} - \cdots$$

と一致することから証明できます。テイラー展開は，大まかにいうと，多項式ではない関数を多項式関数の和で表してしまおう，というテクニックです†。

このオイラーの公式 (1.3) を用いると，三角関数を用いた極座標表示は，指数関数を用いた形

$$x = |x|e^{i\theta} \tag{1.6}$$

で表現できます。これは式 (1.2) の三角関数を用いたものより，はるかにシンプルな形をしていますし，このあと述べるように，複素数の乗除算が直観的にわかりやすくなります。

なお，$e^{-i\theta} = \cos(-\theta) + i\sin(-\theta) = \cos\theta - i\sin\theta$ となるので，$e^{-i\theta}$ は $e^{i\theta}$ の共役になっていることがわかります（$\overline{e^{i\theta}} = e^{-i\theta}$）。$i$ を $-i$ に取り替えると共役になることが，指数を使った表現でも成り立つわけです。このことを利用すると，つぎの二つの式

$$\cos\theta = \frac{e^{i\theta} + e^{-i\theta}}{2} \tag{1.7}$$

$$\sin\theta = \frac{e^{i\theta} - e^{-i\theta}}{i2} \tag{1.8}$$

が導かれます。

1.3.3 複素数演算の複素数平面における意味

（1） 加　　算　　複素数平面を使うと，複素数の加減算がとても直観的に理解できます。図 1.2 で示した二つの複素数 $x = 2 + i$ と $y = -1 - i3$ の加算は，定義のとおり $x + y = (2 - 1) + i(1 - 3) = 1 - i2$ です。これを平面上に表示すると，**図 1.4**(a) のようになります。x までの矢印と y までの矢印を 2

† 詳しくは微分積分学の教科書・専門書を参考にしてください。

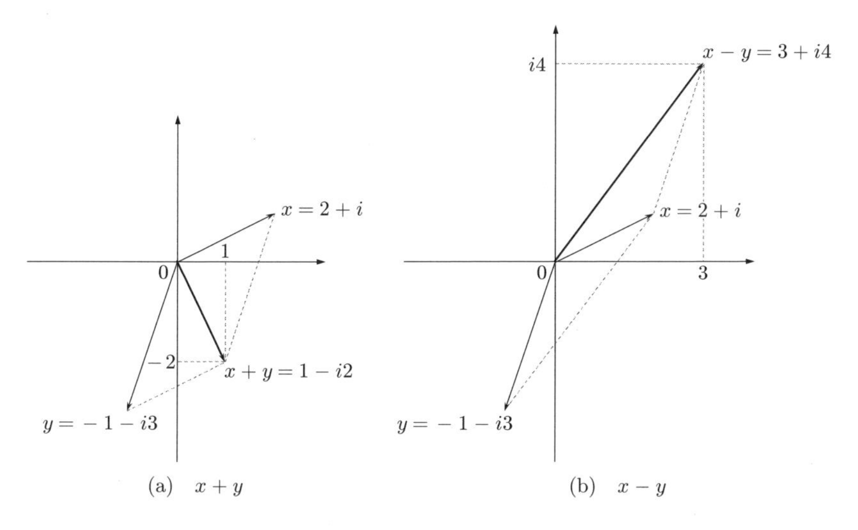

図 1.4　複素数平面上における加算と減算

辺とする平行四辺形をつくって，その対角線が $x+y$ となっている様子を理解できます。

（2）減　　算　減算は $x-y=(2+1)+i(1+3)=3+i4$ となりますが，これを平面上に表示すると，図 1.4(b) のようになります。y を起点とし，x を終点とする矢印を描き，その始点が原点になるように平行移動したものが $x-y$ です。数直線上で実数の減算をしたときの自然な拡張になっていることが理解できると思います。

（3）共　　役　複素数 z の共役 $\bar{z}$ は，虚部の符号を逆にするだけです。したがって，**図 1.5** に示すように，実軸に対して対称な点が共役になります。複素数平面を考えることで，$\dfrac{z+\bar{z}}{2}$ が，z の実部に対応することが，幾何学的に理解できるでしょう。

（4）乗　　算　二つの複素数の乗算が，複素数平面上でどのようになるのかを見ていきましょう。$x=a+ib$，$y=c+id$ に対しては，$xy=(a+ib)(c+id)=ac-bd+i(bc+ad)$ となりますが，この結果は直観的にわかりにくいものです。そこで，それぞれを極座標 $x=|x|e^{i\theta}$，$y=|y|e^{i\phi}$ で表します。このとき

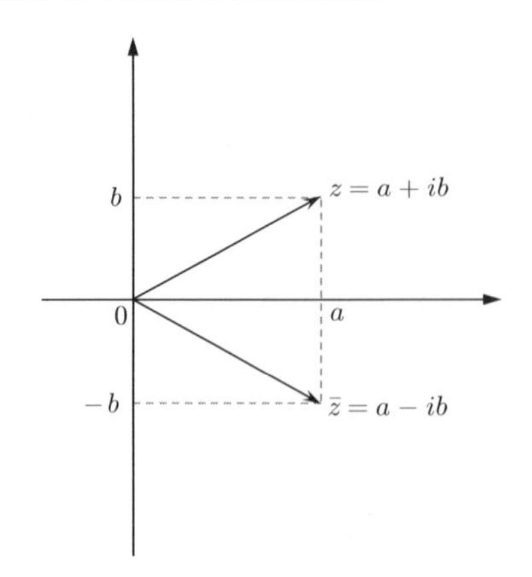

図 1.5　複素数平面上における共役

$$xy = (|x|e^{i\theta})(|y|e^{i\phi}) = |x||y|e^{i\theta}e^{i\phi} = |x||y|e^{i(\theta+\phi)}$$

となります。つまり，xy の振幅は，x の振幅と y の振幅を乗じたものとなり，位相はそれぞれの位相の和となります。別の言葉でいい換えれば，x に y を乗じるということは，「x の長さを $|y|$ 倍して，位相を ϕ だけ反時計回りに回転させる」という解釈が成り立ちます。もちろん，y を基準にしても構いません。

これを複素数平面上に図示したものが**図 1.6**(a) です。xy の位相が $\theta + \phi$ になっている様子がわかります。この考え方は非常に重要で，x を基準にして考えると位相が ϕ だけ増えています。これを，信号処理の用語を用いると，「x の

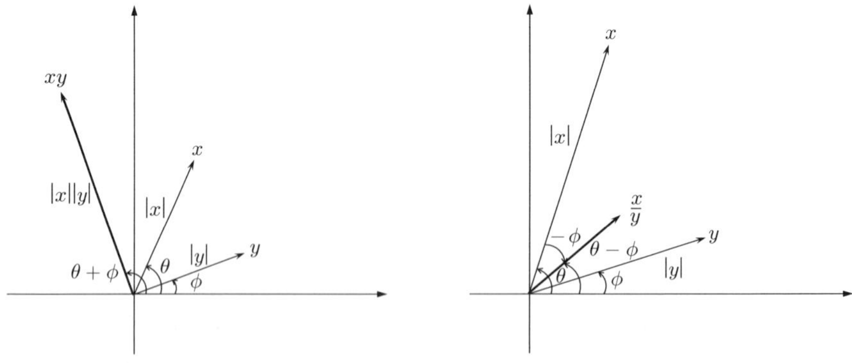

(a)　積は絶対値の積と偏角の和となる　　(b)　商は絶対値の商と偏角の差となる

図 1.6　複素数平面上における (a) 乗算と (b) 除算

位相が，y によって ϕ だけ進む」と表現します。これについては後ほど再び触れます。

（5）除　　算　二つの複素数 $x = a + ib$，$y = c + id$ の除算 $\dfrac{x}{y}$ はより複雑でした。しかしながら，これは極座標表示によって，とても見通しがよくなります。そこで，乗算の場合と同じように，極座標表示で計算してみます。

$$\frac{x}{y} = \frac{|x|e^{i\theta}}{|y|e^{i\phi}} = \frac{|x|}{|y|}e^{i\theta}e^{-i\phi} = \frac{|x|}{|y|}e^{i(\theta-\phi)}$$

このように，$\dfrac{x}{y}$ は，それぞれの振幅で除算をしておき，位相を $\theta - \phi$ としたものになっていることがわかります。これを図示したものが，図 1.6(b) です。特に位相に注目すると，乗算のときと同様に，信号処理では「x の位相が，y によって ϕ だけ戻る（$-\phi$ だけ進む)」のように表現されます。

1.4 フーリエ級数

1.4.1 複素正弦波

ある複素数 x を極座標表示（$x = |x|e^{i\theta}$）したとき，この位相 θ が時間とともに増加する場合を考えます。つまり，半径 $|x|$ の円周上で矢印の先がぐるぐる回転するイメージです。

位相が単位時間当り ω〔rad〕増加するとすれば，位相は時刻 t の関数 $\theta(t) = \omega t$ となり，複素数自体も t の関数

$$x(t) = |x|e^{i\theta(t)} = |x|e^{i\omega t} \tag{1.9}$$

と表すことができます。この ω は**角周波数**（angular frequency）または**角速度**（angular velocity）と呼ばれ，単位は rad/s です†。複素正弦波 $|x|e^{i\omega t}$ は，**図 1.7** に示すように，複素数平面で原点を中心とする半径 $|x|$ の円周上をぐるぐる動いている点であると理解できます。回転の速度が角周波数であり，1 秒間で ω〔rad〕だけ進むと理解できます。

† 時系列データや信号を扱う際は角周波数と呼ぶのが一般的なので，本書では角周波数と呼ぶことにします。

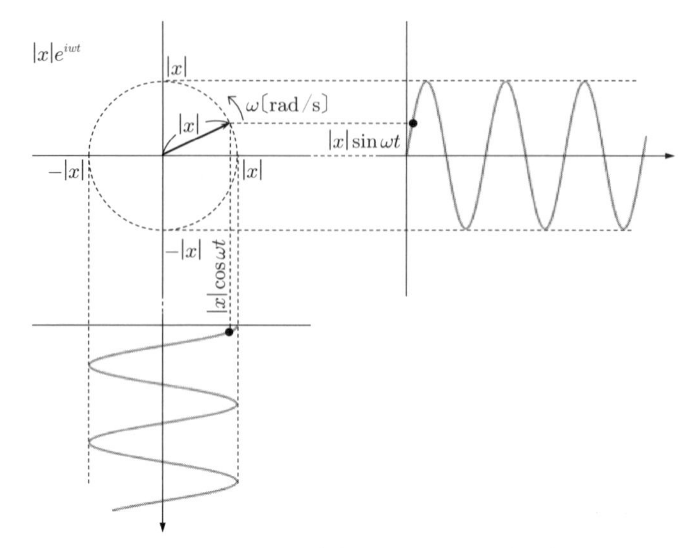

図 1.7　複素正弦波 $|x|e^{i\omega t}$ は原点を中心とする半径 $|x|$ の円周上を，1 秒間に ω〔rad〕回転する点とみなせる。実軸上への射影が $|x|\cos\omega t$，虚軸上への射影が $|x|\sin\omega t$

2π〔rad〕が 1 回転なので，角度ではなく回転数に着目する場合もあります。1 秒間に f 回転するとすれば，角周波数は，$\omega = 2\pi f$ と表現できます。この f は**周波数**（frequency）と呼ばれ，単位は Hz です。周波数の逆数 $T = \dfrac{1}{f}$ を周期と呼びます。単位は秒であり，複素正弦波が円周上を一周する時間を表現しています。また，$|x| = 1$ のとき，複素数平面上の円周を**単位円**（unit circle）と呼びます。

オイラーの公式 (1.3) より，実軸上の値と虚軸上の値は，それぞれ時刻 t の三角関数となり

$$\mathrm{Re}[|x|e^{i\omega t}] = |x|\cos\omega t$$

$$\mathrm{Im}[|x|e^{i\omega t}] = |x|\sin\omega t$$

となります。つまり，図 1.7 に示すように，複素正弦波 $|x|e^{i\omega t}$ を実軸上へ射影したものが cos 関数，虚軸上に射影したものが sin 関数となります。これが，

$|x|e^{i\omega t}$ を複素正弦波と呼ぶ理由です。

正弦波を複素正弦波で表現すると非常に便利なことがあります。例えば，ある正弦波 $\sin \omega t$ の振幅を a 倍したいときは，$a \sin \omega t$ のように，乗算でこれを実現できます。このとき，演算が**線形**（linear）であるといいます。しかし，正弦波を少しずらして $\sin(\omega t + \theta)$ にしたい場合，$\sin \omega t$ と $\sin(\omega t + \theta)$ の間には比例の関係がないので，乗算で実現できません。このように波形を乗算する処理は，信号処理における最も大切な役割の一つですが，$\sin \omega t$ と $\sin(\omega t + \theta)$ の間には乗算の関係がありません。乗算で実現できないということは，線形ではないということです。これはとても都合が悪いのです。

これに対して，正弦波の代わりに複素正弦波 $e^{i\omega t}$ を考えると，$ae^{i\theta}$ を乗じることで，$ae^{i\theta}e^{i\omega t} = ae^{i(\omega t + \theta)}$ のように，振幅を a 倍できるだけでなく，同時に θ だけ平行移動させることができます。あとは，$ae^{i(\omega t + \theta)}$ の虚部を取ることで，$\sin(\omega t + \theta)$ が得られます。この様子を示したのが，**図 1.8** です。複素数は実世界に存在しない量ですが，このように一度複素数に置き換えることで，線形の処理として解釈できるようになるので，複素正弦波は非常に有用な概念と

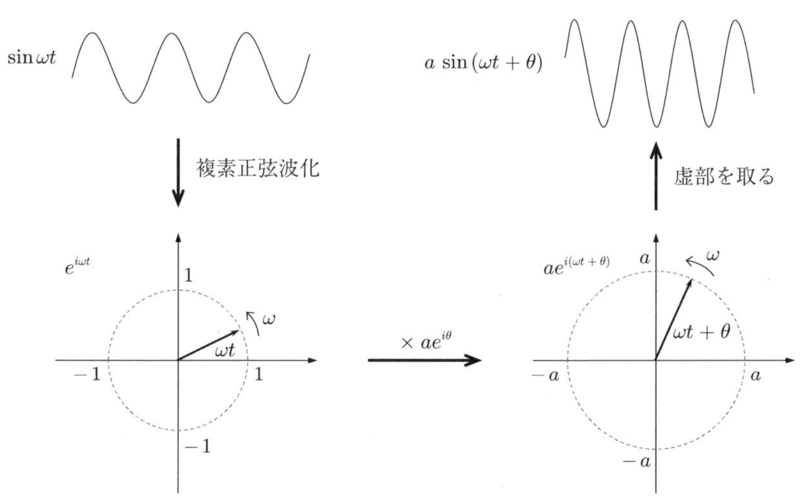

図 1.8 複素正弦波を用いることで，定数倍と平行移動を複素数の乗算で実現できる

いえます。

1.4.2 フーリエ級数

複素正弦波の応用の一つが（狭義の）**フーリエ級数**（Fourier series）です[†]。フーリエ級数とは，周期的な関数を，異なる周波数を持つ正弦波の和で表した表現のことです。

(1) 周期関数のフーリエ級数　　周期 T〔s〕（つまり周波数 $\frac{1}{T}$〔Hz〕）で同じ波形を繰り返す任意の周期関数 $x(t)$ を考えましょう（**図 1.9**）。この周期関数は，周波数 $\frac{k}{T}$（k は整数）の複素正弦波 $e^{i2\pi\frac{k}{T}t}$ を用いて

$$x(t) = \sum_{k=-\infty}^{\infty} c_k e^{i2\pi\frac{k}{T}t} \tag{1.10}$$

と表現できることが知られています。ここで c_k は，**フーリエ係数**（Fourier coefficient）と呼ばれる複素数であり，$x(t)$ が実数であれば k の正負について共役になります。つまり，$c_{-k} = \overline{c_k}$ が成り立ちます（→ 章末問題【**3**】）。

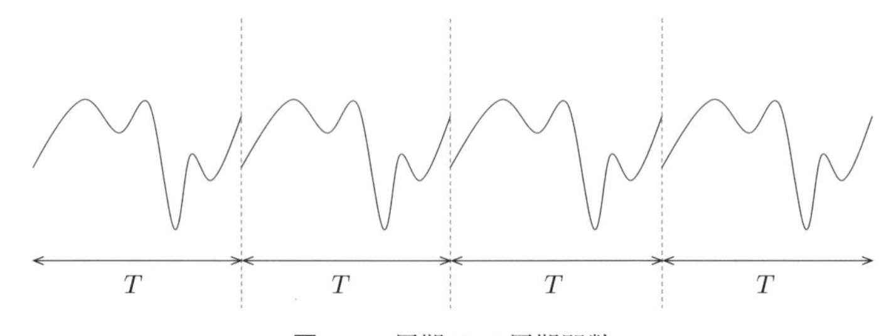

図 1.9　周期 T の周期関数

実は，式 (1.10) の等号は厳密には成り立たず，あくまでも「限りなく近くなる」という意味を表しています。厳密には収束について議論する必要がありますが，この議論は本書の趣旨から外れますので，厳密な議論に関してはフーリエ解析や関数解析の成書を参考にしてください。本書では，この等式が成り立つと考えてしまって構いません。

---

† 「狭義の」とただし書きをつけた理由は，広義のフーリエ級数が存在するためです。これについては 5.2.1 項で説明します。

（2）　フーリエ級数の正弦波表現　それでは，式 (1.10) の右辺はどのような意味を持つのでしょうか。区間 T〔s〕に整数周期分の正弦波を描くとします。この区間に描ける正弦波のなかで，最も周波数の低い波形[†]は

$$a\cos\left(2\pi\frac{1}{T}t+\theta_1\right)$$

です。a は正弦波の振幅で実数です。この波形の周波数は，$\frac{1}{T}$〔Hz〕です。この 2 倍の周波数の正弦波も，周期 T で同じ波形を繰り返します。同様に，k 倍の周波数の正弦波も，周期 T で同じ波形になります。k 倍の周波数の正弦波を

$$a_k\cos\left(2\pi\frac{k}{T}t+\theta_k\right) \tag{1.11}$$

と表現しましょう。オイラーの公式から得られた式 (1.7) を使えば，この正弦波は

$$a_k\frac{e^{i\left(2\pi\frac{k}{T}t+\theta_k\right)}+e^{-i\left(2\pi\frac{k}{T}t+\theta_k\right)}}{2}=\frac{a_k}{2}e^{i\theta_k}e^{i2\pi\frac{k}{T}t}+\frac{a_k}{2}e^{-i\theta_k}e^{i2\pi\frac{(-k)}{T}t}$$

のように周波数 $\frac{k}{T}$ と $-\frac{k}{T}$ の 2 種類の複素正弦波の和になります。ここで，第 1 項の係数 $\frac{a_k}{2}e^{i\theta_k}$ は，複素数の極座標表示になっていることがわかります。そこで，これを改めて $c_k=\frac{a_k}{2}e^{i\theta_k}$ とおきます。また，第 2 項に関しては，$c_{-k}=\frac{a_k}{2}e^{-i\theta_k}$ とおくと，振幅は実数なので $\overline{a_k}=a_k$ となるため，$c_{-k}=\overline{c_k}$ が成り立ちます。

このことから，フーリエ級数（式 (1.10)）は，位相と振幅が k によって異なる正弦波（式 (1.11)）の和

$$x(t)=\sum_{k=0}^{\infty}a_k\cos\left(2\pi\frac{k}{T}t+\theta_k\right)$$

と等価になります。

---

† 直流も正弦波とみなす流儀がありますが，ここで正弦波といえば，直流を考慮しないものとします。

（3） フーリエ係数　周期 T〔s〕の関数 $x(t)$ が与えられたとき，そのフーリエ係数 c_k は

$$c_k = \frac{1}{T}\int_0^T x(t)e^{-i2\pi\frac{k}{T}t}dt \tag{1.12}$$

で求めることができます。

例えば，**図 1.10** に示すような，周期 T の矩形波のフーリエ係数は

$$c_k = \frac{1}{2}\frac{\sin\frac{\pi}{2}k}{\frac{\pi}{2}k}e^{-i\frac{\pi}{2}k}$$

となります。これを式 (1.10) に代入することで，フーリエ級数は

$$x(t) = \frac{1}{2}\sum_{k=-\infty}^{\infty}\frac{\sin\frac{\pi}{2}k}{\frac{\pi}{2}k}e^{i2\pi\frac{k}{T}\left(t-\frac{T}{4}\right)} \tag{1.13}$$

となります。この式の無限級数和を途中で打ち切った式

$$x_K(t) = \frac{1}{2}\sum_{k=-K}^{K}\frac{\sin\frac{\pi}{2}k}{\frac{\pi}{2}k}e^{i2\pi\frac{k}{T}\left(t-\frac{T}{4}\right)}$$

について，異なる K に対する $x_K(t)$ を描画したものが**図 1.11** になります。K が大きくなるにつれて，矩形波に近づいていく様子がわかります[†]。

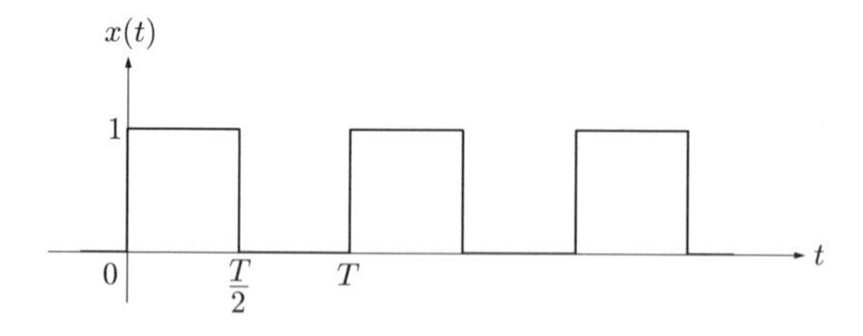

図 1.10　周期 T〔s〕の矩形波

† 実際は，0 と 1 の間の不連続点に，Gibbs 現象と呼ばれる不自然な振動が現れます。この振動は $K \to \infty$ でも消えることがありませんが，一様収束と呼ばれる基準では無視できることが知られています。

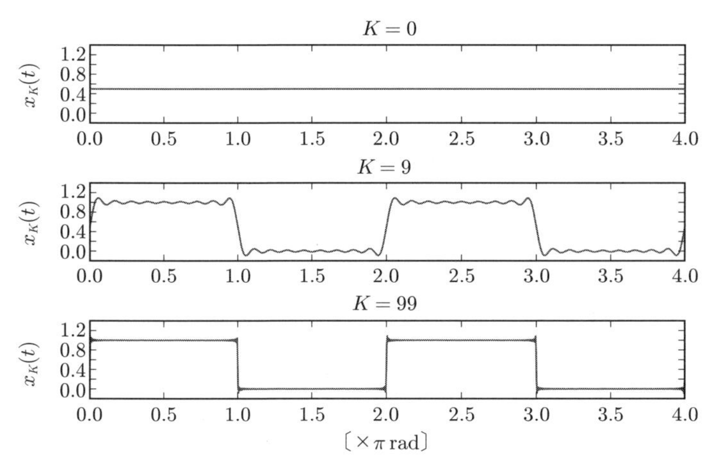

図 1.11　周期 $T = 2$ の矩形波のフーリエ級数を，$K = 0, 9, 99$ のそれぞれで，途中で打ち切ったときの様子

1.5　む　す　び

信号処理の対象のなかでも，特に複素数を多用する信号は通信信号と音響信号です。特に位相を考慮した処理は，信号処理が最も得意とするところです。

信号処理で複素数を扱う一番の理由は，周期的な時系列信号がフーリエ級数展開によって複素正弦波の和に分解できるからです。つまり，一度分解してしまえば，個々の複雑な波形を扱う必要はなく，複素正弦波に複素数を乗じることで，あらゆる処理が可能になります。フーリエ級数展開を基礎として，非周期信号や離散信号を複素正弦波で表現する信号解析方法を，**フーリエ解析**（Fourier analysis）と呼びます。フーリエ解析はとても美しい数学の体系となっており，非常に多くの成書が存在します。線形代数や関数解析学とも密接に関わっているうえに，工学的にもとても大切な分野です。

章　末　問　題

【1】 複素数 z に対して，$\mathrm{Re}[z] \leq |z|$ を示せ。

【2】 オイラーの公式から，式 (1.7)，(1.8) を導け。

【3】 フーリエ級数の式 (1.10) で，信号 $x(t)$ が実数であれば，係数 c_k について $c_{-k} = \overline{c_k}$ が成り立つことを示せ。

【4】 フーリエ係数を求める式 (1.12) を用いて，図 1.10 に示す矩形波のフーリエ係数（式 (1.13)）を導け。

2 ベ ク ト ル

Next SIP

高等学校の数学では，ベクトルとは方向と長さを持った量であると学びました。図形的には，平面や空間において，原点から伸ばした矢印で表現しました。ただ,「方向と長さ」は便利な解釈ですが，それにとらわれないほうが見通しがよくなることがあります。ディジタル信号処理や情報科学におけるベクトルとは，数字をまとめて扱うことのできるメモリや配列のようなものです。

このベクトルに和とスカラ積と呼ばれる演算を定義することで，行列という概念を導入できます。このベクトルと行列が織りなす世界は「線形代数」と呼ばれ，現代技術の根幹をなす数学の一つです。

特にベクトルは線形代数の中心を占めます。ベクトルは「方向と長さ」であるという先入観はいったん捨て，数字を並べた配列であるという認識からスタートしたいと思います。

2.1 ベクトルとは

例えば，ある時刻における東京と大阪の気温を考えましょう。東京の気温が15°C，大阪の気温が18°C であれば，これをまとめた

$$\boldsymbol{x} = \begin{bmatrix} \text{東京の気温} \\ \text{大阪の気温} \end{bmatrix} = \begin{bmatrix} 15 \\ 18 \end{bmatrix}$$

を**ベクトル**（vector）と呼んでおり，$\boldsymbol{x}$ のように太字を用いることで**スカラ**

(scalar) と区別します[†]。コンピュータにおいて，$\boldsymbol{x}$ は配列変数に相当します。数字が縦に並んでいるので，あえて**縦ベクトル**（column vector）と呼ぶこともあります。これに対して，数字は $[15, 18]$ のように横に並べてもよく，これを特に**横ベクトル**（row vector）と呼びます。本書では，特に断りがない限り，ベクトルは縦ベクトルであるとします。

横ベクトルを縦ベクトル，また縦ベクトルを横ベクトルに変換する操作のことを**転置**（transpose）と呼び，$\boldsymbol{x}^T$ のように書きます。つまり

$$[15, 18]^T = \begin{bmatrix} 15 \\ 18 \end{bmatrix}$$

となります。本書では以降，スペースを節約するために，縦ベクトル $\boldsymbol{x} = \begin{bmatrix} 15 \\ 18 \end{bmatrix}$ を $\boldsymbol{x} = [15, 18]^T$ のように表すことがあります。

また，ベクトルに並んでいるそれぞれの数字のことを**成分**（component）と呼びます。ベクトルが N 個の実数で構成されているとき，このようなベクトルの集合を $\mathbb{R}^N$ と書きます。記号 $\mathbb{R}$ は，**実数**（real number）から来ています。また，成分が**複素数**（complex number）であれば，$\mathbb{C}$ を使います。複素数は実数を含むので，本書ではこれ以降，N 個の成分を持つベクトルの集合を，特に断りのない限りすべて $\mathbb{C}^N$ と書くことにします。また，$\boldsymbol{x}$ のことを，集合 $\mathbb{C}^N$ の**要素**（element）と呼びます。

また本書では，$\boldsymbol{x}$ の i 番目の成分を x_i と表記し，これを**図 2.1** に示すように第 i 成分と呼ぶことにします。つまり，$\boldsymbol{x} \in \mathbb{C}^N$ は，第 1 から第 N 成分（$i = 1, 2,$

$$\boldsymbol{x} = \begin{bmatrix} 5 \\ -2 \\ \textcircled{3} \end{bmatrix} \in \mathbb{C}^3$$

第 3 成分

図 2.1 3 個の成分を持つベクトル

[†] 高等学校の数学のように，文字の上に矢印を書く流儀（$\vec{x}$）もありますが，線形代数や信号処理では太字を用いるのが主流のようです。

$\cdots, N$）まで，N 個の成分を持っているわけです。第 i 成分が $x_i \in \mathbb{C}$ であると明示してベクトルを定義する場合は $\boldsymbol{x} = (x_i) \in \mathbb{C}^N$ のように定義します。

例 2.1

$$\boldsymbol{x} = \begin{bmatrix} 1 \\ 5 \\ -2 \end{bmatrix}$$

においては，$x_1 = 1, x_2 = 5, x_3 = -2$ です。

連続信号（音声や気温変動，血管の血流量，通信データなど）は時間の連続関数 $x(t)$ で表現できます。現実には，これをサンプリング（離散時間化）して，n 番目の信号サンプル $x[n]$ と表現します。処理速度を考慮すると，信号は適当なサンプル数をまとめてメモリに貯蔵し，それを処理するのが現実的です。いま N サンプルの信号がメモリに入っているとすれば，時刻 n におけるメモリの中身は

$$\boldsymbol{x}[n] = \begin{bmatrix} x[n-(N-1)] \\ x[n-(N-2)] \\ \vdots \\ x[n-1] \\ x[n] \end{bmatrix}$$

という，N 個の成分を持ったベクトルで表現できます。東京の気温を 1 時間ごとに記録し，1 日分並べれば，$N = 24$ であり，n は「記録開始から n 時間目」という意味になります。特に，通信においては，ベクトルの成分が複素数であることが多いです。このとき，複素数を表す集合の記号 $\mathbb{C}$ を用いると，$\boldsymbol{x}[n] \in \mathbb{C}^N$ と表記できます。

現代の信号処理では，信号といえばベクトルのことであり，このベクトルから有意義な情報を見つけ出したり，不必要な成分を除去したりする技術を信号

処理と呼んでいます。

2.2 ベクトルの基本演算

ベクトルには，和とスカラ積と呼ばれる基本的な演算が定義できます。ベクトルの和は，以下のように定義できます。

定義 2.1（ベクトルの和）　二つのベクトル $\boldsymbol{x} = (x_i), \boldsymbol{y} = (y_i) \in \mathbb{C}^N$ に対して，ベクトルの和 $\boldsymbol{x} + \boldsymbol{y}$ を，つぎのように定義します。

$$\boldsymbol{x} + \boldsymbol{y} = (x_i + y_i)$$

つまり，ベクトルの和算は，成分どうしを足すだけの演算です。

例 2.2　二つのベクトル $\begin{bmatrix} 1 \\ -3 \end{bmatrix}, \begin{bmatrix} -1 \\ 5 \end{bmatrix}$ の和は

$$\begin{bmatrix} 1 \\ -3 \end{bmatrix} + \begin{bmatrix} -1 \\ 5 \end{bmatrix} = \begin{bmatrix} 0 \\ 2 \end{bmatrix}$$

となります。

つぎにスカラ積を定義します。スカラとは，ベクトルに対する概念で，値を一つだけ持つ数のことです。

定義 2.2（スカラ積）　スカラ $a \in \mathbb{C}$ とベクトル $\boldsymbol{x} = (x_i) \in \mathbb{C}^N$ に対して，スカラ積 $a\boldsymbol{x}$ をつぎのように定義します。

$$a\boldsymbol{x} = (ax_i)$$

単純にすべての成分にスカラを乗算するだけです。特に，$(-1)\boldsymbol{x}$ を $-\boldsymbol{x}$ と表

記することにします。

例 2.3　$\boldsymbol{x} = \begin{bmatrix} -1 \\ 5 \end{bmatrix}$ に対して

$$3\boldsymbol{x} = 3\begin{bmatrix} -1 \\ 5 \end{bmatrix} = \begin{bmatrix} -3 \\ 15 \end{bmatrix}$$

和とスカラ積を組み合わせると，ベクトルの減算も定義できます。ベクトル $\boldsymbol{x}$，$\boldsymbol{y}$ に対して，ベクトルの差 $\boldsymbol{x} - \boldsymbol{y}$ とは，$\boldsymbol{x} + (-1)\boldsymbol{y}$ のことです。

和とスカラ積を組み合わせた演算は今後頻出します。

例 2.4　ベクトル $\boldsymbol{x} = \begin{bmatrix} 1 \\ -3 \end{bmatrix}$，$\boldsymbol{y} = 3\begin{bmatrix} -1 \\ 5 \end{bmatrix}$ に対して

$$2\boldsymbol{x} - 3\boldsymbol{y} = 2\begin{bmatrix} 1 \\ -3 \end{bmatrix} - 9\begin{bmatrix} -1 \\ 5 \end{bmatrix} = \begin{bmatrix} 11 \\ -51 \end{bmatrix}$$

和とスカラ積を組み合わせた表現を**線形和**（superposition, linear combination）と呼びます。線形和において，乗じる数であるスカラのことを**係数**（coefficient）と呼ぶことがあります。例えば，三つのベクトル $\boldsymbol{x}$，$\boldsymbol{y}$，$\boldsymbol{z}$ の線形和 $a\boldsymbol{x} + b\boldsymbol{y} + c\boldsymbol{z}$ の場合，a，b，c が係数です。

2.3　ベクトルの幾何的解釈

最も基本的な 2 次元平面を考えましょう。横軸と縦軸は直角に交わっているとします。この平面上の一点は，二つの実数 x_1，x_2 を用いて (x_1, x_2) と表記できます。これをベクトルと考えて $\boldsymbol{x} = \begin{bmatrix} x_1 \\ x_2 \end{bmatrix}$ と表記しましょう。線形代数で

は，原点からこの平面上の点に向けて矢印を描くのが一般的です。

同様に，3 次元空間の場合，三つの値を持ちますので，3 次元空間に矢印を描くことができます。ただし，2 次元も 3 次元も本質的には変わらないので，本節では 2 次元空間のベクトルに限って，その幾何的な性質をおさらいします。

図 2.2 に，$\boldsymbol{a} = \begin{bmatrix} 2 \\ 1 \end{bmatrix}$，$\boldsymbol{b} = \begin{bmatrix} 1 \\ 3 \end{bmatrix}$ をそれぞれ平面座標上に描き入れたものを示します。$\boldsymbol{a}$ は，原点から座標 $(2, 1)$ に向かって矢印が描かれています。$\boldsymbol{b}$ は，原点から座標 $(1, 3)$ に向かって矢印が描かれています。単なる点ではなく，矢印で表記している理由は，ベクトルには和算やスカラ積が定義されているからでしょう。以下でそれを見ていきます。

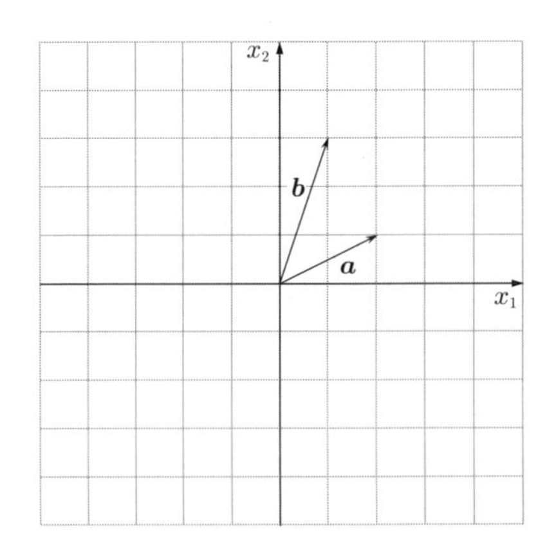

図 2.2 二つのベクトル

2.3.1 和　　算

図 2.3 に，ベクトル $\boldsymbol{a}$ と $\boldsymbol{b}$ の和 $\boldsymbol{a} + \boldsymbol{b} = \begin{bmatrix} 2 \\ 1 \end{bmatrix} + \begin{bmatrix} 1 \\ 3 \end{bmatrix}$ を矢印で表示したものを示します。この $\boldsymbol{a} + \boldsymbol{b}$ は，$\boldsymbol{b}$ の始点を $\boldsymbol{a}$ の終点に平行移動した矢印の終点に対応していることがわかります。別の言葉でいえば，$\boldsymbol{a}$ と $\boldsymbol{b}$ を 2 辺とする平行四辺形で，原点からの対角線に沿って矢印を描いたものが $\boldsymbol{a} + \boldsymbol{b}$ のベクトルとなります。複数のベクトルの和の場合も，矢印をつぎつぎにつないでいけば，最終的な到達点が，和のベクトルに一致します。

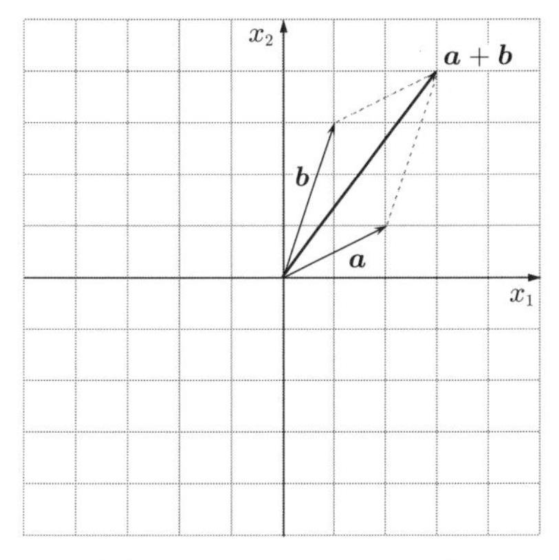

図 2.3 二つのベクトルの和

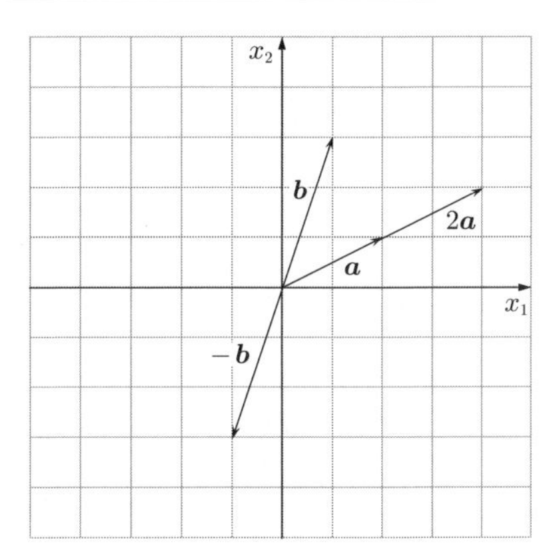

図 2.4 ベクトルのスカラ積。符号は -1 を乗じることにほかならない

2.3.2 スカラ積

図 2.4 に，$\boldsymbol{a}$ を 2 倍した $2\boldsymbol{a}$，$\boldsymbol{b}$ を -1 倍した $-\boldsymbol{b}$ の例を示します。負のベクトルは，逆方向を向くことがわかります。

2.3.3 減算

差のベクトル $\boldsymbol{a}-\boldsymbol{b}$ を**図 2.5** に示します。この差のベクトルと，$\boldsymbol{a}$，$\boldsymbol{b}$ の間の関係には，つぎのような 2 種類の幾何学的な解釈が可能です。一つ目は，$\boldsymbol{a}-\boldsymbol{b}=\boldsymbol{a}+(-\boldsymbol{b})$ なので，$\boldsymbol{a}$ と $-\boldsymbol{b}$ の和になっているという解釈です。もう一

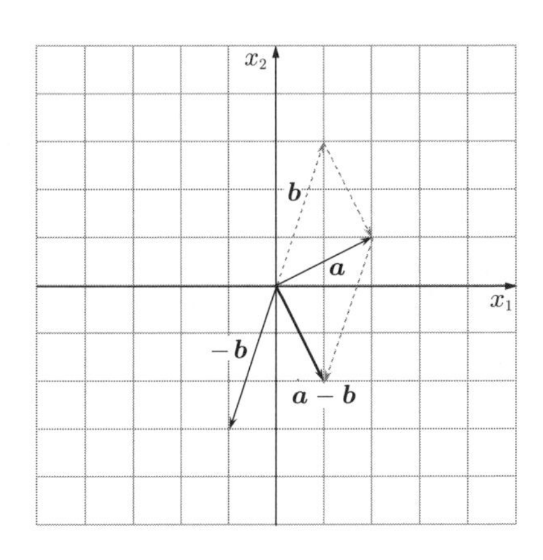

図 2.5 ベクトルの減算

つは，$\boldsymbol{b}$ の終点を始点として，$\boldsymbol{a}$ の終点に向けて描いた矢印を原点に移動させたものという解釈です。別のいい方をすれば，座標系の原点を $\boldsymbol{b}$ の終点にずらして（$\boldsymbol{b}$ を原点として），そのときに再定義したベクトル $\boldsymbol{a}$ が $\boldsymbol{a}-\boldsymbol{b}$ であるともいえます。この考え方は，物理学における相対速度や相対位置に関連するので，慣れておきましょう。

2.3.4 ベクトルの長さ

ベクトル $\boldsymbol{x}=\begin{bmatrix} x_1 \\ x_2 \end{bmatrix}$ は，平面上の矢印を考えれば，矢印の長さとしてベクトルの長さを定義することが可能です。三平方の定理を用いれば

$$\|\boldsymbol{x}\|=\sqrt{|x_1|^2+|x_2|^2} \tag{2.1}$$

をベクトル $\boldsymbol{x}$ の長さと定義できます†。もし，ベクトルに要素が N 個ある空間（N 次元の空間）であれば

$$\|\boldsymbol{x}\|=\sqrt{\sum_{n=1}^{N}|x_n|^2} \tag{2.2}$$

となります。

ベクトルの長さは，第 5 章で「ノルム」としてより一般的な概念として再定義します。

2.4 ベクトル空間

前節まで，2 次元平面における直交座標を使うことで，ベクトルを幾何学的に解釈できることを説明しました。この考え方は，2 次元の場合に限らず，一般のベクトル空間に拡張が可能です。つまり，N 次元空間であろうが，三角関数の空間であろうが，2 次元（平面）や 3 次元（空間）の矢印で表してしまお

† 絶対値を使っているのは，x_1，x_2 が複素数の場合を考慮しているためです。

うというわけです。

この，和とスカラ積を導入したベクトル全体の集合のことを**ベクトル空間**(vector space) と呼びます。抽象的な概念ですが，単に前節で述べたベクトルとベクトル演算を要約したものです。

まず，ベクトルの集合を V と書くことにします。$\mathbb{C}^N$ などを一般化したものと考えれば結構です。集合 V が以下の二つの条件を満たすとき，V をベクトル空間と呼び，この条件のことをベクトル空間の公理と呼びます。

定義 2.3（ベクトル空間の公理 (axiom of vector space)）

(1) 二つの要素 $\boldsymbol{x}, \boldsymbol{y} \in V$ に対して，和算が定義でき（つまり，$\boldsymbol{x}+\boldsymbol{y} \in V$），$V$ のすべての要素についてつぎの法則が成立します。

(a) $\boldsymbol{x}+\boldsymbol{y}=\boldsymbol{y}+\boldsymbol{x}$（交換則）

(b) $(\boldsymbol{x}+\boldsymbol{y})+\boldsymbol{z}=\boldsymbol{x}+(\boldsymbol{y}+\boldsymbol{z})$（結合則）

(c) 任意の要素 $\boldsymbol{x}, \boldsymbol{y} \in V$ に対し，$\boldsymbol{x}+\boldsymbol{x}'=\boldsymbol{y}$ を満たす $\boldsymbol{x}' \in V$ がただ一つ存在する。

(d) 任意の要素 $\boldsymbol{x} \in V$ に対して，$\boldsymbol{x}+\boldsymbol{o}=\boldsymbol{x}$ を満たす $\boldsymbol{o} \in V$ が存在する。

(2) スカラ $a \in \mathbb{C}$ に対して，$\boldsymbol{x}$ の a 倍と呼ばれる演算を定義でき（つまり $a\boldsymbol{x} \in V$），V のすべての要素についてつぎの法則が成立します。

(a) $(a+b)\boldsymbol{x}=a\boldsymbol{x}+b\boldsymbol{x}$（分配則 1）

(b) $a(\boldsymbol{x}+\boldsymbol{y})=a\boldsymbol{x}+a\boldsymbol{y}$（分配則 2）

(c) $(ab)\boldsymbol{x}=a(b\boldsymbol{x})$（結合則）

(d) $1\boldsymbol{x}=\boldsymbol{x}$

特に $\boldsymbol{x}+\boldsymbol{y}=\boldsymbol{o}$ を満たす $\boldsymbol{y}$ は $-\boldsymbol{x}$ と記し，これを逆ベクトルと呼びます。また，$\boldsymbol{o}$ を零ベクトルや原点と呼びます。

実は，この公理を満たすような集合は，前節で扱った数を並べたベクトル（狭義のベクトル）だけではありません。2 次関数や三角関数のような関数も，こ

の公理を満たすので，広い意味（広義）で「ベクトル」と呼ぶことができます。ただ，いまの時点では混乱してしまうので，当面は狭義のベクトルのみ扱うことにします。特に，実数を N 個並べた N 値ベクトルの空間を $\mathbb{R}^N$ と表記します。同様に，複素数を N 個並べた N 値ベクトルの空間を $\mathbb{C}^N$ と表記します。$\mathbb{C}^2$ は平面，$\mathbb{C}^3$ は空間と呼ぶこともありますが，一般的な線形代数では，すべて空間と呼びます。

また，ベクトルにある条件を課したものもベクトル空間になります。

例 2.5　$\mathbb{C}^3$ の要素 $\boldsymbol{x} = \begin{bmatrix} x_1 \\ x_2 \\ x_3 \end{bmatrix}$ について，$x_1 + x_2 + x_3 = 0$ を満たすものの全体はベクトル空間になります。

この条件を満たすベクトルの集合を V とします。V の要素 $\boldsymbol{x} = (x_i)$，$\boldsymbol{y} = (y_i)$ について，和算 $\boldsymbol{z} = \boldsymbol{x} + \boldsymbol{y}$ を考えます。$\boldsymbol{z} = (z_i)$ の要素をすべて足してみると，$z_1 + z_2 + z_3 = (x_1 + y_1) + (x_2 + y_2) + (x_3 + y_3) = (x_1 + x_2 + x_3) + (y_1 + y_2 + y_3) = 0 + 0 = 0$ となるので，$\boldsymbol{z}$ もまた V の要素になります。残りのベクトル空間の公理を満たすことも容易に示すことができます。

この例は，$\mathbb{C}^3$ の原点を通る直線は，これもまたベクトル空間であることを示しています†。このことは，一般的に，$\mathbb{C}^N$ でも成り立ちます。

つぎは関数でもベクトル空間になる例です。

例 2.6（多項式空間（polynomial space））　$x(t) = at^2 + bt + c$ は 2 次多項式ですが，N 次多項式の集合 $F^N[t]$ はベクトル空間になります。

例えば 2 次多項式の空間 $F^2[t]$ の場合，$x(t) = at^2 + bt + c$ と $y(t) = pt^2 + qt + r$ の和 $x(t) + y(t) = (a + p)t^2 + (b + q)t + c + r$ は 2 次多項

† ベクトル空間内のベクトル空間は部分空間と呼ばれ，4.2 節で詳しく扱います。

式になりますし，スカラ倍したものも2次多項式です。零ベクトルは0です。残りの公理も明らかに成り立ちます。

このように，$x(t)$，$y(t)$ は関数ですが，ベクトル空間の要素なので，これらもベクトルと呼ぶのです。

例 2.7（**三角多項式の空間**（space of trigonometric polynomials））

多項式空間に似たものとして，三角多項式の空間があります。三角多項式とは，第1章で扱ったフーリエ級数で表現できる関数のことです。すなわち，複素数 c_k に対して

$$x(t) = \sum_{k=-\infty}^{\infty} c_k e^{ikt}$$

で決まる関数が三角多項式です。ここでは，式 (1.10) で，$T = 2\pi$ としたものを示しました。

三角多項式もベクトル空間になることは，別の三角多項式

$$y(t) = \sum_{k=-\infty}^{\infty} d_k e^{ikt}$$

を用意すれば，$x(t)$ と $y(t)$ の和は，再び三角多項式となること，スカラ積や分配則などのベクトル空間の公理を満たすことを容易に示すことができることから確認できます。

オイラーの公式 (1.3) を用いると，三角多項式の空間は実数関数の線形結合の空間と等価になります。

例 2.8（**実三角多項式空間**（space of real trigonometric polynomial））

$t \in [0, 2\pi]$ として，整数 $n = 1, 2, \cdots, N$ に対して $\sin nt$ と $\cos nt$ で構成される多項式

$$f(t) = a_0 + a_1 \sin t + b_1 \cos t + a_2 \sin 2t + b_2 \cos 2t + \cdots \\ + a_N \sin Nt + b_N \cos Nt$$

を実三角多項式と呼びます。

2.5 む す び

誤解を恐れずにいえば，ベクトル空間を考えるときには，平面や空間の矢印をイメージすれば，だいたいこと足ります。線形代数のすごいところは，関数（連続信号）であろうが数列（離散信号やパターン）であろうが，平面上の矢印で具体的にイメージができるようになるという点です。「向きと長さを持つものがベクトルである」という認識を持っている読者は，これを機に「関数もベクトルである」という視点を新たに持ってみてください。

章 末 問 題

【1】 複素ベクトル $\boldsymbol{x} = [-3+i, -2+i3, -i2]^T$ の長さ $\|\boldsymbol{x}\|$ を求めよ。

【2】 平面上の任意のベクトル $\boldsymbol{x} = [x_1, x_2]^T \in \mathbb{R}^2$ において，成分がすべて正（$x_1 > 0$, $x_2 > 0$）であるものの集合 $S = \{\boldsymbol{x} = [x_1, x_2]^T \in \mathbb{R}^2 | x_1 > 0, x_2 > 0\}$ はベクトル空間か否か。

行　　　　列

Next SIP

前章（2.2 節）では，ベクトルの和とスカラ積を定義することで，線形和という概念が生まれました。ここでは，線形和から，行列と呼ばれる線形写像が自然に定義できることを示します。そのうえで，行列に対しても和や積の基本演算を定義できることを説明します。ベクトルも行列もどこかで習ったけれど，特になぜ行列のような演算が存在するのかよく理解できなかった読者は，まずは本章を一読してみてください。

3.1 行列の基本

3.1.1 行列の考え方

和とスカラ積によって，$p\boldsymbol{a}+q\boldsymbol{b}$ のような線形和が定義できました。**図 3.1** は，$\boldsymbol{a}=\begin{bmatrix}2\\1\end{bmatrix}$ と $\boldsymbol{b}=\begin{bmatrix}1\\3\end{bmatrix}$ の二つのベクトルに対して決まる

$$\begin{bmatrix}3\\-1\end{bmatrix}=2\boldsymbol{a}-\boldsymbol{b}=2\begin{bmatrix}2\\1\end{bmatrix}-\begin{bmatrix}1\\3\end{bmatrix}$$

を記しています。

ここで，$\boldsymbol{a}$ と $\boldsymbol{b}$ を固定すれば，p と q をいろいろな値に変えることで，平面上のさまざまなベクトルを表現することができます。そこで，$p\boldsymbol{a}+q\boldsymbol{b}$ を $[\boldsymbol{a},\boldsymbol{b}]\begin{bmatrix}p\\q\end{bmatrix}$ と表記することにします。上の例では

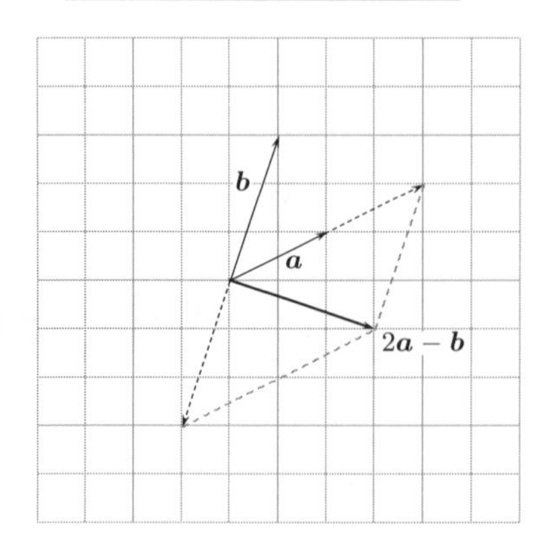

図 3.1　二つのベクトル $\boldsymbol{a}$ と $\boldsymbol{b}$ の線形和

$$\begin{bmatrix} 3 \\ -1 \end{bmatrix} = \begin{bmatrix} 2 & 1 \\ 1 & 3 \end{bmatrix} \begin{bmatrix} 2 \\ -1 \end{bmatrix}$$

となります。この表記では，線形結合の係数 2 と −1 がベクトル $\begin{bmatrix} 2 \\ -1 \end{bmatrix}$ として書かれていることに注目してください。ここで

$$\boldsymbol{A} = \begin{bmatrix} 2 & 1 \\ 1 & 3 \end{bmatrix}, \quad \boldsymbol{x} = \begin{bmatrix} 2 \\ -1 \end{bmatrix} \tag{3.1}$$

とおくことで

$$\boldsymbol{y} = \boldsymbol{A}\boldsymbol{x}$$

のようにシンプルに書くことができます。ここで，$\boldsymbol{y} = \begin{bmatrix} 3 \\ -1 \end{bmatrix}$ とおきました。

つまり，このように書くことで，あたかも，あるベクトル $\boldsymbol{x}$ に対して，$\boldsymbol{A} = [\boldsymbol{a}, \boldsymbol{b}]$ を「乗じる」ことで，新たなベクトル $\boldsymbol{y}$ がつくられたように表現できます。このように，何かのベクトルを別のベクトルに写す操作を**写像**（mapping）と呼びます。そして，二つのベクトル $\boldsymbol{a}$，$\boldsymbol{b}$ から決まった $\boldsymbol{A}$ を**行列**（matrix）と呼びます。**図 3.2** はこの様子を示しています。この図には，二つのベクトル空間 V_1，V_2 が存在します。一つは係数をまとめたベクトル $\boldsymbol{x}$ の空間，もう一つは，ベクトル $\boldsymbol{a}$，$\boldsymbol{b}$ が存在する空間です。$\boldsymbol{a}$，$\boldsymbol{b}$ の線形結合で，$\boldsymbol{y}$ が決まります。こ

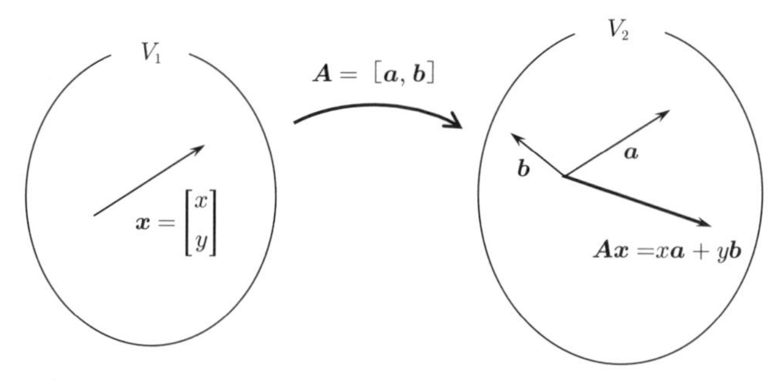

図 3.2　行列は二つの異なるベクトル空間の間の写像になっている

こで大切なことは，それぞれは別の空間であるということです。そして，この二つのベクトル空間は，行列 $\boldsymbol{A}$ によって結ばれました。つまり，ベクトル $\boldsymbol{x}$ の写像先が $\boldsymbol{y}$ であるとみなすことができます。これはスカラにおける乗算をベクトルの世界に一般化したものとみなすことができます。

3.1.2 行 列 の 定 義

それでは，行列を一般的に定義することにしましょう。行列とは，自然数 M, N に対し，合計 MN 個の実数または複素数 $a_{m,n}$（$m = 1, 2, \cdots, M$，$n = 1, 2, \cdots, N$）をつぎのように並べたものです。

$$\boldsymbol{A} = \begin{bmatrix} a_{1,1} & a_{1,2} & \cdots & a_{1,N} \\ a_{2,1} & a_{2,2} & \cdots & a_{2,N} \\ \vdots & \vdots & \ddots & \vdots \\ a_{M,1} & a_{M,2} & \cdots & a_{M,N} \end{bmatrix} \tag{3.2}$$

この行列を，M 行 N 列の行列 $\boldsymbol{A}$，またはサイズ $M \times N$ の行列 $\boldsymbol{A}$ と呼びます。もし，$M = N$ であれば，この行列 $\boldsymbol{A}$ は**正方行列**（square matrix）と呼ばれます。$M \neq N$ であれば，**矩形行列**または**長方行列**（rectangular matrix）と呼びます。

また，行列を構成する値 $a_{m,n}$ のことを**成分**（component）と呼び，$a_{m,n}$ を行列 $\boldsymbol{A}$ の (m, n) 成分と呼びます。$\boldsymbol{A}$ の (m, n) 成分を定義するとき，$\boldsymbol{A} = (a_{m,n})$

と表記することがあります。また，簡潔にコンマを使わずに，a_{mn} のように表記することもあります。特に，行列の成分が複素数であることを明示する場合は，$\boldsymbol{A} \in \mathbb{C}^{M \times N}$ と表記します。

例 3.1　式 (3.1) で扱った行列 $\boldsymbol{A} = \begin{bmatrix} 2 & 1 \\ 1 & 3 \end{bmatrix}$ について詳しく見てみましょう。**図 3.3** に示すように，この行列には二つの行があります。この行列には二つの行と二つの列があります。したがって，$\boldsymbol{A}$ は 2 行 2 列の行列，または 2×2 行列と呼びます。第 1 行第 2 列の成分，つまり $(1, 2)$ 成分は 1 です。

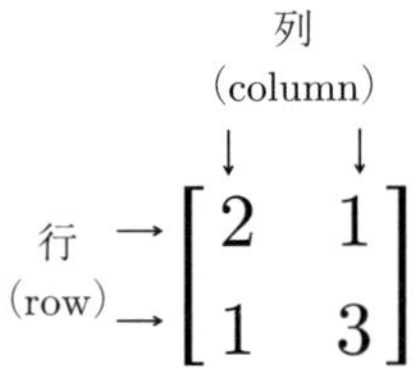

$$\begin{bmatrix} 2 & 1 \\ 1 & 3 \end{bmatrix}$$

図 3.3　行列の行と列

行列は，縦ベクトルを横に並べたもの，または横ベクトルを縦に並べたものと解釈することも可能です。

例 3.2　行列が

$$\boldsymbol{A} = \begin{bmatrix} 2 & -3 & 5 \\ -1 & 4 & 7 \end{bmatrix}$$

で与えられているとき，これは 2×3 の行列です。例えば第 2 行は

$$\begin{bmatrix} -1 & 4 & 7 \end{bmatrix}$$

の横ベクトルであり，第 3 列は

$$\begin{bmatrix} 5 \\ 7 \end{bmatrix}$$

の縦ベクトルです。

以上のように，実は縦ベクトル $\boldsymbol{x} \in \mathbb{C}^N$ も，N 行 1 列の行列の一種であることがわかります。したがって，場合によっては $\boldsymbol{x} \in \mathbb{C}^{N\times 1}$ と表記する場合があります。これによって，$\boldsymbol{x}$ が縦ベクトルであることを明示することができます。

3.1.3 行列の線形写像性

再び

$$\boldsymbol{B} = \begin{bmatrix} 2 & 1 \\ 1 & 3 \\ -2 & 1 \end{bmatrix}$$

なる行列を考えましょう。これは，3×2 行列です。行列の列の線形結合が，写像した先のベクトルになるのでした。つまり，この行列 $\boldsymbol{B}$ による写像した先は，係数 p, q を使って表すと

$$\boldsymbol{y} = p\begin{bmatrix} 2 \\ 1 \\ -2 \end{bmatrix} + q\begin{bmatrix} 1 \\ 3 \\ 1 \end{bmatrix} = \begin{bmatrix} 2 & 1 \\ 1 & 3 \\ -2 & 1 \end{bmatrix}\begin{bmatrix} p \\ q \end{bmatrix} \tag{3.3}$$

です。この線形結合 $\boldsymbol{y}$ は，空間 $\mathbb{R}^3$ の要素です。そして，$\boldsymbol{x} = \begin{bmatrix} p \\ q \end{bmatrix}$ と表記すれば式 (3.3) は，行列 $\boldsymbol{B}$ を使って

$$\boldsymbol{y} = \boldsymbol{B}\boldsymbol{x}$$

と表現できます。$\boldsymbol{B}$ が $\mathbb{R}^2$ から $\mathbb{R}^3$ への写像を与えていることがわかります。

このように，一般的に行列 $\boldsymbol{B} \in \mathbb{C}^{M\times N}$ が，ベクトル空間 $\mathbb{C}^N$ から $\mathbb{C}^M$ への写像を与えます。それでは，この行列が与える写像は線形でしょうか。

行列による写像が線形であるかどうかは

- 二つのベクトル $\boldsymbol{x}, \boldsymbol{y} \in \mathbb{C}^N$ に対して $\boldsymbol{A}(\boldsymbol{x}+\boldsymbol{y})$ と $\boldsymbol{Ax}+\boldsymbol{Ay}$ が等しいかどうか（写像前の空間 $\mathbb{C}^N$ で和を取っても，写像後の空間 $\mathbb{C}^M$ で和を取っても変わらないか）
- ベクトル $\boldsymbol{x} \in \mathbb{C}^N$ と，スカラ α に対して $\boldsymbol{A}(\alpha\boldsymbol{x})$ と $\alpha(\boldsymbol{Ax})$ が等しいかどうか（写像前の空間 $\mathbb{C}^N$ でスカラ倍しても，写像後の空間 $\mathbb{C}^M$ でスカラ倍しても変わらないか）

を調べることでわかります。そこで，$\boldsymbol{A}$ の列を $\boldsymbol{a}_1, \boldsymbol{a}_2, \cdots, \boldsymbol{a}_N$ とします。また

$$\boldsymbol{x} = \begin{bmatrix} x_1 \\ x_2 \\ \vdots \\ x_N \end{bmatrix}, \quad \boldsymbol{y} = \begin{bmatrix} y_1 \\ y_2 \\ \vdots \\ y_N \end{bmatrix}$$

とおきます。このとき

$$\begin{aligned}
\boldsymbol{A}(\boldsymbol{x}+\boldsymbol{y}) &= \begin{bmatrix} \boldsymbol{a}_1, \boldsymbol{a}_2, \cdots, \boldsymbol{a}_N \end{bmatrix} \begin{bmatrix} x_1 + y_1 \\ x_2 + y_2 \\ \vdots \\ x_N + y_N \end{bmatrix} \\
&= (x_1 + y_1)\boldsymbol{a}_1 + (x_2 + y_2)\boldsymbol{a}_2 + \cdots + (x_N + y_N)\boldsymbol{a}_N \\
&= (x_1\boldsymbol{a}_1 + x_2\boldsymbol{a}_2 + \cdots + x_N\boldsymbol{a}_N) + (y_1\boldsymbol{a}_1 + y_2\boldsymbol{a}_2 + \cdots + y_N\boldsymbol{a}_N) \\
&= \boldsymbol{Ax} + \boldsymbol{Ay} \qquad (3.4)
\end{aligned}$$

が成り立ちます。また，$\boldsymbol{A}(\alpha\boldsymbol{x}) = \alpha(\boldsymbol{Ax})$ も同様に示すことができるため（→章末問題【1】），行列は線形写像を与えることがわかります。

なお，$\alpha(\boldsymbol{Ax})$ から，行列のスカラ倍 $\alpha\boldsymbol{A}$ が定義できます。つまり，$\alpha\boldsymbol{A}$ とは，あるベクトル $\boldsymbol{x}$ に対して $(\alpha\boldsymbol{A})\boldsymbol{x} = \alpha(\boldsymbol{Ax})$ となるような行列のことです。これは，行列のすべての成分に対して，α を乗じたものになっています。

定義 3.1（スカラ積）　スカラ $\alpha \in \mathbb{C}$ と行列 $\boldsymbol{A} = (a_{mn}) \in \mathbb{C}^{M \times N}$ に対して，行列 $\boldsymbol{C} = (c_{mn}) \in \mathbb{C}^{M \times N}$ を

$$c_{mn} = \alpha a_{mn}$$

のように定義するとき，これをスカラ積と呼び $\boldsymbol{C} = \alpha \boldsymbol{A}$ と表記します。

特に -1 を乗じた $(-1)\boldsymbol{A}$ を，単に $-\boldsymbol{A}$ と表記します。

3.2 行列の基本演算

3.2.1 行　列　の　和

同じサイズを持つ二つの行列 $\boldsymbol{A}, \boldsymbol{B} \in \mathbb{C}^{M \times N}$ の写像を考えます。具体的には，$\boldsymbol{x} \in \mathbb{C}^N$ に対して，$\boldsymbol{Ax}$ と $\boldsymbol{Bx}$ を考えます。$\boldsymbol{A}$ の列を $\boldsymbol{a}_1, \boldsymbol{a}_2, \cdots, \boldsymbol{a}_N$，$\boldsymbol{B}$ の列を $\boldsymbol{b}_1, \boldsymbol{b}_2, \cdots, \boldsymbol{b}_N$ とすれば，$\boldsymbol{Ax}$ と $\boldsymbol{Bx}$ の和は，ベクトルの基本演算を用いることで

$$\begin{aligned}
&\boldsymbol{Ax} + \boldsymbol{Bx} \\
&\quad = (x_1\boldsymbol{a}_1 + x_2\boldsymbol{a}_2 + \cdots + x_N\boldsymbol{a}_N) + (x_1\boldsymbol{b}_1 + x_2\boldsymbol{b}_2 + \cdots + x_N\boldsymbol{b}_N) \\
&\quad = x_1(\boldsymbol{a}_1 + \boldsymbol{b}_1) + x_2(\boldsymbol{a}_2 + \boldsymbol{b}_2) + \cdots + x_N(\boldsymbol{a}_N + \boldsymbol{b}_N)
\end{aligned} \tag{3.5}$$

と変形できます。これは，ベクトル $\boldsymbol{a}_1 + \boldsymbol{b}_1, \cdots, \boldsymbol{a}_N + \boldsymbol{b}_N$ の線形結合なので，これらを列に持つ行列が定義できます。このように定義される行列を $\boldsymbol{A} + \boldsymbol{B}$ と表記して，これを行列の和と呼びます。具体的に書けば

$$\boldsymbol{A} + \boldsymbol{B} = \Big[\boldsymbol{a}_1 + \boldsymbol{b}_1, \boldsymbol{a}_2 + \boldsymbol{b}_2, \cdots, \boldsymbol{a}_N + \boldsymbol{b}_N\Big] \tag{3.6}$$

のようになります。これは，二つの行列の成分どうしを足したものにほかなりません。

定義 3.2（行列の和）　サイズが等しい二つの行列 $\boldsymbol{A} = (a_{mn}), \boldsymbol{B} = (b_{mn}) \in \mathbb{C}^{M \times N}$ が与えられているとします。行列 $\boldsymbol{C} = (c_{mn}) \in \mathbb{C}^{M \times N}$ を

$$c_{mn} = a_{mn} + b_{mn}$$

のように定義するとき，$\boldsymbol{C}$ を $\boldsymbol{A}$ と $\boldsymbol{B}$ の和と呼び，$\boldsymbol{C} = \boldsymbol{A} + \boldsymbol{B}$ のように表記します。

また，$\boldsymbol{B}$ に -1 を乗じた $-\boldsymbol{B}$ との和を取ることで，行列の差 $\boldsymbol{A} - \boldsymbol{B}$ が定義できます。つまり

$$\boldsymbol{A} - \boldsymbol{B} = \boldsymbol{A} + (-\boldsymbol{B}) \tag{3.7}$$

です。スカラ和を組み合わせた例を以下に示します。

例 3.3

$$\begin{bmatrix} 1 & 2 \\ -3 & 0 \end{bmatrix} - 2 \begin{bmatrix} -1 & 4 \\ 5 & -4 \end{bmatrix} = \begin{bmatrix} 3 & -6 \\ -13 & 8 \end{bmatrix}$$

3.2.2 行列の転置

行列の行と列を入れ替える操作を**転置**（transpose）と呼びます。

定義 3.3（転置）　行列 $\boldsymbol{A} = (a_{mn}) \in \mathbb{C}^{M \times N}$ に対して，$\boldsymbol{A}^T = (a_{nm}) \in \mathbb{C}^{N \times M}$ によって定義される行列 $\boldsymbol{A}^T$ を転置と呼びます。

特に複素数の行列に対して定義される**エルミート転置**（Hermitian transpose）は応用上特に重要です。

定義 3.4（**エルミート転置**）　複素数成分を持つ行列 $\boldsymbol{A}=(a_{mn})\in\mathbb{C}^{M\times N}$ に対して，$\boldsymbol{A}^H=(\overline{a_{nm}})\in\mathbb{C}^{N\times M}$ によって定義される行列 $\boldsymbol{A}^H$ をエルミート転置と呼びます。

ここで，第1章で扱ったように，$\overline{a}$ は複素数の共役のことです。具体的には，実数 α,β に対して，$\overline{\alpha+i\beta}=\alpha-i\beta$ となります。

例 3.4　行列 $\boldsymbol{A}=\begin{bmatrix}2+i & -3-i & 5+i2\\ 1-i3 & 1 & 8-i5\end{bmatrix}$ に対して，エルミート転置は

$$\boldsymbol{A}^H=\begin{bmatrix}2-i & 1+i3\\ -3+i & 1\\ 5-i2 & 8+i5\end{bmatrix}$$

です。

転置の転置はもとの行列になることは自明でしょう。つまり，$(\boldsymbol{A}^H)^H=\boldsymbol{A}$ となります。

複素正方行列 $\boldsymbol{A}=(a_{mn})$ に対して $\boldsymbol{A}^H=\boldsymbol{A}$，すなわち $\overline{a_{nm}}=a_{mn}$ が成り立つとき（添字が逆になっていることに注意），行列は**エルミート**（Hermitian）であるといいます。行列 $\boldsymbol{B}=(b_{mn})$ が実正方行列である場合，$\boldsymbol{B}^T=\boldsymbol{B}$ が成り立つとき，すなわち，$b_{nm}=b_{mn}$ であるとき，**対称**（symmetric）であるといいます。実行列に対しては，エルミート行列は対称行列です。しかし，エルミートな複素行列は対称行列ではないことに注意します。

3.2.3 行列の積

（1）写像による行列の積の導入　あるベクトル $\boldsymbol{x}\in\mathbb{C}^N$ があって，これを行列 $\boldsymbol{A}\in\mathbb{C}^{M\times N}$ で写像すると $\boldsymbol{Ax}$ が得られます。これを $\boldsymbol{y}=\boldsymbol{Ax}$ とお

くと，$\boldsymbol{y}$ は $\mathbb{C}^M$ の要素なので，$\boldsymbol{y} \in \mathbb{C}^M$ です。ここで $\boldsymbol{x}$ も実は別のベクトル $\boldsymbol{w} \in \mathbb{C}^K$ を写像したものとします。この写像を行列 $\boldsymbol{B}$ で表すとすれば，$\boldsymbol{B}$ のサイズは $N \times K$，すなわち $\boldsymbol{B} \in \mathbb{C}^{N \times K}$ となります。したがって，$\boldsymbol{x} = \boldsymbol{B}\boldsymbol{w}$ と表現できます。この様子を**図 3.4** に示します。

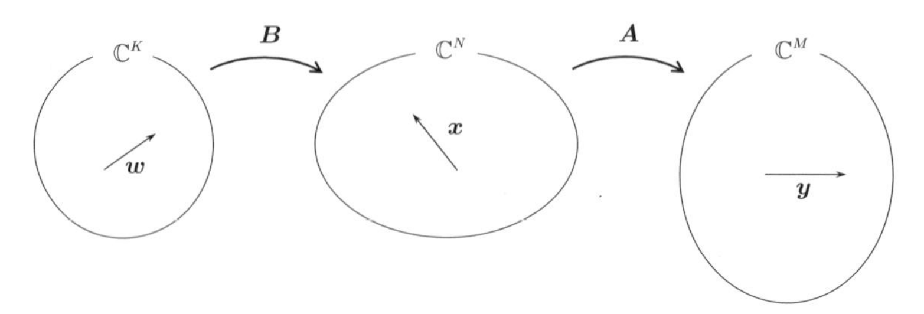

図 3.4　行列 $\boldsymbol{B}$ で $\boldsymbol{w}$ は $\boldsymbol{x}$ に移り，別の行列 $\boldsymbol{A}$ で $\boldsymbol{x}$ は $\boldsymbol{y}$ に移る

この二つの写像，$\boldsymbol{y} = \boldsymbol{A}\boldsymbol{x}$ と $\boldsymbol{x} = \boldsymbol{B}\boldsymbol{w}$ をまとめると，$\boldsymbol{y} = \boldsymbol{A}(\boldsymbol{B}\boldsymbol{w})$ です。ここから，$\boldsymbol{w}$ から直接 $\boldsymbol{y}$ への写像は，行列で表現できそうです。どのような行列となるでしょうか。

行列を，それぞれの成分と列ベクトルを使って

$$\boldsymbol{A} = (a_{mn}) = [\boldsymbol{a}_1, \boldsymbol{a}_2, \cdots, \boldsymbol{a}_N], \quad \boldsymbol{B} = (b_{nk}) = [\boldsymbol{b}_1, \boldsymbol{b}_2, \cdots, \boldsymbol{b}_K]$$

と表現しておきます。ここで

$$\begin{aligned} \boldsymbol{y} = \boldsymbol{A}\boldsymbol{x} &= [\boldsymbol{a}_1, \boldsymbol{a}_2, \cdots, \boldsymbol{a}_N] \begin{bmatrix} x_1 \\ x_2 \\ \vdots \\ x_N \end{bmatrix} \\ &= x_1\boldsymbol{a}_1 + x_2\boldsymbol{a}_2 + \cdots + x_N\boldsymbol{a}_N \end{aligned} \tag{3.8}$$

$$\boldsymbol{x} = \boldsymbol{B}\boldsymbol{w} = [\boldsymbol{b}_1, \boldsymbol{b}_2, \cdots, \boldsymbol{b}_K] \begin{bmatrix} w_1 \\ w_2 \\ \vdots \\ w_K \end{bmatrix}$$

$$= w_1\boldsymbol{b}_1 + w_2\boldsymbol{b}_2 + \cdots + w_K\boldsymbol{b}_K \tag{3.9}$$

となります。ここで，$\boldsymbol{x}$ の第 n 成分は

$$x_n = w_1 b_{n1} + w_2 b_{n2} + \cdots + w_K b_{nK} \tag{3.10}$$

と書けることに注意し，これを式 (3.8) に代入すると

$$\begin{aligned}\boldsymbol{y} &= (w_1 b_{11} + w_2 b_{12} + \cdots + w_K b_{1K})\boldsymbol{a}_1 \\ &\quad + (w_1 b_{21} + w_2 b_{22} + \cdots + w_K b_{2K})\boldsymbol{a}_2 + \cdots \\ &\quad + (w_1 b_{N1} + w_2 b_{N2} \cdots + w_K b_{NK})\boldsymbol{a}_N \\ &= w_1(b_{11}\boldsymbol{a}_1 + b_{21}\boldsymbol{a}_2 + \cdots + b_{N1}\boldsymbol{a}_N) \\ &\quad + w_2(b_{12}\boldsymbol{a}_1 + b_{22}\boldsymbol{a}_2 + \cdots + b_{N2}\boldsymbol{a}_N) + \cdots \\ &\quad + w_K(b_{1K}\boldsymbol{a}_1 + b_{2K}\boldsymbol{a}_2 + \cdots + b_{NK}\boldsymbol{a}_N)\end{aligned} \tag{3.11}$$

を得ます。ここで

$$\boldsymbol{c}_k = b_{1k}\boldsymbol{a}_1 + b_{2k}\boldsymbol{a}_2 + \cdots + b_{Nk}\boldsymbol{a}_N \in \mathbb{C}^M \tag{3.12}$$

を定義することで，$\boldsymbol{y}$ は

$$\boldsymbol{y} = w_1\boldsymbol{c}_1 + w_2\boldsymbol{c}_2 + \cdots + w_K\boldsymbol{c}_K \in \mathbb{C}^M \tag{3.13}$$

と表現できます。これは，$\boldsymbol{c}_k$ を列に持つ $M \times K$ 行列 $\boldsymbol{C} = [\boldsymbol{c}_1, \boldsymbol{c}_2, \cdots, \boldsymbol{c}_K]$ を用いれば

$$\boldsymbol{y} = \boldsymbol{C}\boldsymbol{w}$$

つまり，$\boldsymbol{y} = \boldsymbol{A}(\boldsymbol{B})\boldsymbol{w}$ は，一つの行列 $\boldsymbol{C}$ を用いて $\boldsymbol{y} = \boldsymbol{C}\boldsymbol{w}$ と表現できることがわかりました。この $\boldsymbol{C}$ の (m, k) 成分 c_{mk} は式 (3.12) から

$$c_{mk} = a_{m1}b_{1k} + a_{m2}b_{2k} + \cdots + a_{mN}b_{Nk} = \sum_{n=1}^{N} a_{mn}b_{nk}$$

で与えられることがわかります。この行列 $\boldsymbol{C}$ を $\boldsymbol{A}$ と $\boldsymbol{B}$ の積と呼びます。

以上のことからわかるように，積を定義するには，二つの行列のサイズに関して，$\boldsymbol{A}$ の列数と，$\boldsymbol{B}$ の行数が一致している必要があります。

定義 3.5（行列の積）　二つの行列 $\boldsymbol{A} = (a_{mn}) \in \mathbb{C}^{M\times N}$ と $\boldsymbol{B} = (b_{nk}) \in \mathbb{C}^{N\times K}$ に対して，行列 $\boldsymbol{C} = (c_{mk}) \in \mathbb{C}^{M\times K}$ を

$$c_{mk} = \sum_{n=1}^{N} a_{mn}b_{nk} \tag{3.14}$$

のように定義できます。これを，行列 $\boldsymbol{A}$ と $\boldsymbol{B}$ の積と呼び

$$\boldsymbol{C} = \boldsymbol{A}\boldsymbol{B}$$

と表記します。

例 3.5　行列

$$\boldsymbol{A} = \begin{bmatrix} 2+i & -3-i & 5+i2 \\ 1-i3 & 1 & 8-i5 \end{bmatrix} \tag{3.15}$$

に対して

$$\begin{aligned} \boldsymbol{A}\boldsymbol{A}^H &= \begin{bmatrix} 2+i & -3-i & 5+i2 \\ 1-i3 & 1 & 8-i5 \end{bmatrix} \begin{bmatrix} 2-i & 1+i3 \\ -3+i & 1 \\ 5-i2 & 8+i5 \end{bmatrix} \\ &= \begin{bmatrix} 44 & 26+i47 \\ 26-i47 & 100 \end{bmatrix} \end{aligned}$$

です。例えば，$(1,1)$ 成分は

$$(2+i)(2-i)+(-3-i)(-3+i)+(5+i2)(5-i2)$$
$$=(2^2+1^2)+((-3)^2+1^2)+(5^2+2^2)=44$$

のように計算できます。

任意の $N\times N$ の正方行列 $\boldsymbol{A},\boldsymbol{B}$ に対して，積の交換則は成り立ちません。つまり，必ずしも $\boldsymbol{AB}=\boldsymbol{BA}$ が成り立つわけではありません†。

(2) 積の転置　行列の積の転置は転置の積になります。すなわち

$$(\boldsymbol{AB})^T=\boldsymbol{B}^T\boldsymbol{A}^T \tag{3.16}$$

が成り立ちます。

これは，以下のように示すことができます。式 (3.14) で与えられる行列の積 $\boldsymbol{AB}$ で，$(\boldsymbol{AB})^T$ の (i,j) 成分を考えます。これは，$\boldsymbol{AB}$ の (j,i) 成分のことなので

$$((\boldsymbol{AB})^T)_{ij}=(\boldsymbol{AB})_{ji}=\sum_{m=1}^{M}a_{jm}b_{mi}$$

です。つぎに，$\boldsymbol{B}^T\boldsymbol{A}^T$ の (i,j) 成分は

$$(\boldsymbol{B}^T\boldsymbol{A}^T)_{ij}=\sum_{m=1}^{M}b_{mi}a_{jm}$$

を得ます。これら 2 式は等しいので，式 (3.16) を得ます。

エルミート転置の場合も，同様にして

$$(\boldsymbol{AB})^H=\boldsymbol{B}^H\boldsymbol{A}^H \tag{3.17}$$

が成り立ちます。

---

† 成り立つのはかなり特殊な場合です。

例 3.6　任意のサイズの行列 $\boldsymbol{A}$ に対し，$\boldsymbol{A}\boldsymbol{A}^H$ と $\boldsymbol{A}^H\boldsymbol{A}$ はそれぞれエルミート行列です。なぜならば，式 (3.17) より，$(\boldsymbol{A}\boldsymbol{A}^H)^H = \boldsymbol{A}\boldsymbol{A}^H$, $(\boldsymbol{A}^H\boldsymbol{A})^H = \boldsymbol{A}^H\boldsymbol{A}$ が成り立つからです。

---

(3) ベクトルの内積と外積　ベクトル $\boldsymbol{x}, \boldsymbol{y} \in \mathbb{C}^N$ は，$N \times 1$ の行列であることを考慮すると，この二つのベクトルに対して，$\boldsymbol{x}^H\boldsymbol{y}$ と $\boldsymbol{x}\boldsymbol{y}^H$ の 2 種類の積が定まります。まず，$\boldsymbol{x}^H\boldsymbol{y}$ はスカラとなり，（狭義の）**内積**（inner product）と呼ばれます。つぎに，$\boldsymbol{x}\boldsymbol{y}^H$ は $N \times N$ の行列となり，（狭義の）**外積**（outer product）と呼ばれます。

3.2.4 特別な行列

(1) 単位行列　対角成分だけ 1 で，残りの成分が 0 である $N \times N$ 行列

$$
\boldsymbol{I}_N = \begin{bmatrix} 1 & 0 & \cdots & 0 \\ 0 & 1 & & 0 \\ \vdots & & \ddots & \vdots \\ 0 & 0 & \cdots & 1 \end{bmatrix}
$$

を**単位行列**（identity matrix）と呼びます。

$N \times N$ の正方行列 $\boldsymbol{A}$ に対し，$\boldsymbol{A}\boldsymbol{I}_N = \boldsymbol{I}_N\boldsymbol{A} = \boldsymbol{A}$ となることは容易に確認できます。スカラにおける 1 に対応するものが，単位行列であるといえます。

以下では，行列のサイズを明示する必要がない場合，単に $\boldsymbol{I}$ と表記することにします。

(2) 零行列　$M \times N$ の行列で，すべての要素が 0 となる行列を**零行列**（zero matrix）と呼び $\boldsymbol{O}_{M,N}$ と表記します。サイズが明らかであれば，簡便のために単に $\boldsymbol{O}$ と表記します。

3.3 連立1次方程式と行列

行列は**連立1次方程式**（system of linear equations）の解法と密接に関連しています。連立方程式は，信号処理や機械学習における最小2乗法，ウィナーフィルタ，適応フィルタ，カーネル機械など，あらゆる基盤技術の基礎となっています。

3.3.1 連立方程式の行列記法

連立1次方程式で最もなじみのあるものは，以下のような2元の連立1次方程式でしょう。

$$\begin{cases} ax + by = e \quad \cdots \quad (1) \\ cx + dy = f \quad \cdots \quad (2) \end{cases} \tag{3.18}$$

この連立方程式は，これまでに触れたベクトルと行列の知識を使って書き直すことができます。つまり，もとの連立方程式は

$$\begin{bmatrix} a & b \\ c & d \end{bmatrix} \begin{bmatrix} x \\ y \end{bmatrix} = \begin{bmatrix} e \\ f \end{bmatrix}$$

のように書け，その解は

$$\begin{bmatrix} x \\ y \end{bmatrix} = \frac{1}{ad - bc} \begin{bmatrix} de - bf \\ af - ce \end{bmatrix}$$

のように記述できます。

これを一般化すると，ある $M \times N$ 行列 $\boldsymbol{A}$ を使って，連立1次方程式は

$$\boldsymbol{Ax} = \boldsymbol{f} \tag{3.19}$$

の形に書くことができます。また，$[\boldsymbol{A}|\boldsymbol{f}]$ と定義した行列を**拡大行列**（augmented matrix）と呼びます。式 (3.18) の例では，$M = N = 2$ で

$$\boldsymbol{A} = \begin{bmatrix} a & b \\ c & d \end{bmatrix}, \quad \boldsymbol{x} = \begin{bmatrix} x \\ y \end{bmatrix}, \quad \boldsymbol{f} = \begin{bmatrix} e \\ f \end{bmatrix}$$

となります。また拡大行列は

$$\left[\begin{array}{cc|c} a & b & e \\ c & d & f \end{array}\right]$$

となります。

例 3.7　　$M = N = 3$ の場合を考えます。

$$\begin{cases} 2x + y - z = 0 \\ x - y + 3z = 12 \\ -x + 5y + 2z = -1 \end{cases}$$

のとき

$$\boldsymbol{A} = \begin{bmatrix} 2 & 1 & -1 \\ 1 & -1 & 3 \\ -1 & 5 & 2 \end{bmatrix}, \quad \boldsymbol{x} = \begin{bmatrix} x \\ y \\ z \end{bmatrix}, \quad \boldsymbol{f} = \begin{bmatrix} 0 \\ 12 \\ -1 \end{bmatrix}$$

となります。また拡大行列は

$$\left[\begin{array}{ccc|c} 2 & 1 & -1 & 0 \\ 1 & -1 & 3 & 12 \\ -1 & 5 & 2 & -1 \end{array}\right]$$

となります。このとき解は一意に決まり，$x = 2, y = -1, z = 3$ となります。

例 3.8　　$M = 2$，$N = 3$ の場合を考えます。

$$\begin{cases} 2x + y - z = 0 \\ -x + 5y + 2z = -1 \end{cases}$$

のとき

$$\boldsymbol{A} = \begin{bmatrix} 2 & 1 & -1 \\ -1 & 5 & 2 \end{bmatrix}, \quad \boldsymbol{x} = \begin{bmatrix} x \\ y \\ z \end{bmatrix}, \quad \boldsymbol{f} = \begin{bmatrix} 0 \\ -1 \end{bmatrix}$$

となります。方程式の数が少ないので，解は一意に決まりません。これを計算すると $x = \dfrac{7z+1}{11}$，$y = \dfrac{-3z-2}{11}$ となり，z の値によって，解が変化してしまいます。このとき，連立方程式の解は不定であるといいます。

例 3.9 $M = 3$，$N = 2$ の場合を考えます。

$$\begin{cases} 2x + y = 0 \\ x - y = 12 \\ -x + 5y = -1 \end{cases}$$

のとき

$$\boldsymbol{A} = \begin{bmatrix} 2 & 1 \\ 1 & -1 \\ -1 & 5 \end{bmatrix}, \quad \boldsymbol{x} = \begin{bmatrix} x \\ y \end{bmatrix}, \quad \boldsymbol{f} = \begin{bmatrix} 0 \\ 12 \\ -1 \end{bmatrix}$$

となります。この場合，第1式と第2式からは $x = 4$ が得られますが，第2式と第3式からは $x = \dfrac{59}{4}$ となり，連立方程式のなかで矛盾が起きてしまいます。このような連立方程式には解が存在せず，不能であるといいます。

以上のことから，$M = N$ のとき，つまり方程式の数と未知数の数が同じ場合に解が存在し，一意に決まりそうです。このことについて，次項でもう少し考察してみましょう。

3.3.2 ガウスの消去法と階数

前項の例 3.7 は，高校生までの知識で解ける方程式です。つまり，一つずつ変数を消去して，順繰りに変数を求めていくのでした。これをシステマティックにしたのがガウスの消去法です。

基本的な手順は

(1)　第1式を使って第2式以降の第1変数（x）を消去する。

(2)　第2式を使って，第3式以降の第2変数（y）を消去する。

(3)　これを繰り返す。

となります。これを前進消去と呼びます。

例3.7の場合は，以下のようになります。連立方程式とともに，拡大行列による記法も併記します。

$$\begin{cases} 2x + y - z = 0 & \cdots(1) \\ x - y + 3z = 12 & \cdots(2) \\ -x + 5y + 2z = -1 & \cdots(3) \end{cases} \qquad \left[\begin{array}{ccc|c} 2 & 1 & -1 & 0 \\ 1 & -1 & 3 & 12 \\ -1 & 5 & 2 & -1 \end{array}\right]$$

においては，第1式である(1)を使って，(2)と(3)のxを消去します。つまり，$(1) - 2 \times (2)$で(2)を置き換え，$(1) + 2 \times (3)$で(3)を置き換えると

$$\begin{cases} 2x + y - z = 0 & \cdots(1) \\ 3y - 7z = -24 & \cdots(2)' \\ 11y + 3z = -2 & \cdots(3)' \end{cases} \qquad \left[\begin{array}{ccc|c} 2 & 1 & -1 & 0 \\ 0 & 3 & -7 & -24 \\ 0 & 11 & 3 & -2 \end{array}\right]$$

となります。つぎに，第2式である$(2)'$を使って，$(3)'$のyを消去します。つまり，$11 \times (2)' - 3 \times (3)'$で$(3)'$を置き換えると

$$\begin{cases} 2x + y - z = 0 & \cdots(1) \\ 3y - 7z = -24 & \cdots(2)' \\ -86z = -258 & \cdots(3)'' \end{cases} \qquad \left[\begin{array}{ccc|c} 2 & 1 & -1 & 0 \\ 0 & 3 & -7 & -24 \\ 0 & 0 & -86 & -258 \end{array}\right]$$

となります。これにより$z = 3$を得ます。なお，前進消去より，拡大行列は階段状の形になりました。これを**行階段形**（row echelon form）と呼びます。

行階段形を得たあとは，$(3)''$より$z = 3$を得ます。つぎに，$(2)'$を用いて，$3y - 7 \cdot 3 = -24$より$y = -1$を得ます。つぎに，(1)を用いて，$2x + (-1) - 3 = 0$より，$x = 2$を得ます。これを後退代入と呼びます。

行階段形において，行のうちすべてが 0 ではない行の数を階数，または**ランク**（rank）と呼びます。したがって，行列 $\boldsymbol{A}$ のランクは 3，拡大行列のランクも 3 です。特に，行列のランクを $\mathrm{rank}(\boldsymbol{A})$ で表します。

$M \times N$ の行列 $\boldsymbol{A} \in \mathbb{C}^{M \times N}$ について

- $M < N$（行列は横長）かつ $\mathrm{rank}(\boldsymbol{A}) = M$ のとき，$\boldsymbol{A}$ は行についてフルランク（row full rank）
- $M > N$（行列は縦長）かつ $\mathrm{rank}(\boldsymbol{A}) = N$ のとき，$\boldsymbol{A}$ は列についてフルランク（column full rank）
- $M = N$（行列は正方）かつ $\mathrm{rank}(\boldsymbol{A}) = N$ のとき，$\boldsymbol{A}$ はフルランク（full rank）

をそれぞれ持つといいます。特に，正方行列 $\boldsymbol{A}$ がフルランクを持つとき，$\boldsymbol{A}$ は**正則行列**（nonsingular matrix）であるといいます。一方で，フルランクを持たないときは，**ランク落ちしている**（degraded）といいます。

つぎに，$\boldsymbol{A}$ が正方行列であっても，解が決まらない（不定）か，解が存在しない（不能）な例を見てみましょう。

例 3.10（**不定**（underdetermined））

$$
\begin{cases}
x - y + 2z = 2 \\
x + y + z = 1 \\
2x + 2y + 2z = 2
\end{cases}
$$

この例では，第 2 式と第 3 式が実はまったく同じです。したがって，$M = N$ でありながら，方程式の数は見かけにすぎず，この連立方程式は解が一意に決まらないことがわかります。実際，拡大行列にガウスの消去法を適用すると

$$
\left[\begin{array}{ccc|c}
1 & -1 & 2 & 2 \\
1 & 1 & 1 & 1 \\
2 & 2 & 2 & 2
\end{array}\right]
\xrightarrow[(1)-\frac{1}{2}\times(3)\to(3)]{(1)-(2)\to(2)}
\left[\begin{array}{ccc|c}
1 & -1 & 2 & 2 \\
0 & -2 & 1 & 1 \\
0 & -2 & 1 & 1
\end{array}\right]
$$

$$
\xrightarrow{(2)-(3)\to(3)}
\left[\begin{array}{ccc|c}
1 & -1 & 2 & 2 \\
0 & -2 & 1 & 1 \\
0 & 0 & 0 & 0
\end{array}\right]
$$

となります。式中の括弧は行の番号を表しています。これにより

$$
\begin{cases}
x - y + 2z = 2 \\
-2y + z = 1
\end{cases}
$$

だけが残り，この連立方程式の解は一意に定まらない（不定）であることを改めて示しています。実際，$x = \dfrac{-3z+3}{2}$，$y = \dfrac{z-1}{2}$ と変形することができて，z の値によって，x と y の値が変わります。このとき，$\boldsymbol{A}$ のランクは 2，拡大行列のランクは 2 です。

例 3.11（不能（inconsistent））

$$
\begin{cases}
x - y + 2z = 2 \\
x + y + z = 1 \\
3x + y + 4z = 3
\end{cases}
$$

拡大行列にガウスの消去法を適用すると

$$
\left[\begin{array}{ccc|c}
1 & -1 & 2 & 2 \\
1 & 1 & 1 & 1 \\
3 & 1 & 4 & 3
\end{array}\right]
\xrightarrow[3\times(1)-(3)\to(3)]{(1)-(2)\to(2)}
\left[\begin{array}{ccc|c}
1 & -1 & 2 & 2 \\
0 & -2 & 1 & 1 \\
0 & -4 & 2 & 3
\end{array}\right]
$$

$$
\xrightarrow{2\times(2)-(3)\to(3)}
\left[\begin{array}{ccc|c}
1 & -1 & 2 & 2 \\
0 & -2 & 1 & 1 \\
0 & 0 & 0 & -1
\end{array}\right]
$$

となります。第 3 行の左辺部分は消えたのに，右辺に相当する部分に値が残ってしまいました。これは連立方程式がそもそも成り立っていない，つ

まり解が存在しないこと（不能）を示しています。このとき，$\boldsymbol{A}$ のランクは 2 である一方，拡大行列のランクは 3 です。

この例からわかるように，拡大行列のランクが $\boldsymbol{A}$ のランクに一致しないとき，解が存在しません。

N 元連立方程式

$$\boldsymbol{A}\boldsymbol{x} = \boldsymbol{f} \qquad \boldsymbol{A} \in \mathbb{C}^{M \times N},\ \boldsymbol{x} \in \mathbb{C}^{N},\ \boldsymbol{f} \in \mathbb{C}^{M}$$

の解の存在と一意性については，拡大行列 $[\boldsymbol{A}|\boldsymbol{f}]$ を用いて，以下のようにまとめられます。

- $\mathrm{rank}([\boldsymbol{A}|\boldsymbol{f}]) = \mathrm{rank}(\boldsymbol{A})$ のとき，解は存在し
  - (1)　$\mathrm{rank}(\boldsymbol{A}) = N$ であれば，一意に定まる。
  - (2)　$\mathrm{rank}(\boldsymbol{A}) < N$ であれば，一意に定まらない（不定）。
- $\mathrm{rank}([\boldsymbol{A}|\boldsymbol{f}]) \neq \mathrm{rank}(\boldsymbol{A})$ のとき，解は存在しない（不能）。

3.4 逆　行　列

$N \times N$ 正方行列 $\boldsymbol{A}$ について，連立方程式

$$\boldsymbol{A}\boldsymbol{x} = \boldsymbol{f}$$

は，$\boldsymbol{A}$ が正則であれば解が一意に定まることを見ました。また，解を求めるには，ガウスの消去法で前進消去と後退代入を繰り返せばよいことも述べました。

実はこのことは，二つの行列 $\boldsymbol{B}$，$\boldsymbol{A}$ の積 $\boldsymbol{B}\boldsymbol{A}$ が単位行列 $\boldsymbol{I}_N$ になるような行列 $\boldsymbol{B}$ を両辺の左から乗じている操作にほかなりません。以下ではそのような行列について考察していきます。

3.4.1 逆行列の定義

前述の議論を式で表すと

$$\boldsymbol{BAx} = \boldsymbol{Bf}$$

より，$\boldsymbol{BA} = \boldsymbol{I}_N$ なので

$$\boldsymbol{x} = \boldsymbol{Bf}$$

を得ます。このとき，$\boldsymbol{B}$ は $\boldsymbol{A}$ の**逆行列**（inverse matrix）であるといい，特に $\boldsymbol{A}^{-1}$ と記します。また，同様にして $\boldsymbol{A}$ は $\boldsymbol{B}$ の逆行列です。逆行列は，連立1次方程式と密接に関連する大切な概念です。信号処理や機械学習の諸問題は，連立方程式に帰着することが多いです。また，多変量の確率的な事象を扱う場合，逆行列は必須な知識となります。

$N \times N$ の正方行列 $\boldsymbol{A}$，$\boldsymbol{B}$，$\boldsymbol{C}$ があり

$$\boldsymbol{BA} = \boldsymbol{AC} = \boldsymbol{I}_N \tag{3.20}$$

を満たすとき，$\boldsymbol{A}$ は**可逆**（invertible）であるといいます。ここで式 (3.20) において，$\boldsymbol{B} = \boldsymbol{C}$ であることに注意します。これは，つぎのように証明できます。

$$\boldsymbol{C} = \boldsymbol{I}_N\boldsymbol{C} = (\boldsymbol{BA})\boldsymbol{C} = \boldsymbol{B}(\boldsymbol{AC}) = \boldsymbol{BI}_N = \boldsymbol{B} \tag{3.21}$$

したがって，可逆な行列 $\boldsymbol{A}$ に対して

$$\boldsymbol{AA}^{-1} = \boldsymbol{A}^{-1}\boldsymbol{A} = \boldsymbol{I} \tag{3.22}$$

が成り立ちます。

逆行列の存在（可逆性）は，連立方程式の解が一意に存在することを意味します。したがって，$\boldsymbol{A}$ が正則行列であれば，またそのときに限って逆行列が存在します。

3.4.2　2 × 2 行列の逆行列

行列が可逆かどうか，また逆行列が具体的にどのような形になるのか，2×2 の行列 $\boldsymbol{A} = \begin{bmatrix} a_{11} & a_{12} \\ a_{21} & a_{22} \end{bmatrix}$ について検討してみましょう。このとき，未知の行列

$\boldsymbol{X} = \begin{bmatrix} x_{11} & x_{12} \\ x_{21} & x_{22} \end{bmatrix}$ について，方程式

$$\boldsymbol{AX} = \boldsymbol{I} \tag{3.23}$$

を解くことにします。この方程式を具体的に書き下すと

$$\begin{bmatrix} a_{11} & a_{12} \\ a_{21} & a_{22} \end{bmatrix} \begin{bmatrix} x_{11} & x_{12} \\ x_{21} & x_{22} \end{bmatrix} = \begin{bmatrix} 1 & 0 \\ 0 & 1 \end{bmatrix} \tag{3.24}$$

です。左辺の行列の積を計算すると

$$\begin{bmatrix} a_{11}x_{11} + a_{12}x_{21} & a_{11}x_{12} + a_{12}x_{22} \\ a_{21}x_{11} + a_{22}x_{21} & a_{21}x_{12} + a_{22}x_{22} \end{bmatrix} = \begin{bmatrix} 1 & 0 \\ 0 & 1 \end{bmatrix}$$

です。したがって，4 元連立方程式

$$a_{11}x_{11} + a_{12}x_{21} = 1, \quad a_{11}x_{12} + a_{12}x_{22} = 0,$$

$$a_{21}x_{11} + a_{22}x_{21} = 0, \quad a_{21}x_{12} + a_{22}x_{22} = 1$$

を解けばよく，この解は

$$x_{11} = \frac{a_{22}}{a_{11}a_{22} - a_{12}a_{21}}, \quad x_{12} = \frac{-a_{12}}{a_{11}a_{22} - a_{12}a_{21}},$$
$$x_{21} = \frac{-a_{21}}{a_{11}a_{22} - a_{12}a_{21}}, \quad x_{22} = \frac{a_{11}}{a_{11}a_{22} - a_{12}a_{21}}$$

となります。ここでわかることは，すべての成分は分母に $a_{11}a_{22} - a_{12}a_{21}$ を持っているということです。また，$\boldsymbol{X}$ が存在するには，分母が 0 になってはいけないということです。したがって，$\boldsymbol{A}$ が可逆である条件は

$$a_{11}a_{22} - a_{12}a_{21} \neq 0 \tag{3.25}$$

となります。この分母は，**行列式**（determinant）と呼ばれ，$|\boldsymbol{A}|$ または $\det \boldsymbol{A}$ と記します。一般の $N \times N$ 正方行列に対しても行列式 $|\boldsymbol{A}|$ を定義でき，$|\boldsymbol{A}| \neq 0$ が $\boldsymbol{A}$ の逆行列 $\boldsymbol{A}^{-1}$ が存在する必要十分条件です。一般の正方行列に関する行列式については，またあとで詳しく触れます。

3.4.3 逆行列の性質

逆行列につぎのような性質が成り立ちます。

(1)　正方行列 $\boldsymbol{X} \in \mathbb{C}^{N\times N}$ に対して

$$(\boldsymbol{X}^{-1})^H = (\boldsymbol{X}^H)^{-1} \tag{3.26}$$

(2)　行列 $\boldsymbol{A} \in \mathbb{C}^{M\times N}$，$\boldsymbol{B} \in \mathbb{C}^{N\times M}$ に対して

$$(\boldsymbol{AB})^{-1} = \boldsymbol{B}^{-1}\boldsymbol{A}^{-1} \tag{3.27}$$

式 (3.26) については，式 (3.17) より，$\boldsymbol{X}^H(\boldsymbol{X}^{-1})^H = (\boldsymbol{X}^{-1}\boldsymbol{X})^H = \boldsymbol{I}^H = \boldsymbol{I}$ が成り立つので，$(\boldsymbol{X}^{-1})^H$ は $\boldsymbol{X}^H$ の逆行列であることがわかります。

式 (3.27) については，$(\boldsymbol{AB})(\boldsymbol{B}^{-1}\boldsymbol{A}^{-1}) = \boldsymbol{AA}^{-1} = \boldsymbol{I}_M$ であることより，$\boldsymbol{B}^{-1}\boldsymbol{A}^{-1}$ は $\boldsymbol{AB}$ の逆行列であることを示すことができます。

さらに，以下の性質は信号処理や機械学習で非常に有用です。

(1)　ブロック行列の逆行列　　$\boldsymbol{M}$ を $N \times N$ の正則行列とし

$$\boldsymbol{M} = \begin{bmatrix} \boldsymbol{A} & \boldsymbol{B} \\ \boldsymbol{C} & \boldsymbol{D} \end{bmatrix} \tag{3.28}$$

と四つの「ブロック」に分割します。ここで $\boldsymbol{A}$ を $M \times M$ の正方行列とすれば，$\boldsymbol{B}$ は $M \times (N-M)$，$\boldsymbol{C}$ は $(N-M) \times M$，$\boldsymbol{D}$ は $(N-M) \times (N-M)$ であることは容易にわかります。$\boldsymbol{A}$ は正則であるとし，$\boldsymbol{E} = \boldsymbol{D} - \boldsymbol{CA}^{-1}\boldsymbol{B}$ を定義し，$\boldsymbol{E}$ も正則であれば

$$\boldsymbol{M}^{-1} = \begin{bmatrix} \boldsymbol{A}^{-1} + \boldsymbol{A}^{-1}\boldsymbol{BE}^{-1}\boldsymbol{CA}^{-1} & -\boldsymbol{A}^{-1}\boldsymbol{BE} \\ -\boldsymbol{E}^{-1}\boldsymbol{CA}^{-1} & \boldsymbol{E}^{-1} \end{bmatrix} \tag{3.29}$$

が成り立ちます。

(2)　逆行列補題　　式 (3.28) で定義した四つのブロック行列に対して

$$(\boldsymbol{A} + \boldsymbol{BDC})^{-1} = \boldsymbol{A}^{-1} - \boldsymbol{A}^{-1}\boldsymbol{B}(\boldsymbol{D}^{-1} + \boldsymbol{CA}^{-1}\boldsymbol{B})^{-1}\boldsymbol{CA}^{-1} \tag{3.30}$$

が成り立ち，これが**逆行列補題**（matrix inversion lemma）です。

特に大切なのが，$M = N - 1$ のときの場合で，このとき，$\boldsymbol{B}$ と $\boldsymbol{C}$ はそれぞれベクトル $\boldsymbol{b}$，$\boldsymbol{c}^H$ となり，$\boldsymbol{D}$ はスカラ d となります。特に $d = 1$ とおけば，式 (3.30) よりただちに

$$(\boldsymbol{A} + \boldsymbol{b}\boldsymbol{c}^H)^{-1} = \boldsymbol{A}^{-1} - \frac{\boldsymbol{A}^{-1}\boldsymbol{b}\boldsymbol{c}^H\boldsymbol{A}^{-1}}{1 + \boldsymbol{c}^H\boldsymbol{A}^{-1}\boldsymbol{b}} \tag{3.31}$$

が得られます。これは，$\boldsymbol{A}^{-1}$ があらかじめわかっていれば，$\boldsymbol{A} + \boldsymbol{b}\boldsymbol{c}^H$ の逆行列を行列とベクトルの積によって求められることを示しています。時系列の信号処理で広く使われる公式です。

3.4.4 連立方程式の求解による逆行列の求め方

行列 $\boldsymbol{A} \in \mathbb{C}^{N \times N}$ の逆行列 $\boldsymbol{X} = \boldsymbol{A}^{-1}$ は

$$\boldsymbol{A}\boldsymbol{X} = \boldsymbol{I} \tag{3.32}$$

を満たします。ここで，単位行列の第 i 列は i 番目だけ 1 で，残りは 0 となる列ベクトルです。このようなベクトルを $\boldsymbol{e}_i$ と書きます。つぎに，$\boldsymbol{X}$ の第 i 列を $\boldsymbol{x}_i$ と記します。このとき，$\boldsymbol{X} = [\boldsymbol{x}_1, \boldsymbol{x}_2, \cdots, \boldsymbol{x}_N]$ なので，式 (3.32) は

$$\boldsymbol{A}\boldsymbol{X} = \boldsymbol{A}[\boldsymbol{x}_1, \boldsymbol{x}_2, \cdots, \boldsymbol{x}_N] = [\boldsymbol{e}_1, \boldsymbol{e}_2, \cdots, \boldsymbol{e}_N] \tag{3.33}$$

となり，これは N 個の連立方程式

$$\boldsymbol{A}\boldsymbol{x}_i = \boldsymbol{e}_i, \quad i = 1, 2, \cdots, N \tag{3.34}$$

をまとめて表した式になります。これを解くことで，逆行列 $\boldsymbol{X} = \boldsymbol{A}^{-1}$ が求まるわけです。

例 3.12　ガウスの消去法を用いて，行列

$$\boldsymbol{A} = \begin{bmatrix} 1 & -1 & 3 \\ 2 & 1 & 1 \\ 1 & 1 & 1 \end{bmatrix}$$

の逆行列 $\boldsymbol{A}^{-1}$ を求めましょう。三つの拡大行列 $[\boldsymbol{A}|\boldsymbol{e}_1]$，$[\boldsymbol{A}|\boldsymbol{e}_2]$，$[\boldsymbol{A}|\boldsymbol{e}_3]$ に対してガウスの消去法を適用してもいいのですが，この三つをまとめた拡大行列 $[\boldsymbol{A}|\boldsymbol{e}_1, \boldsymbol{e}_2, \boldsymbol{e}_3]$ を用いたほうが簡便です。すなわち

$$\left[\begin{array}{ccc|ccc} 1 & -1 & 3 & 1 & 0 & 0 \\ 2 & 1 & 1 & 0 & 1 & 0 \\ 1 & 1 & 1 & 0 & 0 & 1 \end{array}\right] \to \left[\begin{array}{ccc|ccc} 1 & -1 & 3 & 1 & 0 & 0 \\ 0 & 3 & -5 & -2 & 1 & 0 \\ 0 & 2 & -2 & -1 & 0 & 1 \end{array}\right]$$
$$\to \left[\begin{array}{ccc|ccc} 1 & -1 & 3 & 1 & 0 & 0 \\ 0 & 3 & -5 & -2 & 1 & 0 \\ 0 & 0 & 2 & -\frac{1}{4} & -\frac{1}{2} & \frac{3}{4} \end{array}\right]$$

となります。後退代入を実行すれば

$$\boldsymbol{x}_1 = \begin{bmatrix} 0 \\ -\frac{1}{4} \\ \frac{1}{4} \end{bmatrix}, \quad \boldsymbol{x}_2 = \begin{bmatrix} 1 \\ -\frac{1}{2} \\ -\frac{1}{2} \end{bmatrix}, \quad \boldsymbol{x}_3 = \begin{bmatrix} -1 \\ \frac{5}{4} \\ \frac{3}{4} \end{bmatrix}$$

となるので，逆行列

$$\boldsymbol{A}^{-1} = \begin{bmatrix} 0 & 1 & -1 \\ -\frac{1}{4} & -\frac{1}{2} & \frac{5}{4} \\ \frac{1}{4} & -\frac{1}{2} & \frac{3}{4} \end{bmatrix}$$

が得られました。

3.4.5 ユニタリ行列

逆行列とエルミート転置が一致する場合，つまり

$$\boldsymbol{A}\boldsymbol{A}^H = \boldsymbol{A}^H\boldsymbol{A} = \boldsymbol{I} \tag{3.35}$$

のとき，$\boldsymbol{A}$ は**ユニタリ行列** (unitary matrix) であるといいます。ユニタリ行列

の列ベクトルの間には，つぎの関係が成り立ちます。行列の列に着目し，$N \times N$ の正方行列 $\boldsymbol{A}$ の列を

$$\boldsymbol{A} = [\boldsymbol{a}_1, \boldsymbol{a}_2, \cdots, \boldsymbol{a}_N] \tag{3.36}$$

のように，$\boldsymbol{a}_n, n = 1, \cdots, N$ で表します。このとき

$$\boldsymbol{A}^H \boldsymbol{A} = \begin{bmatrix} \boldsymbol{a}_1^H \boldsymbol{a}_1 & \boldsymbol{a}_1^H \boldsymbol{a}_2 & \cdots & \boldsymbol{a}_1^H \boldsymbol{a}_N \\ \boldsymbol{a}_2^H \boldsymbol{a}_1 & \boldsymbol{a}_2^H \boldsymbol{a}_2 & \cdots & \boldsymbol{a}_2^H \boldsymbol{a}_N \\ \vdots & & \ddots & \vdots \\ \boldsymbol{a}_N^H \boldsymbol{a}_1 & \boldsymbol{a}_N^H \boldsymbol{a}_2 & \cdots & \boldsymbol{a}_N^H \boldsymbol{a}_N \end{bmatrix} \tag{3.37}$$

なので，ユニタリ行列の性質 $\boldsymbol{A}^H \boldsymbol{A} = \boldsymbol{I}$ から

$$\boldsymbol{a}_i^H \boldsymbol{a}_j = \begin{cases} 0, & i \neq j \\ 1, & i = j \end{cases} \tag{3.38}$$

が得られます。これは，列ベクトルの**正規直交性**（orthonormality）と呼ばれ，非常に大切な概念です。同様にして，行ベクトルにも正規直交性が成り立つことを示すことができます。

例 3.13（**離散フーリエ変換**（discrete Fourier transform））　行列 $\boldsymbol{W} \in \mathbb{C}^{N \times N}$ に対して，その (m, n) 成分が

$$W_{m,n} = \frac{1}{\sqrt{N}} e^{i \frac{2\pi}{N} mn}, \quad m, n = 0, 1, \cdots, N-1 \tag{3.39}$$

で与えられるとき，$\boldsymbol{W}$ を離散フーリエ変換行列と呼びます。

離散フーリエ変換行列はユニタリ行列です（→ 章末問題【**3**】）。つまり

$$\boldsymbol{W} \boldsymbol{W}^H = \boldsymbol{I}_N$$

が成り立ちます。

3.5 行　列　式

正方行列 $\boldsymbol{A}$ が正則, すなわち可逆かどうかを調べるには, ガウスの消去法でランクを調べればよいことはすでに述べました。また, 2×2 の行列 $\boldsymbol{A} = \begin{bmatrix} a_{11} & a_{12} \\ a_{21} & a_{22} \end{bmatrix}$ に対しては, 式 (3.25) で定義される行列式

$$|\boldsymbol{A}| = a_{11}a_{22} - a_{12}a_{21} \tag{3.40}$$

に対して, $|\boldsymbol{A}| \neq 0$ であれば, $\boldsymbol{A}$ 正則となると述べました。同様にして, 以下では一般の正方行列に対して行列式を定義し, その値によって正則性が確認できることを説明します。

3.5.1 行列式の定義

行列式は, $N \times N$ の正方行列に対して定義できます。そこで, 天下り的ではありますが, 式 (3.40) の定義をつぎのように解釈します（**図 3.5**）。

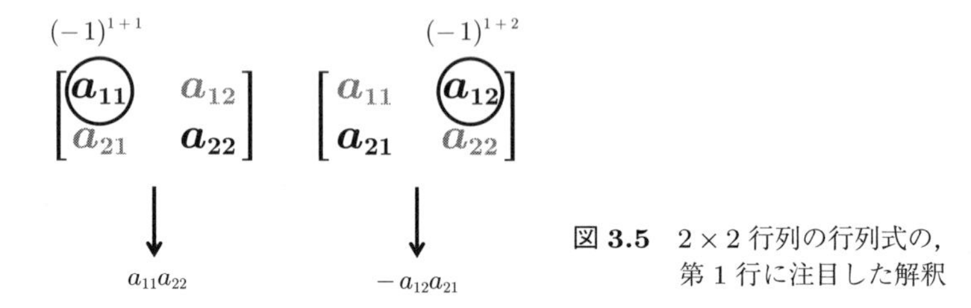

図 3.5　2×2 行列の行列式の, 第 1 行に注目した解釈

- $|\boldsymbol{A}|$ は, 第 1 行の要素（a_{11} と a_{12}）の線形和になっている。
- $\boldsymbol{A}$ の $(1, 1)$ 成分 a_{11} の符号は成分の和で決まり, $(-1)^{1+1} = +1$ である。また, 係数は, $\boldsymbol{A}$ から第 1 行と第 1 列を除外して得られる a_{22} である。
- $\boldsymbol{A}$ の $(1, 2)$ 成分 a_{12} の符号は成分の和で決まり, $(-1)^{1+2} = -1$ である。また, 係数は, $\boldsymbol{A}$ から第 1 行と第 2 列を除外して得られる a_{21} である。

このように解釈すると，あることに気づきます。行列式を第2行の係数の線形和とみなせば，a_{21} の符号は $(-1)^{2+1}=-1$ でその係数は第2行，第1列を除外して得られる a_{12} となっており，a_{22} の符号は $(-1)^{2+2}=+1$ でその係数は第2行，第2列を除外したときの a_{11} となっています。

同様な解釈は，第1列，第2列に着目しても成り立ちます。

（1） **3×3 行列の場合**　同様にして，3×3 の行列

$$
\boldsymbol{A}=\begin{bmatrix} a_{11} & a_{12} & a_{13} \\ a_{21} & a_{22} & a_{23} \\ a_{31} & a_{32} & a_{33} \end{bmatrix}
$$

に対して，第1行の線形和

$$
|\boldsymbol{A}|=a_{11}c_{11}+a_{12}c_{12}+a_{13}c_{13} \tag{3.41}
$$

として行列式を定めます。ここで，2×2 の行列式に倣って

$$
c_{11}=(-1)^{1+1}m_{11},\quad c_{12}=(-1)^{1+2}m_{12},\quad c_{13}=(-1)^{1+3}m_{13}
$$

とします。m_{11} は，第1行，第1列を除外した 2×2 行列 $\begin{bmatrix} a_{22} & a_{23} \\ a_{32} & a_{33} \end{bmatrix}$ の行列式

$$
m_{11}=\begin{vmatrix} a_{22} & a_{23} \\ a_{32} & a_{33} \end{vmatrix}=a_{22}a_{33}-a_{23}a_{32}
$$

とします。m_{12} と m_{13} も同様に 2×2 の行列式となり（**図 3.6**），結局，式 (3.41) は

$$
\begin{aligned}
|\boldsymbol{A}| &= a_{11}(a_{22}a_{33}-a_{23}a_{32})-a_{12}(a_{21}a_{33}-a_{23}a_{31}) \\
&\quad +a_{13}(a_{21}a_{32}-a_{22}a_{31}) \\
&= a_{11}a_{22}a_{33}+a_{12}a_{23}a_{31}+a_{13}a_{21}a_{32} \\
&\quad -(a_{13}a_{22}a_{31}+a_{12}a_{21}a_{33}+a_{11}a_{23}a_{32})
\end{aligned} \tag{3.42}
$$

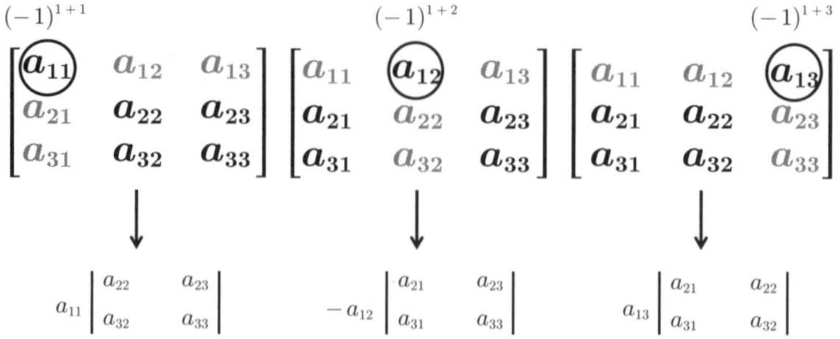

$$(-1)^{1+1}\begin{bmatrix} a_{11} & a_{12} & a_{13} \\ a_{21} & a_{22} & a_{23} \\ a_{31} & a_{32} & a_{33} \end{bmatrix} \quad (-1)^{1+2}\begin{bmatrix} a_{11} & a_{12} & a_{13} \\ a_{21} & a_{22} & a_{23} \\ a_{31} & a_{32} & a_{33} \end{bmatrix} \quad (-1)^{1+3}\begin{bmatrix} a_{11} & a_{12} & a_{13} \\ a_{21} & a_{22} & a_{23} \\ a_{31} & a_{32} & a_{33} \end{bmatrix}$$

$$\downarrow \qquad\qquad \downarrow \qquad\qquad \downarrow$$

$$a_{11}\begin{vmatrix} a_{22} & a_{23} \\ a_{32} & a_{33} \end{vmatrix} \qquad -a_{12}\begin{vmatrix} a_{21} & a_{23} \\ a_{31} & a_{33} \end{vmatrix} \qquad a_{13}\begin{vmatrix} a_{21} & a_{22} \\ a_{31} & a_{32} \end{vmatrix}$$

図 **3.6**　2×2 行列の行列式から，3×3 行列の行列式が定義される

となります。これは，任意の第 i 行に着目した場合の線形和 $a_{i1}c_{i1}+a_{i2}c_{i2}+a_{i3}c_{i3}$ も，任意の第 j 列に着目した場合の線形和 $a_{1j}c_{1j}+a_{2j}c_{2j}+a_{3j}c_{3j}$ もすべて式(3.42)に一致します（→ 章末問題【**4**】）。

（**2**）$\boldsymbol{N \times N}$ **行列の行列式と余因子展開**　　2×2 から 3×3 行列の行列式が定義されたように，3×3 から 4×4，そして，$(N-1) \times (N-1)$ から $N \times N$ 行列の行列式が再帰的に定義されます。ここで重要なことは，$N \times N$ 行列 $\boldsymbol{A} = (a_{ij})$ の行列式は着目する行や列に依存しません。例えば，第 i 行に着目すれば，行列式は

$$|\boldsymbol{A}| = a_{i1}c_{i1} + a_{i2}c_{i2} + \cdots + a_{iN}c_{iN} \tag{3.43}$$

です。ここで

$$c_{ij} = (-1)^{i+j} m_{ij} \tag{3.44}$$

を**余因子**（cofactor）と呼び，m_{ij} は行列 $\boldsymbol{A}$ から第 i 行，第 j 列を除外した $(N-1) \times (N-1)$ 行列の行列式で，**小行列式**（minor）と呼びます。そして，式(3.43)の表現を，行列式 $|\boldsymbol{A}|$ の第 i 行に沿った**余因子展開**（cofactor expansion）と呼びます。

余因子展開を繰り返すと，$N \times N$ 行列 $\boldsymbol{A} = (a_{i,j})$ の行列式は要素 $a_{i,j}$ を用いて書き下すことができ

$$|\boldsymbol{A}| = \sum_{\sigma \in S_N} \operatorname{sgn}(\sigma) a_{1,\sigma(1)} a_{2,\sigma(2)} \cdots a_{N,\sigma(N)} \tag{3.45}$$

となります。ここで，σ は**置換**（permutation）[†1]であり，$\mathrm{sgn}(\sigma)$ は偶置換[†2]のとき $+1$，奇置換のとき -1 です。

3.5.2 行列式の性質

以下では行列式の重要な性質について述べていきます。すべては，行列式の定義（式 (3.45)）から証明できますが，細かい証明はほかの成書を参考にしてください。以下，断りがない限り，行列は $N \times N$ の正方行列です。

(1) 転　　置　定義から以下は明らかです。

$$|\boldsymbol{A}^T| = |\boldsymbol{A}| \tag{3.46}$$

$$|\boldsymbol{A}^H| = \overline{|\boldsymbol{A}|} \tag{3.47}$$

(2) 多重線形性　行列 $\boldsymbol{A}$ を，列ベクトル $\boldsymbol{a}_i$ で

$$\boldsymbol{A} = [\boldsymbol{a}_1, \boldsymbol{a}_2, \cdots, \boldsymbol{a}_N]$$

と表記します。このとき，スカラ λ とベクトル $\boldsymbol{b}$ に対して

$$|[\cdots, \boldsymbol{a}_i + \lambda \boldsymbol{b}, \cdots]| = |[\cdots, \boldsymbol{a}_i, \cdots]| + \lambda |[\cdots, \boldsymbol{b}, \cdots]| \tag{3.48}$$

が成り立ちます。

また，ある列を λ 倍した行列の行列式は，もとの行列の λ 倍になります。すなわち

$$|[\cdots, \lambda \boldsymbol{a}_i, \cdots]| = \lambda |[\cdots, \boldsymbol{a}_i, \cdots]| \tag{3.49}$$

です。以上の性質は行についても成り立ちます。

[†1] 置換は，1 から N までの並び替えのすべてのパターンです。$N = 3$ の場合は，$(\sigma(1), \sigma(2), \sigma(3))$ は，$(1,2,3), (1,3,2), (2,1,3), (2,3,1), (3,1,2), (3,2,1)$ の 6 種類になります。$\displaystyle\sum_{\sigma \in S_N}$ は，1 から N までのすべての置換について和を取るという意味です。

[†2] 数の並びを二つずつ交換する操作を互換といいます。$(1, 2, \cdots, N)$ から $(\sigma(1), \sigma(2), \cdots, \sigma(N))$ への置換が，偶数階の互換で表現できるときは偶置換，奇数回の互換で表現できるときは奇置換と呼びます。

(3) 交　代　性　　行列 $\boldsymbol{A}$ を，列ベクトル $\boldsymbol{a}_i$ で

$$\boldsymbol{A} = [\boldsymbol{a}_1, \boldsymbol{a}_2, \cdots, \boldsymbol{a}_N]$$

と表記します。このとき，$i \neq j$ となる任意の 2 列 $\boldsymbol{a}_i$，$\boldsymbol{a}_j$ を入れ替えた行列 $\tilde{\boldsymbol{A}}$ に対して

$$|\tilde{\boldsymbol{A}}| = -|\boldsymbol{A}|$$

が成り立ちます。具体的に表記すれば

$$|[\cdots, \boldsymbol{a}_j, \cdots, \boldsymbol{a}_i, \cdots]| = -|[\cdots, \boldsymbol{a}_i, \cdots, \boldsymbol{a}_j, \cdots]| \tag{3.50}$$

です。この性質は行についても成り立ちます。

交代性により，同じ行（同じ列）を持つ行列の行列式は 0 になることがわかります。すなわち，式 (3.50) で $\boldsymbol{a}_j = \boldsymbol{a}_i$ であれば

$$|[\cdots, \boldsymbol{a}_i, \cdots, \boldsymbol{a}_i, \cdots]| = -|[\cdots, \boldsymbol{a}_i, \cdots, \boldsymbol{a}_i, \cdots]|$$

より

$$|[\cdots, \boldsymbol{a}_i, \cdots, \boldsymbol{a}_i, \cdots]| = 0 \tag{3.51}$$

が得られます。

また多重線形性と交代性により，第 i 列 $\boldsymbol{a}_i$ を，別の列との和 $\boldsymbol{a}_i + \lambda \boldsymbol{a}_j$ で置き換えた $[\cdots, \boldsymbol{a}_i + \lambda \boldsymbol{a}_j, \cdots, \boldsymbol{a}_j, \cdots]$ について

$$\begin{aligned} |[\cdots, \boldsymbol{a}_i + \lambda \boldsymbol{a}_j, \cdots, \boldsymbol{a}_j, \cdots]| &= |[\cdots, \boldsymbol{a}_i, \cdots, \boldsymbol{a}_j, \cdots]| \\ &\quad + \lambda |[\cdots, \boldsymbol{a}_j, \cdots, \boldsymbol{a}_j, \cdots]| \\ &= |[\cdots, \boldsymbol{a}_i, \cdots, \boldsymbol{a}_j, \cdots]| \end{aligned} \tag{3.52}$$

が成り立ちます。つまり，これを用いると，行列式を簡単に計算できるようになります。

例 3.14　　4×4 行列

$$\boldsymbol{A} = \begin{bmatrix} 1 & 2 & 3 & 2 \\ 2 & 4 & 1 & 2 \\ 2 & 4 & 2 & 2 \\ 1 & 3 & 1 & 2 \end{bmatrix}$$

の行列式を求めましょう。第 2 列を（第 2 列）$-2\times$（第 1 列）で置き換えた行列は

$$\boldsymbol{B} = \begin{bmatrix} 1 & 0 & 3 & 2 \\ 2 & 0 & 1 & 2 \\ 2 & 0 & 2 & 2 \\ 1 & 1 & 1 & 2 \end{bmatrix}$$

です。このようにすることで，第 2 列に沿った余因子展開が簡単になります。式 (3.52) より，$|\boldsymbol{A}| = |\boldsymbol{B}|$ なので，$\boldsymbol{A}$ の代わりに，$\boldsymbol{B}$ の行列式を求めればよいことになります。したがって

$$\begin{aligned} |\boldsymbol{A}| = |\boldsymbol{B}| &= 1 \cdot (-1)^{4+2} \begin{vmatrix} 1 & 3 & 2 \\ 2 & 1 & 2 \\ 2 & 2 & 2 \end{vmatrix} \\ &= \begin{vmatrix} 1 & 3 & 1 \\ 2 & 1 & 0 \\ 2 & 2 & 0 \end{vmatrix} \quad \text{（第 3 列を，（第 3 列）－（第 1 列）で置き換えた）} \\ &= 1 \cdot (-1)^{1+3} \begin{vmatrix} 2 & 1 \\ 2 & 2 \end{vmatrix} \\ &= 2 \cdot 2 - 1 \cdot 2 = 2 \end{aligned}$$

---

(4)　単位行列と対角行列　　単位行列 $\boldsymbol{I}_N$ の行列式は 1 です。つまり

$$|\boldsymbol{I}_N| = 1 \tag{3.53}$$

です。また，対角行列

$$\boldsymbol{D} = \begin{bmatrix} d_1 & 0 & \cdots & 0 \\ 0 & d_2 & & 0 \\ \vdots & & \ddots & \vdots \\ 0 & \cdots & & d_N \end{bmatrix}$$

の行列式は

$$|\boldsymbol{D}| = d_1 d_2 \cdots d_N \tag{3.54}$$

となります。これは，余因子展開，または多重線形性の式 (3.49) と (3.53) から容易に導けます。

(5) 積　$N \times N$ の正方行列 $\boldsymbol{A}$，$\boldsymbol{B}$ に対して

$$|\boldsymbol{AB}| = |\boldsymbol{A}||\boldsymbol{B}| \tag{3.55}$$

が成り立ちます。

これを用いると，逆行列 $\boldsymbol{A}^{-1}$ について，$|\boldsymbol{AA}^{-1}| = |\boldsymbol{A}||\boldsymbol{A}^{-1}|$ が成り立つので，$\boldsymbol{AA}^{-1} = \boldsymbol{I}$ と式 (3.53) より

$$|\boldsymbol{A}^{-1}| = \frac{1}{|\boldsymbol{A}|} \tag{3.56}$$

となります。また，ユニタリ行列 $\boldsymbol{U}$ の行列式は

$$|\boldsymbol{U}| = \pm 1 \tag{3.57}$$

です。これは，$\boldsymbol{U}^H\boldsymbol{U} = \boldsymbol{I}$ より，式 (3.55)，(3.47) を用いて，$|\boldsymbol{U}^H\boldsymbol{U}| = |\boldsymbol{U}^H||\boldsymbol{U}| = \overline{|\boldsymbol{U}|}|\boldsymbol{U}| = |\boldsymbol{U}|^2$ を得ます。一方，式 (3.53) より，$|\boldsymbol{I}| = 1$ なので，$|\boldsymbol{U}|^2 = 1$ となり，式 (3.57) を得ます。

3.5.3　逆行列と行列式

行列 $\boldsymbol{A}$ に対して，式 (3.44) で定義した余因子 c_{ij} を (j, i) 成分に持つ行列（i

と j が逆になっていることに注意）を**余因子行列**（cofactor matrix）と呼び，adj($\boldsymbol{A}$) と表記します。具体的には

$$\mathrm{adj}(\boldsymbol{A}) = \begin{bmatrix} c_{11} & c_{21} & \cdots & c_{N1} \\ c_{12} & c_{22} & \cdots & c_{N2} \\ \vdots & \vdots & \ddots & \vdots \\ c_{1N} & c_{2N} & \cdots & c_{NN} \end{bmatrix}$$

で与えられます。ここで，$\boldsymbol{A}\mathrm{adj}(\boldsymbol{A})$ を計算してみましょう。第 i 対角成分 $(\boldsymbol{A}\mathrm{adj}(\boldsymbol{A}))_{ii}$ については

$$(\boldsymbol{A}\mathrm{adj}(\boldsymbol{A}))_{ii} = a_{i1}c_{i1} + a_{i2}c_{i2} + \cdots + a_{iN}c_{iN}$$

なので，これは $\boldsymbol{A}$ の余因子展開（式 (3.43)）にほかならず

$$(\boldsymbol{A}\mathrm{adj}(\boldsymbol{A}))_{ii} = |\boldsymbol{A}|$$

となります。$i \neq j$ である (i, j) 成分（非対角成分）に対しては

$$(\boldsymbol{A}\mathrm{adj}(\boldsymbol{A}))_{ij} = a_{i1}c_{j1} + a_{i2}c_{j2} + \cdots + a_{iN}c_{jN}$$

ですが，これは，$\boldsymbol{A} = [\cdots, \boldsymbol{a}_i, \cdots, \boldsymbol{a}_j, \cdots]$ の第 j 列を第 i 列で置き換えた行列 $[\cdots, \boldsymbol{a}_i, \cdots, \boldsymbol{a}_i, \cdots]$ の余因子展開です。したがって，式 (3.51) を用いると

$$(\boldsymbol{A}\mathrm{adj}(\boldsymbol{A}))_{ij} = |[\cdots, \boldsymbol{a}_i, \cdots, \boldsymbol{a}_i, \cdots]| = 0$$

となります。以上から

$$\boldsymbol{A}\mathrm{adj}(\boldsymbol{A}) = \begin{bmatrix} |\boldsymbol{A}| & 0 & \cdots & 0 \\ 0 & |\boldsymbol{A}| & & 0 \\ \vdots & & \ddots & \vdots \\ 0 & 0 & \cdots & |\boldsymbol{A}| \end{bmatrix}$$

が成り立ち，$|\boldsymbol{A}| \neq 0$ であれば

$$A\frac{1}{|A|}\mathrm{adj}(A) = I$$

すなわち

$$A^{-1} = \frac{1}{|A|}\mathrm{adj}(A) \tag{3.58}$$

が得られます。これを逆行列に対する**クラメルの公式**（Cramer's rule）と呼びます。

このように，行列式 $|A|$ が 0 でなければ，A は正則であり，逆行列を持つことを示すことができます。また，逆行列を余因子行列と行列式で明示的に計算することができます。しかし実際には，クラメルの公式 (3.58) を用いて逆行列を計算すると，N の増加とともに計算が膨大になるため，実際の計算で用いられることはありません。通常はガウスの消去法に基づく方法で逆行列を求めます。

3.6 む　す　び

本章では，行列の定義と連立 1 次方程式との関連について簡単に述べました。特に行列が正則であれば（逆行列を持てば），連立方程式は一意に 0 ではない解を持つことが大切です。つまり，$N \times N$ 正方行列 A が正則である（可逆である）ことは，以下のいずれかの条件と同値であるといえます。

- $\mathrm{rank}(A) = N$
- $|A| \neq 0$

また，ガウスの消去法，解の存在条件，逆行列の求め方，行列式などに関しては，LU 分解と呼ばれる行列の分解手法と深く関わっています。ガウスの消去法は，行列の基本変形と呼ばれる操作で実現可能ですが，基本変形とそれを行列で表現した基本行列について，本書では特に触れませんでした。

また行列式は，解析学における重積分では必要不可欠の知識ですが，ここでは最低限の記述にとどめました。特に，多くの線形代数の教科書は行列式を，置換を用いて式 (3.45) のように定義しています。この定義は，要素を明示しているため明確なものですが，余因子展開とのつながりがとてもわかりにくいため，本書ではあえて再帰的な定義を採用しました。

章 末 問 題

【1】 行列 $\boldsymbol{A} \in \mathbb{C}^{M \times N}$，$\boldsymbol{x} \in \mathbb{C}^N$，またスカラ α に対して，$\boldsymbol{A}(\alpha \boldsymbol{x}) = \alpha(\boldsymbol{A}\boldsymbol{x})$ を示せ。

【2】 式 (3.15) で与えられる行列 $\boldsymbol{A}$ に対して，$\boldsymbol{A}^H \boldsymbol{A}$ を求めよ。

【3】 式 (3.39) で与えられる離散フーリエ変換行列がユニタリ行列であることを示せ。

【4】 3×3 行列

$$\boldsymbol{A} = \begin{bmatrix} a_{11} & a_{12} & a_{13} \\ a_{21} & a_{22} & a_{23} \\ a_{31} & a_{32} & a_{33} \end{bmatrix}$$

の行列式の第 2 列に沿った余因子展開により，行列式を要素で書き下し，式 (3.42) に一致することを示せ。

【5】 4×4 の正方行列

$$\boldsymbol{A} = \begin{bmatrix} 1 & 3 & 1 & 1 \\ 2 & 1 & 4 & 0 \\ 1 & 2 & 2 & 1 \\ 2 & 1 & 4 & a \end{bmatrix}$$

において，$|\boldsymbol{A}| = 0$ となるように，a の値を定めよ。

基底と部分空間

Next SIP

信号やデータをベクトルで表現できることは述べました。また関数もベクトルと考えることができることもすでに見ました。本章では，対象としているベクトル空間に**次元**（dimension）と呼ばれる「大きさ」の概念を導入します。空間 $\mathbb{C}^N$ の場合，ベクトルの成分数が次元になります。さらに，**基底**（basis）と呼ばれる概念を導入することで，一般のベクトル空間に対して次元を定義できるようになります。さらに，ベクトル空間のなかに「より小さな」ベクトル空間——**部分空間**（subspace）——を定義することができます。

2 人組の歌手が歌っている歌を，5 本のマイクで録音すれば，ある瞬間の音圧は成分を五つ持つような $\mathbb{R}^5$ のベクトルとして観測できます。しかし歌手は 2 名しかいないので，本当は $\mathbb{R}^2$ のベクトルで表現できるかもしれません。このように，観測した信号やパターンから，本質的に意味を持つより低い次元のベクトルを見つけるということが，信号処理ではしばしばあります。そこで中心となる数学的な概念が部分空間です。

4.1 一次独立性と基底

4.1.1 ベクトルの一次独立性

まず，$\boldsymbol{x} = \begin{bmatrix} 2 \\ 3 \end{bmatrix} \in \mathbb{R}^2$ を考えてみましょう。2 次元の直交座標系に $\boldsymbol{x}$ は原点から座標 $(2,3)$ に向かう矢印を描くことができます。これは見方を変えると，

$\boldsymbol{e}_1 = \begin{bmatrix} 1 \\ 0 \end{bmatrix}$，$\boldsymbol{e}_2 = \begin{bmatrix} 0 \\ 1 \end{bmatrix}$ なる二つのベクトルを用いて，**図 4.1** に示すように

$$\boldsymbol{x} = 2\boldsymbol{e}_1 + 3\boldsymbol{e}_2$$

と表現できます。

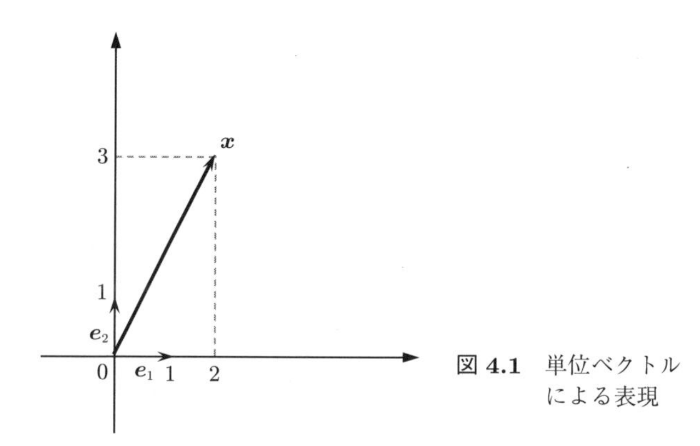

図 4.1 単位ベクトルによる表現

これをベクトル $\boldsymbol{x}$ の**分解**（decomposition）と呼びますが，この分解はもちろんいろいろなバリエーションがあります。**図 4.2** のように，ベクトル $\boldsymbol{u}_1$ と $\boldsymbol{u}_2$ に対して，$\boldsymbol{x}$ が平行四辺形の対角線になるようにうまくスカラ倍 $a_1\boldsymbol{u}_1$，$a_2\boldsymbol{u}_2$ を選べば

$$\boldsymbol{x} = a_1\boldsymbol{u}_1 + a_2\boldsymbol{u}_2$$

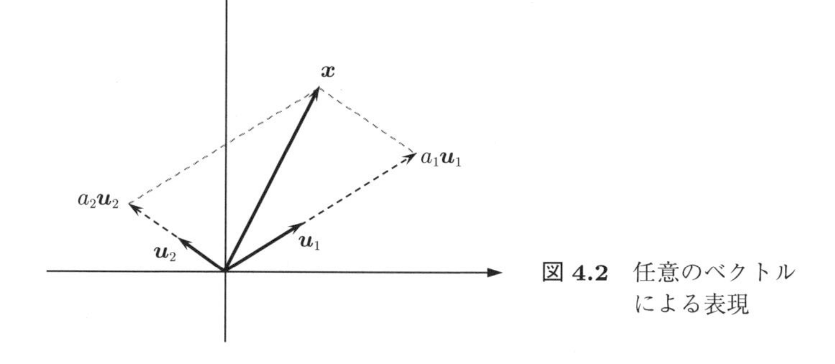

図 4.2 任意のベクトルによる表現

のように $\boldsymbol{x}$ を表現できます。この $\boldsymbol{u}_1$ と $\boldsymbol{u}_2$ は，重ならない限り，つまり平行にならない限り $\boldsymbol{x}$ を分解できそうです。

この「重ならない」という概念を厳密にしたものが一次独立性です。改めて一般のベクトル空間 V の N 個の要素 $\boldsymbol{u}_1, \boldsymbol{u}_2, \cdots, \boldsymbol{u}_N \in V$ を考えます。

定義 4.1（一次独立）　スカラ c_i, $i = 1, \cdots, N$ に対して，$c_1\boldsymbol{u}_1 + c_2\boldsymbol{u}_2 + \cdots + c_N\boldsymbol{u}_N$ を**線形結合**（linear combination）といい

$$c_1\boldsymbol{u}_1 + c_2\boldsymbol{u}_2 + \cdots + c_N\boldsymbol{u}_N = \boldsymbol{o}$$

となる必要十分条件が $c_1 = c_2 = \cdots = c_N = 0$ であるとき，$\boldsymbol{u}_1, \boldsymbol{u}_2, \cdots, \boldsymbol{u}_N$ は**一次独立**（linearly independent）といい，そうでない場合は**一次従属**（linearly dependent）であるといいます。

つまり，平面上の二つのベクトルが並行でないこと，空間上の三つのベクトルが同じ平面上にないことを一般化した概念が一次独立性です。3 次元空間の例が**図 4.3** です。図 (a) における $\boldsymbol{u}_1, \boldsymbol{u}_2, \boldsymbol{u}_3$ は直交座標の座標軸に対応しています。すべてのベクトルは，別のベクトルの線形和で表現できないのでこれらは一次独立です。一方で，図 (b) においては，$\boldsymbol{u}_3$ は，$\boldsymbol{u}_1$ と $\boldsymbol{u}_2$ の線形結合で表現できます。したがってこれは一次従属です。

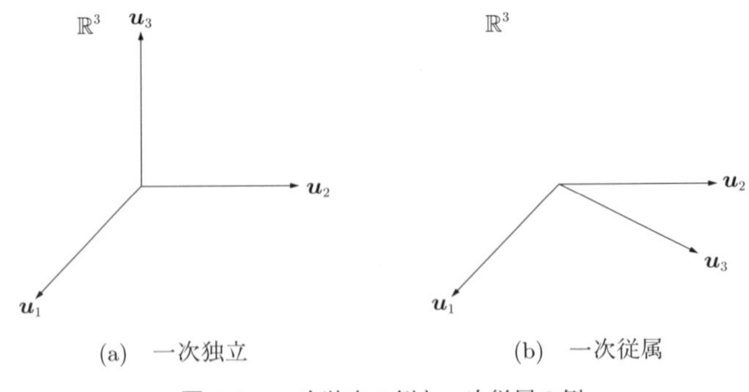

図 4.3　一次独立の例と一次従属の例

4.1.2 基　　　　　底

有限次元ベクトル空間の一次独立なベクトルをすべて集めてきたものは基底と呼ばれます。

定義 4.2（基底）　ベクトル空間 V の $\boldsymbol{u}_1, \boldsymbol{u}_2, \cdots, \boldsymbol{u}_N \in V$ が一次独立であり，V の任意の要素がこれらのベクトルの線形結合で表現できるとき，集合 $\{\boldsymbol{u}_1, \boldsymbol{u}_2, \cdots, \boldsymbol{u}_N\}$ のことを V の**基底**（basis）と呼びます。また，N を V の**次元**（dimension）と呼び，$\dim V = N$ と表記します。

つまり空間の「大きさ」は一次独立となるベクトルの最大数であるといえます。以下では，N 次元空間 V の基底を $\{\boldsymbol{u}_i \in V\}_{i=1}^N$，または $\{\boldsymbol{u}_i\}_{i=1}^N$ と記します。それぞれの $\boldsymbol{u}_i$ は**基底ベクトル**（basis vector）と呼びます。つまり，基底は集合であり，基底ベクトルは基底の要素です。

また，任意のベクトル $\boldsymbol{x}$ を基底ベクトルの線形結合で

$$\boldsymbol{x} = c_1\boldsymbol{u}_1 + c_2\boldsymbol{u}_2 + \cdots + c_N\boldsymbol{u}_N \tag{4.1}$$

のように表現したとき，c_i，$i = 1, 2, \cdots, N$ を**展開係数**（coefficient）または単に係数と呼びます。さらに係数を並べたベクトル $\boldsymbol{c} = (c_n) \in \mathbb{C}^N$ を**係数ベクトル**（coefficient vector）と呼びます。

特殊な基底ベクトルとして，成分の一つだけが 1 で，残りは 0 のベクトルを**標準基底ベクトル**（standard basis vector, canonical basis vector）と呼びます。また，$\mathbb{C}^N$ において，$i = 1, 2, \cdots, N$ に対して，第 i 成分が 1 でそれ以外が 0 のとき，標準基底ベクトルを $\boldsymbol{e}_i$ と表記します。また，$\{\boldsymbol{e}_i\}_{i=1}^N$ を**標準基底**（standard basis, canonical basis）と呼びます。任意のベクトル $\boldsymbol{x} = (x_n) \in \mathbb{C}^N$ は，標準基底を用いて

$$\boldsymbol{x} = x_1\boldsymbol{e}_1 + x_2\boldsymbol{e}_2 + \cdots + x_N\boldsymbol{e}_N$$

と表現できます。標準基底ベクトルを用いることで，展開係数は $\boldsymbol{x}$ の成分そのものになります。

基底に関して大切な事項は，以下の 3 点です。

(1) 基底は任意に取ることができます。例えば，$\mathbb{R}^2$ においては二つの基底が存在し，$\{\boldsymbol{e}_1, \boldsymbol{e}_2\}$ を基底にしてもよいですし

$$\boldsymbol{u}_1 = \begin{bmatrix} 1 \\ 2 \end{bmatrix}, \quad \boldsymbol{u}_2 = \begin{bmatrix} 2 \\ 1 \end{bmatrix} \tag{4.2}$$

としたとき，$\{\boldsymbol{u}_1, \boldsymbol{u}_2\}$ も一次独立であるので，基底です。

(2) 基底が与えられたとき，一つのベクトルの展開係数は一意に定まります。例えば，ベクトル $\boldsymbol{x} = \begin{bmatrix} 1 \\ 5 \end{bmatrix}$ は

$$\boldsymbol{x} = 1\boldsymbol{e}_1 + 5\boldsymbol{e}_2 = 3\boldsymbol{u}_1 - \boldsymbol{u}_2 \tag{4.3}$$

です。

(3) N 次元の空間で，適当に $N+1$ 個以上のベクトルを取ると，それらは必ず一次従属です。

(1) 基底行列　空間 $\mathbb{C}^N$ の基底 $\{\boldsymbol{u}_i\}_{i=1}^N$ について，基底ベクトルを列に持つ $N \times N$ 行列

$$\boldsymbol{U} = [\boldsymbol{u}_1, \boldsymbol{u}_2, \cdots, \boldsymbol{u}_N]$$

を定義できます。これを**基底行列**（basis matrix）と呼ぶことがあります。この基底行列は以下の性質を持ちます。

(1) $\mathrm{rank}(\boldsymbol{U}) = N$ †

(2) $|\boldsymbol{A}| \neq 0$

(2) 基底の例　信号処理において特に重要な基底は，フーリエ基底です。

例 4.1（フーリエ基底）　空間 $\mathbb{C}^N$ において，$k = 0, 1, \cdots, N-1$ に対して

$$(\boldsymbol{w}_k)_n = e^{-i\frac{2\pi}{N}nk} \tag{4.4}$$

† ランクについてはガウスの消去法（3.3.2 項）を参照。

のように定義される N 個のベクトルは基底になり，**フーリエ基底** (Fourier basis) と呼ばれます。

ベクトル空間 V は，必ずしも数値を並べた狭義のベクトル空間ではなく，定義 2.3 の公理を満たしていれば関数であっても構わないことを第 2 章で述べました。だだし，関数であっても基底さえ決めれば，展開係数は数値を並べたベクトルで表現できます。

例 4.2（**多項式空間**）　2 次多項式空間の基底の一つは，$\{1, x, x^2\}$ です。例えば，この空間の要素 $f(x) = 2x^2 + 3x - 1$ の係数ベクトルは $\boldsymbol{c} = [2, 3, -1]^T$ と表現できます。

4.1.3 基底の交換と展開係数

N 次元ベクトル空間 V で 2 種類の基底 $\{\boldsymbol{u}_i\}$，$\{\boldsymbol{v}_i\}$ を取ります。あるベクトル $\boldsymbol{x} \in V$ は，これらの基底を用いて，2 通りの表現が可能です。

$$\boldsymbol{x} = c_1\boldsymbol{u}_1 + c_2\boldsymbol{u}_2 + \cdots + c_N\boldsymbol{u}_N = d_1\boldsymbol{v}_1 + d_2\boldsymbol{v}_2 + \cdots + d_N\boldsymbol{v}_N$$

ここで，係数ベクトル

$$\boldsymbol{c} = \begin{bmatrix} c_1 \\ c_2 \\ \vdots \\ c_N \end{bmatrix}, \quad \boldsymbol{d} = \begin{bmatrix} d_1 \\ d_2 \\ \vdots \\ d_N \end{bmatrix}$$

を定義すると，$N \times N$ の行列 $\boldsymbol{P}$ を用いて，一般に

$$\boldsymbol{c} = \boldsymbol{P}\boldsymbol{d}$$

の関係が成り立ちます。これを基底の取替え行列と呼びます。

空間 $\mathbb{C}^N$ の場合，基底に対する展開係数は容易に求まります。式 (4.1) にお

いて，基底ベクトルは N 要素を持つベクトルです。$\mathbb{C}^N$ の基底 $\{\boldsymbol{u}_i\}_{i=1}^N$ に関する基底行列 $\boldsymbol{U} = [\boldsymbol{u}_1, \boldsymbol{u}_2, \cdots, \boldsymbol{u}_N]$ に対して，式 (4.1) は

$$\boldsymbol{x} = \boldsymbol{U}\boldsymbol{c} \tag{4.5}$$

となるので，これは N 元連立 1 次方程式です。この連立方程式を解くことで $\boldsymbol{c}$ を求めることができます。実はこの左辺は，標準基底 $\{\boldsymbol{e}_i\}_{i=1}^N$ を用いると

$$\boldsymbol{x} = x_1\boldsymbol{e}_1 + x_2\boldsymbol{e}_2 + \cdots + x_N\boldsymbol{e}_N$$

です。つまり，$\boldsymbol{U}$ は，$\{\boldsymbol{e}_i\}_{i=1}^N$ から $\{\boldsymbol{u}_i\}_{i=1}^N$ への基底の変換行列にほかなりません。

例 4.3　$\mathbb{R}^2$ の空間で，基底が式 (4.2) で与えられるとき，ベクトル $\begin{bmatrix} 1 \\ 5 \end{bmatrix}$ の展開係数ベクトル $\boldsymbol{c}$ は

$$\begin{bmatrix} 1 \\ 5 \end{bmatrix} = \begin{bmatrix} 1 & 2 \\ 2 & 1 \end{bmatrix} \begin{bmatrix} c_1 \\ c_2 \end{bmatrix}$$

を解くことで決まります。式 (4.3) に示すように，その解は $c_1 = 3, c_2 = -1$ となります。

この基底ベクトルを並べた行列と，係数ベクトルの積による表現は大変便利なので，今後も頻出します。逆にいうと，行列とベクトルの積とはベクトル展開の表現にほかならないのです。

4.2 部分空間

ベクトル空間の基底の部分集合で張られる空間もまたベクトル空間です。N 次元ベクトル空間 V の基底が $\{\boldsymbol{u}_i\}_{i=1}^N$ であるとします。この基底の部分集合，例えば $\{\boldsymbol{u}_i\}_{i=1}^K$，$K < N$ を選び，任意の係数の線形結合

$$\boldsymbol{y} = c_1\boldsymbol{u}_1 + c_2\boldsymbol{u}_2 \cdots + c_K\boldsymbol{u}_K$$

はベクトル空間 W となります。ここで，$\{\boldsymbol{u}_i\}_{i=1}^K$ はこのベクトル空間の基底になります。$\boldsymbol{y}$ は W の要素でありながら，V の要素でもあることは明らかでしょう。このように，基底の部分集合を基底とするベクトル空間を，$\{\boldsymbol{u}_i\}_{i=1}^K$ によって張られる（生成される）部分空間と呼びます。

4.2.1 部分空間の定義

部分空間は，ベクトル空間の基底を具体的に決めず，以下のように抽象的に定義されます。

定義 4.3（部分空間）　ベクトル空間 V の空ではない部分集合 W がつぎの条件を満たすとき，W は**部分空間**（subspace）であるといいます。

(1)　任意の $\boldsymbol{x}, \boldsymbol{y} \in W$ に対して，$\boldsymbol{x} + \boldsymbol{y} \in W$

(2)　任意の $\boldsymbol{x} \in W$ とスカラ $a \in C$ に対して，$a\boldsymbol{x} \in W$

W が V の部分空間であることを $W \subset V$ と表記します。

部分集合であっても部分空間ではない例は，つぎのようにつくることができます。まず，空間 $\mathbb{R}^2$ を考えます。座標平面の第 1 象限はこの空間の部分集合です。しかし，第 1 象限内の 1 点を与えるベクトル $\boldsymbol{x}$ を考えると，$-\boldsymbol{x} \notin W$ であるため，2 番目の条件を満たしません（**図 4.4**）。

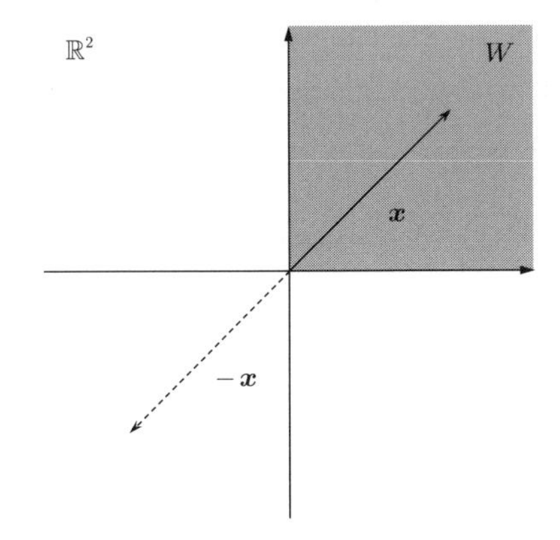

図 4.4　部分集合が部分空間にならない例

例 4.4　　再び，例 2.5 について考えます。$\boldsymbol{x} = \begin{bmatrix} x_1 \\ x_2 \\ x_3 \end{bmatrix} \in \mathbb{C}^3$ で

$$x_1 + x_2 + x_3 = 0 \tag{4.6}$$

を満たすベクトルを任意の $a, b \in \mathbb{C}$ に対して，$\boldsymbol{x} = \begin{bmatrix} a \\ b \\ -a-b \end{bmatrix}$ と表現できます。同様に，$c, d \in \mathbb{C}$ に対して，$\boldsymbol{y} = \begin{bmatrix} c \\ d \\ -c-d \end{bmatrix}$ について

$$\boldsymbol{x} + \boldsymbol{y} = \begin{bmatrix} a+c \\ b+d \\ -a-b-c-d \end{bmatrix}$$

の全要素の和は 0 になるので，式 (4.6) を満たします。同様にして，スカラ α に対して，$\alpha\boldsymbol{x}$ は式 (4.6) を満たすことを容易に示すことができるので，部分集合 $W = \{(x_1, x_2, x_3) | x_1 + x_2 + x_3 = 0\}$ は $\mathbb{C}^3$ の部分空間になります。

前に述べたように，ベクトル空間 V の基底の部分集合は部分空間を生成します。V の基底を決めなくても，V から適当にベクトルを M 個選んでも部分空間が決まります。この適当に選んだベクトルの集合を $\{\boldsymbol{x}_i\}_{i=1}^{M}$ とします。これらの線形結合がつくる任意のベクトル

$$\boldsymbol{y} = c_1\boldsymbol{x}_1 + c_2\boldsymbol{x}_2 \cdots + c_M\boldsymbol{x}_M$$

は V の部分空間 W となります。M は V の次元より大きくても小さくても等

しくても構いません。重要なのは，$\{\boldsymbol{x}_i\}_{i=1}^M$ にある一次独立なベクトルの数です。これが部分空間の次元です。またその一次独立なベクトルの集合は，部分空間の基底になります。このように生成された部分空間 W の次元が V の次元に一致するとき（$\dim W = \dim V$），V と W は一致します。

V の基底が明らかな場合は，つぎのように簡単に部分空間を構成できます。

例 4.5（三角多項式） 例 2.8 で定義した空間に対して，$\sin nt$ だけで構成される線形結合

$$g(t) = a_0 + a_1 \sin t + a_2 \sin 2t + \cdots + a_N \sin Nt$$

は部分空間を生成します。基底は $\{\sin nt\}_{n=0}^N$ です。

部分空間は信号処理において大変重要な概念です。例えば，複数のセンサ（アンテナ，マイクロフォン，圧力センサなど）で信号を取得すると，データはセンサ数だけ要素を持つベクトルで表現されます。時々刻々と取得した複数のベクトルは，すべて違うものになります。一見するとすべて異なるベクトルですが，実はすべて同一の直線（1 次元の部分空間）上に分布していることがあります。この場合，この部分空間が既知であれば，この部分空間から外れたベクトルは**雑音**（noise）として排除できるのです。

4.2.2 部分空間どうしの関係

あるベクトル空間 V 内に，二つの部分空間 W_1 と W_2 がある場合，その二つの関係を知ることは重要です。

（1） 包含関係 異なる部分空間どうしに包含関係を導入できます。二つの部分空間 W_1, W_2 があり

$$\boldsymbol{x} \in W_1 \Longrightarrow \boldsymbol{x} \in W_2$$

であるとき，$W_1 \subset W_2$ と表記します。いわば，W_1 は「部分空間の部分空間」です。つぎの関係が自然に成り立ちます。

(1)　$W_1 \subset W_2$ であれば，$\dim W_1 \leq \dim W_2$ です（逆は必ずしも成り立ちません）。

(2)　$W_1 \subset W_2$ かつ $\dim W_1 = \dim W_2$ ならば，$W_1 = W_2$ です。

(2)　和空間，共通部分，直和　　二つの部分空間から，新たな部分空間を生成することできます。

定義 4.4（和空間）　　ベクトル空間 V 内の部分空間 $W_1, W_2 \subset V$ における任意のベクトル $\boldsymbol{x}_1 \in W_1, \boldsymbol{x}_2 \in W_2$ について，$\boldsymbol{x}_1 + \boldsymbol{x}_2$ の集合を W_1 と W_2 の和空間と呼び，$W_1 + W_2$ と表記します。

$$W_1 + W_2 = \{\boldsymbol{x}_1 + \boldsymbol{x}_2 | \boldsymbol{x}_1 \in W_1, \boldsymbol{x}_2 \in W_2\}$$

$W_1 + W_2$ は V の部分空間となります。また，和集合 $W_1 \cup W_2$ と和空間 $W_1 + W_2$ は明確に異なる点に注意しなくてはなりません。二つのベクトル $\boldsymbol{x}_1 \in W_1, \boldsymbol{x}_2 \in W_2$ の和 $\boldsymbol{x}_1 + \boldsymbol{x}_2$ は $W_1 \cup W_2$ に属すとは限りません。

部分空間の次元についてはつぎの性質があります。

定理 4.1

$$\dim(W_1 + W_2) \leq \dim W_1 + \dim W_2$$

証明は省略しますが，二つの部分空間が共通の基底ベクトルを一つでも持つ可能性を考えれば，この関係は自然に得られます。

この共通の基底ベクトルで張られる空間を，共通部分といいます。

定義 4.5（共通部分）　　ベクトル空間 V の部分空間 $W_1, W_2 \subset V$ について，$\boldsymbol{x} \in W_1$ かつ $\boldsymbol{x} \in W_2$ を満たす $\boldsymbol{x}$ の集合を共通部分と呼び，$W_1 \cap W_2$ と表記します。

$$W_1 \cap W_2 = \{\boldsymbol{x} \in V | \boldsymbol{x} \in W_1, \boldsymbol{x} \in W_2\}$$

共通部分は部分空間になります。このことは，つぎのように示すことができます。$\boldsymbol{x}_1, \boldsymbol{x}_2 \in W_1 \cap W_2$ のとき，$\boldsymbol{x}_1, \boldsymbol{x}_2 \in W_1$ かつ $\boldsymbol{x}_1, \boldsymbol{x}_2 \in W_2$ なので，$\boldsymbol{x}_1 + \boldsymbol{x}_2 \in W_1$ でもあり，$\boldsymbol{x}_1 + \boldsymbol{x}_2 \in W_2$ でもあります。すなわち，$\boldsymbol{x}_1 + \boldsymbol{x}_2 \in W_1 \cap W_2$ が成り立ちます。同様の議論で，スカラ a と任意の $\boldsymbol{x} \in W_1 \cap W_2$ に対して，$a\boldsymbol{x} \in W_1 \cap W_2$ が成り立つので，$W_1 \cap W_2$ は部分空間の定義を満たします。

共通部分の例を**図 4.5** に示します。二つの共通部分は原点を通る直線になっています。原点を通る空間は部分空間になりますので，この共通部分は部分空間になることがわかります。

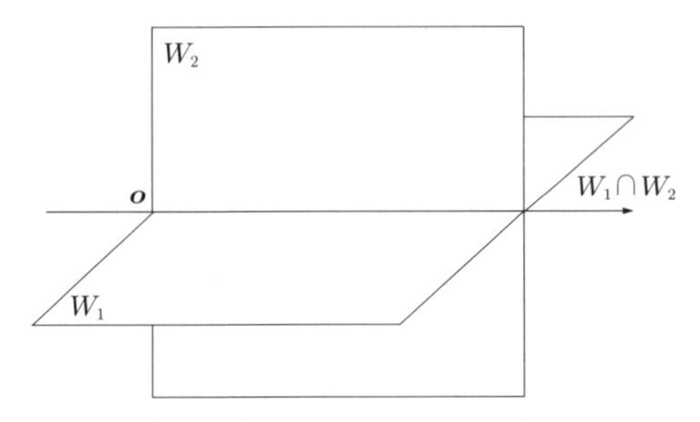

図 4.5 共通部分の例。W_1 と W_2 の共通部分は，原点を通る直線 $W_1 \cap W_2$ となっている

N 次元ベクトル空間 V の基底を $\{\boldsymbol{u}_i\}_{i=1}^N$ とします。この基底の部分集合 $\{\boldsymbol{u}_i\}_{i=1}^L$ が生成する部分空間を W_1，$\{\boldsymbol{u}_i\}_{i=K}^N$ が生成する部分空間を W_2 とします。$K < L$ であれば，$\{\boldsymbol{u}_K, \boldsymbol{u}_{K+1}, \cdots, \boldsymbol{u}_L\}$ は，W_1 と W_2 に共通する基底ベクトルの集合であり，ここから生成される空間がまさに $W_1 \cap W_2$ です。

このことから，先程の定理 4.1 は，共通部分の次元を用いることで，つぎのようにも書くことができます。

定理 4.2

$$\dim(W_1 + W_2) + \dim(W_1 \cap W_2) = \dim W_1 + \dim W_2$$

最後に大切な概念は**直和**（direct sum）です。

定義 4.6（**直和**）　ベクトル空間 V に二つの部分空間 W_1，W_2 があり，任意の $\boldsymbol{x} \in V$ が，$\boldsymbol{x}_1 \in W_1, \boldsymbol{x}_2 \in W_2$ の和

$$\boldsymbol{x} = \boldsymbol{x}_1 + \boldsymbol{x}_2$$

とただ一通りに表されるとき，V は W_1 と W_2 の直和であるといい

$$V = W_1 \oplus W_2$$

と表現します。

直和とは，W_1 と W_2 が，共通の基底ベクトルを持たないという意味です。すなわち，$W_1 \cap W_2 = \{\boldsymbol{o}\}$ または，$\dim(W_1 \cap W_2) = 0$ ということと等価です。また，V に関して W_2 は W_1 の**補空間**（complement space）であるといいます。

4.2.3　行列により決まる部分空間

（1）値　　域　空間 $\mathbb{C}^M$ における N 個の要素 $\boldsymbol{a}_1, \boldsymbol{a}_2, \cdots, \boldsymbol{a}_N$ を考えます。これらのベクトルは，$\mathbb{C}^M$ で部分空間 S を生成することは前に説明しました。つまり，この部分空間の任意のベクトル $\boldsymbol{y} \in S$ は，定数 $x_1, x_2, \cdots, x_N$ を用いることで

$$\boldsymbol{y} = x_1\boldsymbol{a}_1 + x_2\boldsymbol{a}_2 + \cdots + x_N\boldsymbol{a}_N = \boldsymbol{A}\boldsymbol{x} \tag{4.7}$$

と表現できます。ここで，$\boldsymbol{A}$ は，ベクトル $\boldsymbol{a}_1, \boldsymbol{a}_2, \cdots, \boldsymbol{a}_N$ を列ベクトルとして並べたもので，$\boldsymbol{A} = [\boldsymbol{a}_1, \boldsymbol{a}_2, \cdots, \boldsymbol{a}_N] \in \mathbb{C}^{M \times N}$ です。なお，$\boldsymbol{a}_1, \boldsymbol{a}_2, \cdots, \boldsymbol{a}_N$ は，一次独立でも一次従属でも構いません。また，$\boldsymbol{x} = (x_n) \in \mathbb{C}^N$ は係数を並べたベクトルです。このように表現すると，行列 $\boldsymbol{A}$ は，空間 $\mathbb{C}^N$ から $\mathbb{C}^M$ への線形写像を与えていることがわかります。

ここで，$\boldsymbol{a}_1, \boldsymbol{a}_2, \cdots, \boldsymbol{a}_N$ の張る部分空間 S のことを行列 $\boldsymbol{A}$ の**値域**（range）といい，$R(\boldsymbol{A})$ と表記します。すなわち

$$R(\boldsymbol{A}) = \{\boldsymbol{A}\boldsymbol{x} | \boldsymbol{x} \in \mathbb{C}^N\}$$

と定義できます。

（2） 値域の次元と行列のランク　値域 $R(\boldsymbol{A})$ における一次独立なベクトルの最大数，すなわち $R(\boldsymbol{A})$ の次元は，$\boldsymbol{A}$ のランク $\mathrm{rank}(\boldsymbol{A})$ に一致します。つまり，$\dim R(\boldsymbol{A}) = \mathrm{rank}(\boldsymbol{A})$ です。式 (4.7) からわかるように，行列 $\boldsymbol{A}$ のランクは，その一次独立な列の最大数と一致します。行列 $\boldsymbol{A}, \boldsymbol{B} \in \mathbb{C}^{M \times N}$ に対して

$$R(\boldsymbol{A}) \subset R(\boldsymbol{B}) \Longrightarrow \mathrm{rank}\boldsymbol{A} \leq \mathrm{rank}\boldsymbol{B}$$

は明らかでしょう。この関係の逆は必ずしも成り立たないので注意します。

（3） 零　空　間　行列 $\boldsymbol{A} \in \mathbb{C}^{M \times N}$ および，空間 $\mathbb{C}^N$ の $\boldsymbol{o}$ ではない要素 $\boldsymbol{x} \in \mathbb{C}^N$ について考えます。まず，$\boldsymbol{A}\boldsymbol{x} = \boldsymbol{o}$ が成り立つとします。このとき，$\boldsymbol{x}$ のスカラ倍 $\alpha\boldsymbol{x}$ についても，$\boldsymbol{A}(\alpha\boldsymbol{x}) = \boldsymbol{o}$ が成り立つことは自明でしょう。一方，$\boldsymbol{x}$ と一次独立なベクトル $\boldsymbol{y} \in \mathbb{C}^N$ についても $\boldsymbol{A}\boldsymbol{y} = \boldsymbol{o}$ が成り立つとします。このとき，$\boldsymbol{x}$ と $\boldsymbol{y}$ で張られる部分空間の任意のベクトル $\boldsymbol{z} = c_1\boldsymbol{x} + c_2\boldsymbol{y}$ に関しても，必ず $\boldsymbol{A}\boldsymbol{z} = \boldsymbol{o}$ が成立します。このように，部分空間 S のどの要素 $\boldsymbol{z} \in S$ を取っても $\boldsymbol{A}\boldsymbol{z} = \boldsymbol{o}$ が成り立つとき，この部分空間を**零空間**（null space）と呼び，$N(\boldsymbol{A})$ と表します。零空間は

$$N(\boldsymbol{A}) = \{\boldsymbol{x} | \boldsymbol{A}\boldsymbol{x} = \boldsymbol{o}\}$$

と定義できます。

4.3 む　す　び

本章では駆け足で一次独立から基底の概念，部分空間の概念について述べました。線形代数の成書に必ず載っている基底の変換については割愛しました。値域と零空間の概念は，信号近似において非常に大切なので，比較的詳しく述べました。

章　末　問　題

【1】 ベクトル $\boldsymbol{x}=\begin{bmatrix}1\\-6\end{bmatrix}\in\mathbb{R}^2$ を，基底 $\boldsymbol{u}_1=\begin{bmatrix}2\\1\end{bmatrix},\boldsymbol{u}_2=\begin{bmatrix}-1\\3\end{bmatrix}$ で表現せよ。

【2】 関数 $x(t)=3\sin t+2\cos 3t+1$ は，基底 $\left\{e^{ikt}\right\}_{k=-3}^{3}$ で張られる空間の要素であることを示せ。また，この基底での展開係数を求めよ。

【3】 任意の $\boldsymbol{o}$ でないベクトル $\boldsymbol{a}$ に対して，$\boldsymbol{A}=\boldsymbol{I}-\dfrac{1}{\boldsymbol{a}^H\boldsymbol{a}}\boldsymbol{a}\boldsymbol{a}^H$ を定義する。このとき，$\boldsymbol{A}$ の零空間 $N(\boldsymbol{A})$ について，$\boldsymbol{a}\in N(\boldsymbol{A})$ であることを示せ。

5 内積と直交性

Next SIP

これまでは，ベクトル空間の要素どうしが，空間的にどのような位置関係にあるのか（どれくらい離れているのか）について特に触れることがありませんでした。ただし，私たちが普段生活する平面や空間において，2 点間の距離は非常に大切な情報です。距離を導入することによって，ベクトルどうしの位置関係，つまり近いのか遠いのかを決めることができるようになります。

例えば，絵や写真もベクトルで表現できることはすでに述べました。私たちの知能は，柴犬と秋田犬，柴犬とヤカンであれば，柴犬と秋田犬のほうが近いと判断します。これを人工知能として実装するには，ベクトル間に具体的な距離を定義する必要があるのです。

また，これをベクトル空間に拡張することで，頭のなかでは想像しにくい N（> 3）次元の空間のベクトルや，関数で表されるベクトルにも幾何学的なイメージを持てるようになるのです。

距離を定義するにあたって中心となる概念は**内積** (inner product) です。内積からベクトルの長さに相当する**ノルム** (norm) が決まります。二つのベクトルの差のノルムが，ベクトルどうしの**距離** (distance) に相当します。また，内積とノルムからベクトル間の角度を定義することができます。ベクトルどうしの位置関係を議論するとき，距離を用いる場合もありますし，角度を用いる場合もあります。

5.1 内積とノルム

ベクトル空間 V の二つのベクトル $\boldsymbol{x}, \boldsymbol{y} \in V$ の間に内積と呼ばれる演算を定義することができます。内積はスカラであり，二つのベクトルの「位置関係」を決める量です。

5.1.1　ユークリッド空間

一般的に知られている内積は，**ユークリッド内積**（Euclidean inner product）と呼ばれるもので，二つのベクトル $\boldsymbol{x} = (x_n) \in \mathbb{C}^N$，$\boldsymbol{y} = (y_n) \in \mathbb{C}^N$ に対して

$$\langle \boldsymbol{x}, \boldsymbol{y} \rangle = \boldsymbol{y}^H \boldsymbol{x} = x_1 \overline{y_1} + x_2 \overline{y_2} + \cdots + x_N \overline{y_N} \tag{5.1}$$

で決まる量です。なお，内積は $\boldsymbol{x} \cdot \boldsymbol{y}$ と表す場合もありますし，$(\boldsymbol{x}, \boldsymbol{y})$ で表す場合もありますが，本書では $\langle \boldsymbol{x}, \boldsymbol{y} \rangle$ で表記します。特に，ユークリッド内積を導入した空間のことを**ユークリッド空間**（Euclidean space）と呼びます。以後，「ユークリッド空間 $\mathbb{C}^N$」との記述は，「$\mathbb{C}^N$ の内積は式 (5.1) で計算する」という意味です。

なお，内積の順番を入れ替えると，行列のエルミート転置のルールを適用すれば

$$\langle \boldsymbol{y}, \boldsymbol{x} \rangle = \boldsymbol{x}^H \boldsymbol{y} = (\boldsymbol{y}^H \boldsymbol{x})^H = \overline{\boldsymbol{y}^H \boldsymbol{x}} = \overline{\langle \boldsymbol{x}, \boldsymbol{y} \rangle} \tag{5.2}$$

が成り立ちます。ここで，$\boldsymbol{y}^H \boldsymbol{x}$ はスカラなので，スカラのエルミート転置は共役になることを用いています。

つぎに，$\boldsymbol{x} \in \mathbb{C}^N$，$\boldsymbol{z} \in \mathbb{C}^M$ のように別の空間に属する二つのベクトルを考えます。このとき，行列 $\boldsymbol{A} \in \mathbb{C}^{N \times M}$ によって，$\boldsymbol{Az}$ は $\mathbb{C}^N$ の要素になります。したがって，$\boldsymbol{x}$ と $\boldsymbol{Az}$ のユークリッド内積を計算することができ

$$\langle \boldsymbol{x}, \boldsymbol{Az} \rangle = (\boldsymbol{Az})^H \boldsymbol{x} = \boldsymbol{z}^H (\boldsymbol{A}^H \boldsymbol{x}) = \langle \boldsymbol{A}^H \boldsymbol{x}, \boldsymbol{z} \rangle$$

が成り立ちます。つまり，$\mathbb{C}^N$ における $\boldsymbol{X}$ と $\boldsymbol{Az}$ の内積は，$\mathbb{C}^M$ における $\boldsymbol{A}^H \boldsymbol{x}$ と $\boldsymbol{z}$ の内積に等しいことがわかります。同様に，式 (5.2) より

$$\langle \boldsymbol{Az}, \boldsymbol{x} \rangle = \langle \boldsymbol{z}, \boldsymbol{A}^H \boldsymbol{x} \rangle \tag{5.3}$$

が成り立ちます。

また，実数の N 次元ユークリッド空間も複素数の場合と同様に $\boldsymbol{x}, \boldsymbol{y} \in \mathbb{R}^N$ に対して，ユークリッド内積

$$\langle \boldsymbol{x}, \boldsymbol{y} \rangle = \boldsymbol{y}^T \boldsymbol{x} = x_1 y_1 + x_2 y_2 + \cdots + x_N y_N$$

を持つ空間と定義できます。共役を考える必要がないため，より簡潔な表記になります。

5.1.2 正定値行列

$N \times N$ のエルミート行列 $\boldsymbol{M} \in \mathbb{C}^{N \times N}$（$\boldsymbol{M}^H = \boldsymbol{M}$ が成り立つ行列）が，任意の非零であるベクトル（原点を除いたベクトル）$\boldsymbol{x} \in \mathbb{C}^N$ に対しても $\boldsymbol{x}^H \boldsymbol{M} \boldsymbol{x}$ は実数になります。これは，式 (5.2)，(5.3) と，エルミート性 $\boldsymbol{M}^H = \boldsymbol{M}$ より

$$\boldsymbol{x}^H \boldsymbol{M} \boldsymbol{x} = \langle \boldsymbol{M}\boldsymbol{x}, \boldsymbol{x} \rangle = \overline{\langle \boldsymbol{x}, \boldsymbol{M}\boldsymbol{x} \rangle} = \overline{(\boldsymbol{M}\boldsymbol{x})^H \boldsymbol{x}} = \overline{\boldsymbol{x}^H \boldsymbol{M}^H \boldsymbol{x}} = \overline{\boldsymbol{x}^H \boldsymbol{M} \boldsymbol{x}}$$

となり，$\boldsymbol{x}^H \boldsymbol{M} \boldsymbol{x}$ は共役を取っても等しいことから，実数性がわかります。

任意の非零ベクトル $\boldsymbol{x} \in \mathbb{C}^N$ に対して

$$\boldsymbol{x}^H \boldsymbol{M} \boldsymbol{x} > 0$$

となるとき，$\boldsymbol{M}$ を**正定値**（positive definite）行列と呼び，$\boldsymbol{M} > 0$ と表記します。

このほかに，エルミート行列を $\boldsymbol{x}^H \boldsymbol{M} \boldsymbol{x}$ の正負に従って以下のように分類できます。

- **半正定値**（semi-positive definite）：$\boldsymbol{x}^H \boldsymbol{M} \boldsymbol{x} \geq 0$
- **負定値**（negative definite）：$\boldsymbol{x}^H \boldsymbol{M} \boldsymbol{x} < 0$
- **半負定値**（semi-negative definite）：$\boldsymbol{x}^H \boldsymbol{M} \boldsymbol{x} \leq 0$

負定値と半負定値は，それぞれ正定値と半正定値となる $\boldsymbol{M}$ の符号を反転させただけなので，本質的には正定値性と半正定値性が大切です。また，正定値行列は必ずフルランクを持ちます（すなわち可逆です）。この議論は，6.2.4 項で再び触れます。

5.1.3 内積の公理

ユークリッド内積は，より一般的な内積に拡張できます。以下の公理を満たせば，すべて内積と呼ぶことができます。

定義 5.1（内積の公理）　$\mathbb{C}$ 上で定義されたベクトル空間 V の二つのベクトルに対して，V の要素 $\boldsymbol{x}, \boldsymbol{y}, \boldsymbol{z} \in V$，$\alpha \in \mathbb{C}$ のとき，以下の性質を満たす写像 $\langle\cdot,\cdot\rangle : V \times V \to \mathbb{C}$ を内積と呼びます。

(1)　$\langle \boldsymbol{x}, \boldsymbol{y} \rangle = \overline{\langle \boldsymbol{y}, \boldsymbol{x} \rangle}$（交換則）

(2)　$\langle \boldsymbol{x} + \boldsymbol{y}, \boldsymbol{z} \rangle = \langle \boldsymbol{x}, \boldsymbol{z} \rangle + \langle \boldsymbol{y}, \boldsymbol{z} \rangle$（分配則）

(3)　$\langle \alpha\boldsymbol{x}, \boldsymbol{y} \rangle = \alpha\langle \boldsymbol{x}, \boldsymbol{y} \rangle$（結合則）

(4)　$\langle \boldsymbol{x}, \boldsymbol{x} \rangle \geq 0$ であり，$\langle \boldsymbol{x}, \boldsymbol{x} \rangle = 0$ となるのは $\boldsymbol{x} = \boldsymbol{o}$ のときに限る（正定値性）

この公理を満たす写像を，すべて内積と呼ぶのです。内積の定義されたベクトル空間を**内積空間**（inner product space）と呼びます。ベクトル空間 V に内積 $\langle\cdot,\cdot\rangle$ が定義されているとき，内積空間を $(V, \langle\cdot,\cdot\rangle)$ で表すことがあります。

ユークリッド内積の場合，式 (5.2) より対称性の成立を確認できます。分配則は

$$\langle \boldsymbol{x} + \boldsymbol{y}, \boldsymbol{z} \rangle = \boldsymbol{z}^H(\boldsymbol{x} + \boldsymbol{y}) = \boldsymbol{z}^H\boldsymbol{x} + \boldsymbol{z}^H\boldsymbol{y} = \langle \boldsymbol{x}, \boldsymbol{z} \rangle + \langle \boldsymbol{y}, \boldsymbol{z} \rangle$$

より成立します。結合則は

$$\langle \alpha\boldsymbol{x}, \boldsymbol{y} \rangle = \boldsymbol{y}^H(\alpha\boldsymbol{x}) = \alpha\boldsymbol{y}^H\boldsymbol{x} = \alpha\langle \boldsymbol{x}, \boldsymbol{y} \rangle$$

が成り立ちます。正定値性は明らかでしょう。

$\langle \boldsymbol{x}, \boldsymbol{y} \rangle = 0$ のとき，$\boldsymbol{x}$ と $\boldsymbol{y}$ は**直交する**（orthogonal）といいます。直交の概念は，ユークリッド空間における二つのベクトルの関係を一般化したものです。

5.1.4 ノルム

内積を用いることで，**ノルム**（norm）と呼ばれる，ベクトルの「長さ」を決

める量を定義できます。内積空間 $(V, \langle \cdot, \cdot \rangle)$ におけるベクトル $\boldsymbol{x}$ に対して

$$\|\boldsymbol{x}\| = \sqrt{\langle \boldsymbol{x}, \boldsymbol{x} \rangle} \tag{5.4}$$

を（内積空間における）ノルムと呼びます†。特に，ノルムが 1（$\|\boldsymbol{x}\| = 1$）のとき，$\boldsymbol{x}$ は**単位ベクトル**（unit vector）であるといいます。

ノルムによって，二つのベクトルの間の**距離**（distance）が決まります。つまり，$\boldsymbol{x}$，$\boldsymbol{y}$ の間の距離は $\|\boldsymbol{x} - \boldsymbol{y}\|$ で与えられます（**図 5.1**）。

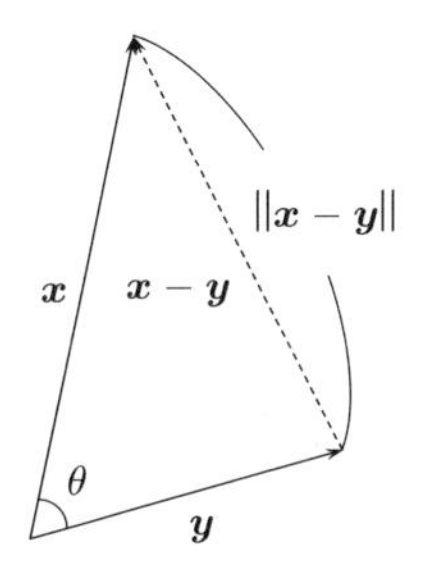

図 5.1　ベクトル $\boldsymbol{x}$ と $\boldsymbol{y}$ の距離と角度

この内積空間におけるノルムは，ユークリッド空間 $\mathbb{C}^N$ の場合，$\boldsymbol{x} \in \mathbb{C}^N$ に対して，式 (5.1) より

$$\|\boldsymbol{x}\| = \sqrt{\sum_{i=1}^{N} |x_i|^2}$$

のように要素で書き下すことができます。ここで，$x_i \overline{x_i} = |x_i|^2$ の関係 (式 (1.1)) を使っています。特にこのノルムは，ℓ_2 ノルムと呼ばれることもあります。一方，信号処理や機械学習で広く使われるノルムに ℓ_1 ノルムというものがあります。これは，ベクトル $\boldsymbol{x} \in \mathbb{C}^N$ に対して

$$\|\boldsymbol{x}\|_1 = \sum_{i=1}^{N} |x_i|$$

で定義されるノルムです。信号やパターンにどれだけ 0 が含まれているかという**疎性**（**スパース性**；sparsity）を測るのに広く使われます。

† このあと述べる別のノルムと区別して，2 ノルムと呼ばれる場合もあります。

5.1.5 内積とノルムの性質

（1） 三平方の定理　ノルムを導入することで，一般のベクトル空間にも三平方の定理が成り立ちます（**図 5.2**）。

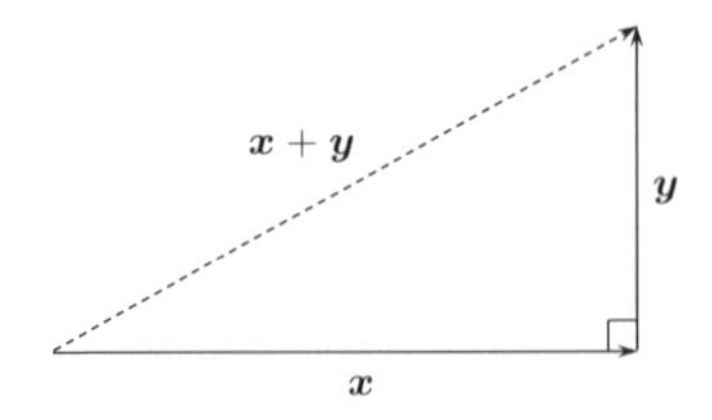

図 5.2　ベクトル空間における三平方の定理

定理 5.1（三平方の定理）　ベクトル $\boldsymbol{x}, \boldsymbol{y} \in V$ が直交しているとき

$$\|\boldsymbol{x}+\boldsymbol{y}\|^2 = \|\boldsymbol{x}\|^2 + \|\boldsymbol{y}\|^2$$

が成り立ちます。

【証明】　$\|\boldsymbol{x}+\boldsymbol{y}\|^2 = \langle \boldsymbol{x}+\boldsymbol{y}, \boldsymbol{x}+\boldsymbol{y} \rangle = \|\boldsymbol{x}\|^2 + \langle \boldsymbol{x}, \boldsymbol{y} \rangle + \langle \boldsymbol{y}, \boldsymbol{x} \rangle + \|\boldsymbol{y}\|^2$ より，直交性から $\langle \boldsymbol{x}, \boldsymbol{y} \rangle = 0$ なので三平方の定理が得られます。

（2） コーシー・シュワルツの不等式　内積（の絶対値）は，ノルムの積以下になることを示したのが**コーシー・シュワルツの不等式**（Cauchy-Schwarz inequality）です。

定理 5.2（コーシー・シュワルツの不等式）　ベクトル $\boldsymbol{x}, \boldsymbol{y} \in V$ に対して

$$|\langle \boldsymbol{x}, \boldsymbol{y} \rangle| \leq \|\boldsymbol{x}\|\|\boldsymbol{y}\| \tag{5.5}$$

が成り立ちます。等号が成り立つのは，$\boldsymbol{x}$ と $\boldsymbol{y}$ が一次従属なときに限ります。

コーシー・シュワルツの不等式にはさまざまな証明がありますが，ここでは三平方の定理を利用して証明します。

【証明】　$\boldsymbol{x}, \boldsymbol{y} \in V$ が一次独立であるとします。$\boldsymbol{z} = \boldsymbol{y} - \dfrac{\langle \boldsymbol{x}, \boldsymbol{y} \rangle}{\langle \boldsymbol{x}, \boldsymbol{x} \rangle}\boldsymbol{x}$ を定義すると，$\langle \boldsymbol{x}, \boldsymbol{z} \rangle = \langle \boldsymbol{x}, \boldsymbol{y} \rangle - \dfrac{\langle \boldsymbol{x}, \boldsymbol{y} \rangle}{\langle \boldsymbol{x}, \boldsymbol{x} \rangle}\langle \boldsymbol{x}, \boldsymbol{x} \rangle = 0$ より，$\left\langle \dfrac{\langle \boldsymbol{x}, \boldsymbol{y} \rangle}{\langle \boldsymbol{x}, \boldsymbol{x} \rangle}\boldsymbol{x}, \boldsymbol{z} \right\rangle = 0$ が成り立ちます。したがって，$\boldsymbol{y} = \boldsymbol{z} + \dfrac{\langle \boldsymbol{x}, \boldsymbol{y} \rangle}{\langle \boldsymbol{x}, \boldsymbol{x} \rangle}\boldsymbol{x}$ に三平方の定理を適用でき

$$\|\boldsymbol{y}\|^2 = \|\boldsymbol{z}\|^2 + \left|\frac{\langle \boldsymbol{x}, \boldsymbol{y} \rangle}{\langle \boldsymbol{x}, \boldsymbol{x} \rangle}\right|^2 \|\boldsymbol{x}\|^2 = \|\boldsymbol{z}\|^2 + \frac{|\langle \boldsymbol{x}, \boldsymbol{y} \rangle|^2}{\|\boldsymbol{x}\|^2} \geq \frac{|\langle \boldsymbol{x}, \boldsymbol{y} \rangle|^2}{\|\boldsymbol{x}\|^2}$$

を得ます。したがって，$\langle \boldsymbol{x}, \boldsymbol{y} \rangle \leq \|\boldsymbol{x}\|\|\boldsymbol{y}\|$ を得ます。等号が成り立つのは $\|\boldsymbol{z}\| = 0$，すなわち $\boldsymbol{z} = \boldsymbol{o}$ のときです。このとき，$\boldsymbol{y} = \dfrac{\langle \boldsymbol{x}, \boldsymbol{y} \rangle}{\langle \boldsymbol{x}, \boldsymbol{x} \rangle}\boldsymbol{x}$ です。つまり，等号が成り立てば $\boldsymbol{x}$ と $\boldsymbol{y}$ は一次従属であることがわかります。一方，$\boldsymbol{x}$ と $\boldsymbol{y}$ が一次従属であるとき，つまりスカラ c に対して，$\boldsymbol{y} = c\boldsymbol{x}$ のとき，$|\langle \boldsymbol{x}, c\boldsymbol{x} \rangle| = |c|\|\boldsymbol{x}\|^2$ であり，また，$\|\boldsymbol{x}\|\|\boldsymbol{y}\| = \|\boldsymbol{x}\|\|c\boldsymbol{x}\| = |c|\|\boldsymbol{x}\|^2$ を得るため，等号が成立します。以上から，定理は証明されました。

（3）ノルムの公理　式 (5.4) で定義したノルムは，**ノルムの公理**（axiom of norm）と呼ばれるノルムが満たすべき条件を満たしています。

定義 5.2（ノルムの公理）　ベクトル $\boldsymbol{x} \in V$ に対して，以下の条件を満たす関数 $\|\boldsymbol{x}\|$ をノルムと呼びます。

(1)　**三角不等式**（triangle inequality）：ベクトル $\boldsymbol{x}, \boldsymbol{y} \in V$ に対して

$$\|\boldsymbol{x} + \boldsymbol{y}\| \leq \|\boldsymbol{x}\| + \|\boldsymbol{y}\| \tag{5.6}$$

(2)　スカラ $a \in \mathbb{C}$ に対して，$\|a\boldsymbol{x}\| = |a|\|\boldsymbol{x}\|$

(3)　$\|\boldsymbol{x}\| = 0$ であれば，$\boldsymbol{x} = \boldsymbol{o}$

内積空間におけるノルム（式 (5.4)）は，すべてノルムの公理を満たしています。逆に，ノルムの公理を満たしていればどのような関数もノルムと呼べます。ノルムの公理から出発して，内積の公理を満たすように内積を定めることも可

能です†。このようにノルムを最初に決めた空間を**ノルム空間**（normed space）といいます。

5.1.6　コサイン類似度

実数のユークリッド空間においては，ノルムと内積によって，二つのベクトルの間に「角度」を導入できます。$\boldsymbol{x}$，$\boldsymbol{y}$ に対して

$$\cos\theta = \frac{\langle \boldsymbol{x}, \boldsymbol{y} \rangle}{\|\boldsymbol{x}\|\|\boldsymbol{y}\|}$$

を**コサイン類似度**（cosine similarity）と呼び，コーシー・シュワルツの不等式より -1 から 1 の値を持つことを示せます（→ 章末問題【**1**】）。コサイン類似度は二つのベクトルの「近さ」を測る指標です。

コサイン類似度はおもにパターン間の距離を測るのに使われます。例えば，同じ人の顔を明るい場所で撮った場合と，暗い場所で撮った場合の画像をそれぞれ $\boldsymbol{x}$ と $\boldsymbol{y}$ とします。明るいと画素値が大きくなるので，$\boldsymbol{x}$ の成分は全体的に $\boldsymbol{y}$ より大きな値を持ちます。仮に，画素値が全体で a 倍されているとすれば，$\boldsymbol{x} = a\boldsymbol{y}$ という関係にあります。このとき，$\|\boldsymbol{x} - \boldsymbol{y}\| = (a-1)\|\boldsymbol{y}\|$ となり，同じ人なのに，二つの写真の間には距離が生じてしまいます。一方で $\boldsymbol{x}$ と $\boldsymbol{y}$ のコサイン類似度は，$\cos\theta = 1$ となり，$\theta = 0$ です。つまり，二つの画像は一致していると判断できます（→ 章末問題【**2**】）。これが，パターン認識の分野でコサイン距離が使われる理由です。

また，コサイン類似度 $\cos\theta$ から $0 \leq \theta \leq \pi$ の範囲で決まる θ を**角度**（angle）と呼びます（図 5.1）。これによって，4 次元以上のユークリッド空間や，関数のベクトル空間など，私たちがイメージできないようなベクトルに対しても，角度という直観的な幾何学的関係を導入できるわけです。$\boldsymbol{x} = \boldsymbol{y}$ のとき $\theta = 0$，$\langle \boldsymbol{x}, \boldsymbol{y} \rangle = 0$ のとき，$\theta = \pi/2$，$\boldsymbol{x} = -\boldsymbol{y}$ のとき，$\theta = \pi$ となることから，私たちの直観に合致した定義といえます。

---

† ノルムは任意のベクトル $\boldsymbol{x}, \boldsymbol{y}$ に対して，中線定理と呼ばれる関係 $\|\boldsymbol{x}+\boldsymbol{y}\|^2 + \|\boldsymbol{x}-\boldsymbol{y}\|^2 = 2(\|\boldsymbol{x}\|^2 + \|\boldsymbol{y}\|^2)$ を満たしている必要があります。

5.1.7　さまざまな内積空間

内積の公理からは，さまざまな空間に内積を定義することができます。代表的なものを以下に挙げます。

(1)　一般的なユークリッド空間　　式 (5.1) で定義した内積を持つユークリッド空間 $\mathbb{C}^N$ は，正定値行列 $\boldsymbol{M}$ を用いた内積で，より一般化できます。つまり

$$\langle \boldsymbol{x}, \boldsymbol{y} \rangle = \boldsymbol{y}^H \boldsymbol{M} \boldsymbol{x}$$

で定義される演算は内積の公理を満たし，これを一般的なユークリッド内積と呼びます。通常のユークリッド空間は $\boldsymbol{M} = \boldsymbol{I}$ の場合です。

内積の公理については

$$\langle \boldsymbol{y}, \boldsymbol{x} \rangle = \boldsymbol{x}^H \boldsymbol{M} \boldsymbol{y} = (\boldsymbol{y}^H \boldsymbol{M}^H \boldsymbol{x})^H = (\boldsymbol{y}^H \boldsymbol{M} \boldsymbol{x})^H = \overline{\boldsymbol{y}^H \boldsymbol{M} \boldsymbol{x}} = \overline{\langle \boldsymbol{x}, \boldsymbol{y} \rangle}$$

となり，対称性を満たします。ここで，$\boldsymbol{M}$ のエルミート性（$\boldsymbol{M}^H = \boldsymbol{M}$）を使っていることに注意します。分配則と結合則も明らかでしょう。また，$\boldsymbol{M}$ は正定値なので，$\langle \boldsymbol{x}, \boldsymbol{x} \rangle = \boldsymbol{x}^H \boldsymbol{M} \boldsymbol{x} = 0$ となるのは，$\boldsymbol{x} = \boldsymbol{o}$ のときに限られます。したがって，ノルムの公理を満たします。

(2)　多項式の内積空間　　区間 $[0, 1]$ で定義された N 階多項式の空間 P^N について，要素 $f(t), g(t) \in P^N$ の内積をつぎのように定義できます。

$$\langle f, g \rangle = \int_0^1 f(t)\overline{g(t)}dt$$

(3)　三角多項式の内積空間　　$t \in [0, T]$ で定義された三角関数で決まる基底 $\left\{ \sin\left(\frac{2\pi}{T}nt\right), \cos\left(\frac{2\pi}{T}nt\right) \right\}_{n=0}^{N}$ で張られる三角多項式空間 $L[0, T]$ では，$f, g \in L[0, T]$ に対して

$$\langle f, g \rangle = \frac{2}{T} \int_0^T f(t)g(t)dt$$

で決まる内積がよく用いられます。

この内積の有用性は以下のように見ることができます。$t \in [0, 1]$ で定義され

た三角関数で決まる基底 $\{\sin(2\pi nt), \cos(2\pi nt)\}_{n=0}^{N}$ で張られる三角多項式空間 $L[0,1]$ を考えましょう。このとき，基底関数の内積 $\langle \sin(2\pi mt), \sin(2\pi nt)\rangle$ を定義に従って計算してみます。$m \neq n$ であれば

$$
\begin{aligned}
&\langle \sin(2\pi mt), \sin(2\pi nt)\rangle \\
&\quad = 2\int_0^1 \sin(2\pi mt)\sin(2\pi nt)dt \\
&\quad = 2\int_0^1 (-\frac{1}{2})\{\cos 2\pi(m+n)t - \cos 2\pi(m-n)t\}dt \\
&\quad = -\left[\frac{1}{2\pi(m+n)}\sin 2\pi(m+n)t - \frac{1}{2\pi(m-n)}\sin 2\pi(m-n)t\right]_0^1 \\
&\quad = 0
\end{aligned}
$$

となります。つまり二つの関数は直交していることがわかります。ここで，三角関数の積和の公式

$$
\sin\alpha\sin\beta = -\frac{1}{2}\{\cos(\alpha+\beta) - \cos(\alpha-\beta)\}
$$

を用いました。また，$m = n$ であれば

$$
\begin{aligned}
\langle \sin(2\pi mt), \sin(2\pi nt)\rangle &= 2\int_0^1 \sin^2(2\pi nt)dt \\
&= 2\int_0^1 (-1)\{\cos(4\pi nt) - 1\}dt \\
&= -\left[\frac{1}{4\pi n}\sin(4\pi nt) - t\right]_0^1 = 1
\end{aligned}
$$

となります。つまり，正規性が成り立っているということです。$\sin(2\pi mt)$ と $\cos(2\pi nt)$ の内積に対しても直交性を示すことができます。

5.2　正規直交基底とその応用

N 次元ベクトル空間の基底ベクトル $\{\boldsymbol{u}_i\}_{i=1}^{N}$ がすべてたがいに直交し，すべての基底ベクトルのノルムが 1 のとき，この基底を**正規直交基底**（orthonormal basis）と呼びます。すなわち

$$\langle \boldsymbol{u}_i, \boldsymbol{u}_j \rangle = \begin{cases} 1, & i = j \\ 0, & i \neq j \end{cases}$$

を満たすとき，基底ベクトルは正規直交性を持つといい，このような基底のことを特に正規直交基底と呼びます。また，正規直交性を持つベクトルの集合のことを，正規直交系と呼びます。

5.2.1 正規直交展開

N 次元内積空間 V の任意の要素 $\boldsymbol{x} \in V$ は，V の基底 $\{\boldsymbol{u}_i\}_{i=1}^N$ を用いれば

$$\boldsymbol{x} = c_1\boldsymbol{u}_1 + c_2\boldsymbol{u}_2 + \cdots + c_N\boldsymbol{u}_N$$

と表現できることは以前にも説明しました。$\{\boldsymbol{u}_i\}_{i=1}^N$ が正規直交基底であれば，係数 $c_1, c_2, \cdots, c_N$ は簡単に求まることを示しましょう。

まず，$\boldsymbol{x}$ と $\boldsymbol{u}_1$ の内積を取ります。

$$\begin{aligned} \langle \boldsymbol{x}, \boldsymbol{u}_1 \rangle &= \langle c_1\boldsymbol{u}_1 + c_2\boldsymbol{u}_2 + \cdots + c_N\boldsymbol{u}_N, \boldsymbol{u}_1 \rangle \\ &= c_1\langle \boldsymbol{u}_1, \boldsymbol{u}_1 \rangle + c_2\langle \boldsymbol{u}_2, \boldsymbol{u}_1 \rangle + \cdots + c_N\langle \boldsymbol{u}_N, \boldsymbol{u}_1 \rangle \end{aligned}$$

ここで，基底ベクトルの正規直交性から，$\langle \boldsymbol{u}_1, \boldsymbol{u}_1 \rangle = 1$，$\langle \boldsymbol{u}_1, \boldsymbol{u}_i \rangle = 0, i \neq 1$ となります。したがって

$$c_1 = \langle \boldsymbol{x}, \boldsymbol{u}_1 \rangle$$

が成り立ちます。同様にして，$c_i, i = 1, 2, \cdots, N$ は

$$c_i = \langle \boldsymbol{x}, \boldsymbol{u}_i \rangle \tag{5.7}$$

のようにして得られます。したがって，基底が正規直交性を満たすとき，ベクトル $\boldsymbol{x}$ は

$$\boldsymbol{x} = \langle \boldsymbol{x}, \boldsymbol{u}_1 \rangle\boldsymbol{u}_1 + \langle \boldsymbol{x}, \boldsymbol{u}_2 \rangle\boldsymbol{u}_2 + \cdots + \langle \boldsymbol{x}, \boldsymbol{u}_N \rangle\boldsymbol{u}_N \tag{5.8}$$

のように展開することができます。これを**正規直交展開**（orthonormal expansion)，または（広義の）フーリエ級数と呼びます。

このように，正規直交基底を用いると，展開係数はベクトルと基底ベクトルとの内積で求まるのです。これが基底が正規直交性を持つことの最大の利点です。

5.2.2 ユニタリ行列

式 (5.7) は，ユークリッド空間の場合

$$c_i = \boldsymbol{u}_i^H \boldsymbol{x}$$

となります。したがって，c_i を並べたベクトル $\boldsymbol{c} \in \mathbb{C}^N$ を考えることができ

$$\boldsymbol{c} = \begin{bmatrix} c_1 \\ c_2 \\ \vdots \\ c_N \end{bmatrix} = \begin{bmatrix} \boldsymbol{u}_1^H \boldsymbol{x} \\ \boldsymbol{u}_2^H \boldsymbol{x} \\ \vdots \\ \boldsymbol{u}_N^H \boldsymbol{x} \end{bmatrix} = \begin{bmatrix} \boldsymbol{u}_1^H \\ \boldsymbol{u}_2^H \\ \vdots \\ \boldsymbol{u}_N^H \end{bmatrix} \boldsymbol{x} = [\boldsymbol{u}_1, \boldsymbol{u}_2, \cdots, \boldsymbol{u}_N]^H \boldsymbol{x}$$

のように変形できます。ここで，$\boldsymbol{U} = [\boldsymbol{u}_1, \boldsymbol{u}_2, \cdots, \boldsymbol{u}_N]$ は $\mathbb{C}^N$ の正規直交基底が列ベクトルとなっている $N \times N$ 行列です。$\{\boldsymbol{u}_i\}$ の正規直交性から

$$\boldsymbol{U}^H \boldsymbol{U} = \boldsymbol{I}_N \tag{5.9}$$

を示すことができるので，$\boldsymbol{U}$ はユニタリ行列です。したがって，ユニタリ行列 $\boldsymbol{U}$ を用いて，係数ベクトルは

$$\boldsymbol{c} = \boldsymbol{U}^H \boldsymbol{x}$$

と表現できます。このとき，式 (5.4) で定義されたノルムに対して

$$\|\boldsymbol{x}\| = \|\boldsymbol{c}\|$$

が成立します。これは以下のように示すことができます。

$$\begin{aligned} \|\boldsymbol{x}\|^2 = \langle \boldsymbol{x}, \boldsymbol{x} \rangle &= \left\langle \sum_{i=1}^N c_n \boldsymbol{u}_n, \sum_{i=1}^N c_n \boldsymbol{u}_n \right\rangle \\ &= \sum_{i=1}^N \sum_{j=1}^N c_i \bar{c}_j \langle \boldsymbol{u}_i, \boldsymbol{u}_j \rangle = \sum_{i=1}^N c_i \bar{c}_j = \|\boldsymbol{c}\|^2 \end{aligned}$$

このように，ユニタリ行列とは

$$\|\boldsymbol{U}^H\boldsymbol{x}\| = \|\boldsymbol{x}\| \tag{5.10}$$

のように，ノルムを変えない行列です。ノルムを変えない性質は信号処理の至るところで使われます。

5.2.3 正 射 影

N 次元内積空間 V に，ある部分空間 $W \subset V$ を定義します。任意の $\boldsymbol{x} \in V$ に対して

$$\langle \boldsymbol{y}, \boldsymbol{x} - \boldsymbol{y} \rangle = 0 \tag{5.11}$$

となるような $\boldsymbol{y} \in W$ を，$\boldsymbol{x}$ の W への正射影または**直交射影**（orthogonal projection）と呼びます。これは，**図 5.3** に示すように，$\boldsymbol{x}$ から部分空間 W に「垂線」を下ろしたとき，その足が正射影であるというようなイメージです。

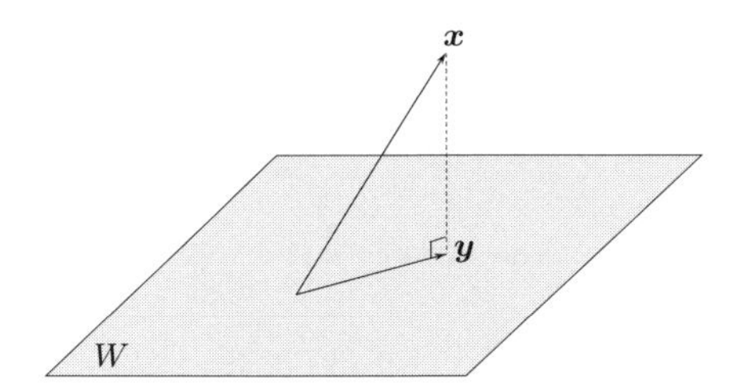

図 5.3 部分空間への正射影

もし，V の基底が正規直交で，W がその一部の基底ベクトルで生成されている場合，正射影はつぎのように簡単に求めることができます。式 (5.8) で与えられる正規直交展開について，空間の次元より小さい $r < N$ で打ち切った表現

$$\hat{\boldsymbol{x}} = \langle \boldsymbol{x}, \boldsymbol{u}_1 \rangle \boldsymbol{u}_1 + \langle \boldsymbol{x}, \boldsymbol{u}_2 \rangle \boldsymbol{u}_2 + \cdots + \langle \boldsymbol{x}, \boldsymbol{u}_r \rangle \boldsymbol{u}_r \tag{5.12}$$

を考えます。このとき，$\{\boldsymbol{u}_i\}_{i=1}^r$ が生成する部分空間を $W \subset V$ とすると，この $\hat{\boldsymbol{x}}$ は

$$\langle \hat{\boldsymbol{x}}, \boldsymbol{x} - \hat{\boldsymbol{x}} \rangle = 0 \tag{5.13}$$

を満たします。つまり，$\hat{\boldsymbol{x}}$ は $\boldsymbol{x}$ の正射影になっているということです。これは

$$\boldsymbol{x} - \hat{\boldsymbol{x}} = c_{r+1}\boldsymbol{u}_{r+1} + c_{r+2}\boldsymbol{u}_{r+2} + \cdots + c_N\boldsymbol{u}_N$$

なので

$$\begin{aligned}
&\langle \hat{\boldsymbol{x}}, \boldsymbol{x} - \hat{\boldsymbol{x}} \rangle \\
&\quad = \langle c_1\boldsymbol{u}_1 + c_2\boldsymbol{u}_2 + \cdots + c_r\boldsymbol{u}_r, c_{r+1}\boldsymbol{u}_{r+1} + c_{r+2}\boldsymbol{u}_{r+2} + \cdots + c_N\boldsymbol{u}_N \rangle \\
&\quad = (\overline{c_1}c_{r+1}\langle \boldsymbol{u}_1, \boldsymbol{u}_{r+1} \rangle + \overline{c_1}c_{r+2}\langle \boldsymbol{u}_1, \boldsymbol{u}_{r+2} \rangle + \cdots + \overline{c_1}c_N\langle \boldsymbol{u}_1, \boldsymbol{u}_N \rangle) \\
&\qquad + (\overline{c_2}c_{r+1}\langle \boldsymbol{u}_2, \boldsymbol{u}_{r+1} \rangle + (\overline{c_2}c_{r+2}\langle \boldsymbol{u}_2, \boldsymbol{u}_{r+2} \rangle + \cdots + \overline{c_2}c_N\langle \boldsymbol{u}_2, \boldsymbol{u}_N \rangle) \\
&\qquad + \cdots \\
&\qquad + (\overline{c_r}c_{r+1}\langle \boldsymbol{u}_r, \boldsymbol{u}_{r+1} \rangle + (\overline{c_r}c_{r+2}\langle \boldsymbol{u}_r, \boldsymbol{u}_{r+2} \rangle + \cdots + \overline{c_r}c_N\langle \boldsymbol{u}_r, \boldsymbol{u}_N \rangle) \\
&\quad = \sum_{i=1}^{r}\sum_{j=r+1}^{N} \overline{c_i}c_j\langle \boldsymbol{u}_i, \boldsymbol{u}_j \rangle = 0
\end{aligned}$$

となることで示されます。最後の式は, 必ず $i \neq j$ なので, 直交性から $\langle \boldsymbol{u}_i, \boldsymbol{u}_j \rangle = 0$ が示されるわけです。

部分空間 W に対する $\boldsymbol{x}$ の正射影を特に $\boldsymbol{P}_W\boldsymbol{x}$ と表記します。したがって, 式 (5.12) は

$$\boldsymbol{P}_W\boldsymbol{x} = \sum_{i=1}^{r}\langle \boldsymbol{x}, \boldsymbol{u}_i \rangle \boldsymbol{u}_i \tag{5.14}$$

と表現できます。ユークリッド空間の場合, $\langle \boldsymbol{x}, \boldsymbol{u}_i \rangle = \boldsymbol{u}_i^H\boldsymbol{x}$ であることに注意すると

$$\boldsymbol{P}_W\boldsymbol{x} = \sum_{i=1}^{r}(\boldsymbol{u}_i^H\boldsymbol{x})\boldsymbol{u}_i = \sum_{i=1}^{r}\boldsymbol{u}_i\boldsymbol{u}_i^H\boldsymbol{x} = \left(\sum_{i=1}^{r}\boldsymbol{u}_i\boldsymbol{u}_i^H\right)\boldsymbol{x}$$

となるので, $\boldsymbol{P}_W$ は具体的に行列

$$\boldsymbol{P}_W = \sum_{i=1}^{r}\boldsymbol{u}_i\boldsymbol{u}_i^H \tag{5.15}$$

によって表現できることがわかります。

部分空間 W への正射影を与える行列 $\boldsymbol{P}_W$ のことを, 正射影行列といい

$$\boldsymbol{P}_W^2 = \boldsymbol{P}_W \tag{5.16}$$

$$\boldsymbol{P}_W^H = \boldsymbol{P}_W \tag{5.17}$$

が成り立ちます†。

5.2.4　グラム・シュミットの正規直交化

V の基底が $\{\boldsymbol{u}_i\}_{i=1}^N$ で与えられていて，これらの基底ベクトルが直交しないときを考えましょう。この基底から，正規直交基底を生成するアルゴリズムの一つが，**グラム・シュミットの正規直交化**（Gram-Schmidt orthonormalization）法です。

このアルゴリズムの考え方は非常にシンプルです。基底 $\{\boldsymbol{u}_i\}_{i=1}^N$ から，1 番目と 2 番目の基底ベクトル $\boldsymbol{u}_1$ と $\boldsymbol{u}_2$ をそれぞれ取り出します。この二つは直交していないので，ユークリッド空間であれば**図 5.4** のように二つの矢印の関係が 90 度になっていません。そこで，$\boldsymbol{u}_1$ のノルムを 1 にしたベクトル

$$\boldsymbol{v}_1 = \frac{\boldsymbol{u}_1}{\|\boldsymbol{u}_1\|}$$

を考えます（→ 章末問題【**3**】）。この $\boldsymbol{v}_1$ は，1 次元部分空間の基底になっていることに注意します。この部分空間を W_1 とします。そうすると，$\boldsymbol{u}_2$ の W_1 への正射影は

$$\boldsymbol{P}_{W_1}\boldsymbol{u}_2 = \langle \boldsymbol{u}_2, \boldsymbol{v}_1 \rangle \boldsymbol{v}_1$$

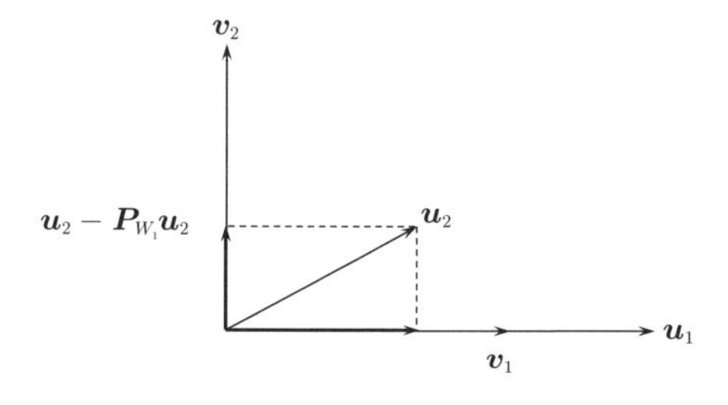

図 5.4　グラム・シュミットの直交化

† 逆に，この二つの条件を満たす行列として正射影行列を定義することができます。

により与えられます。$\boldsymbol{u}_2 - \boldsymbol{P}_{W_1}\boldsymbol{u}_2$ は $\boldsymbol{v}_1$ と直交するので，$\boldsymbol{u}_2 - \boldsymbol{P}_{W_1}\boldsymbol{u}_2$ のノルムが 1 になるように

$$\boldsymbol{v}_2 = \frac{\boldsymbol{u}_2 - \boldsymbol{P}_{W_1}\boldsymbol{u}_2}{\|\boldsymbol{u}_2 - \boldsymbol{P}_{W_1}\boldsymbol{u}_2\|}$$

を定義します。そうすると，$\{\boldsymbol{v}_1, \boldsymbol{v}_2\}$ は正規直交系です。この正規直交系は 2 次元部分空間の正規直交基底になっています。この部分空間を W_2 とおくと，$\boldsymbol{u}_3$ に対して

$$\boldsymbol{v}_3 = \frac{\boldsymbol{u}_3 - P_{W_2}\boldsymbol{u}_3}{\|\boldsymbol{u}_3 - P_{W_2}\boldsymbol{u}_3\|}$$

を定義します。これを $\boldsymbol{u}_N$ まで繰り返すことで，V の正規直交基底 $\{\boldsymbol{v}_i\}_{i=1}^N$ が得られるわけです。このようにして正規直交基底を求める方法を，グラム・シュミットの正規直交化と呼びます。

グラム・シュミットの正規直交化は以下のようにまとめられます。N 次元のベクトル空間に，直交しているとは限らない基底 $\{\boldsymbol{u}_i\}_{i=1}^N$ が与えられているとき，以下の操作を繰り返すことで得られる $\{\boldsymbol{v}_i\}_{i=1}^N$ は正規直交基底です。

(1)　$\boldsymbol{v}_1 = \dfrac{\boldsymbol{u}_1}{\|\boldsymbol{u}_1\|}$

(2)　$i = 2, 3, \cdots, N$ に対して以下の操作を繰り返す。

(a)　$\hat{\boldsymbol{u}}_i = \displaystyle\sum_{j=1}^{i-1} \langle \boldsymbol{u}_i, \boldsymbol{v}_j \rangle \boldsymbol{v}_j$　（$\{\boldsymbol{v}_1, \boldsymbol{v}_2, \cdots, \boldsymbol{v}_{i-1}\}$ で張られる部分空間への射影）

(b)　$\boldsymbol{v}_i = \dfrac{\boldsymbol{u}_i - \hat{\boldsymbol{u}}_i}{\|\boldsymbol{u}_i - \hat{\boldsymbol{u}}_i\|}$　（部分空間に直交するベクトルの生成）

例 5.1　　3 次元の実数ユークリッド空間 $\mathbb{R}^3$ の基底 $\{\boldsymbol{u}_1, \boldsymbol{u}_2, \boldsymbol{u}_3\}$ を

$$\boldsymbol{u}_1 = \begin{bmatrix} 1 \\ 1 \\ 0 \end{bmatrix}, \quad \boldsymbol{u}_2 = \begin{bmatrix} 0 \\ 1 \\ 1 \end{bmatrix}, \quad \boldsymbol{u}_3 = \begin{bmatrix} 1 \\ 0 \\ 1 \end{bmatrix}$$

とします。これらの基底ベクトルはユークリッド内積について直交していません。この基底にグラム・シュミットの正規直交化を適用します。まず

$$\boldsymbol{v}_1 = \frac{1}{\|\boldsymbol{u}_1\|}\boldsymbol{u}_1 = \frac{1}{\sqrt{1^2+1^2}}\begin{bmatrix}1\\1\\0\end{bmatrix} = \frac{1}{\sqrt{2}}\begin{bmatrix}1\\1\\0\end{bmatrix}$$

を得ます。これより

$$\hat{\boldsymbol{u}}_2 = \langle \boldsymbol{u}_2, \boldsymbol{v}_1 \rangle \boldsymbol{v}_1 = \frac{1}{\sqrt{2}} \cdot \frac{1}{\sqrt{2}}\begin{bmatrix}1\\1\\0\end{bmatrix} = \frac{1}{2}\begin{bmatrix}1\\1\\0\end{bmatrix}$$

なので

$$\boldsymbol{u}_2 - \hat{\boldsymbol{u}}_2 = \begin{bmatrix}0\\1\\1\end{bmatrix} - \frac{1}{2}\begin{bmatrix}1\\1\\0\end{bmatrix} = \frac{1}{2}\begin{bmatrix}-1\\1\\2\end{bmatrix}$$

より

$$\boldsymbol{v}_2 = \frac{\boldsymbol{u}_2 - \hat{\boldsymbol{u}}_2}{\|\boldsymbol{u}_2 - \hat{\boldsymbol{u}}_2\|} = \frac{1}{\frac{1}{2}\sqrt{(-1)^2+1^2+2^2}}\frac{1}{2}\begin{bmatrix}-1\\1\\2\end{bmatrix} = \frac{1}{\sqrt{6}}\begin{bmatrix}-1\\1\\2\end{bmatrix}$$

を得ます。さらに

$$\begin{aligned}\hat{\boldsymbol{u}}_3 &= \langle \boldsymbol{u}_3, \boldsymbol{v}_1 \rangle \boldsymbol{v}_1 + \langle \boldsymbol{u}_3, \boldsymbol{v}_2 \rangle \boldsymbol{v}_2 \\ &= \frac{1}{\sqrt{2}} \cdot \frac{1}{\sqrt{2}}\begin{bmatrix}1\\1\\0\end{bmatrix} + \frac{1}{\sqrt{6}} \cdot \frac{1}{\sqrt{6}}\begin{bmatrix}-1\\1\\2\end{bmatrix} = \frac{1}{3}\begin{bmatrix}1\\2\\1\end{bmatrix}\end{aligned}$$

なので

$$\boldsymbol{u}_3 - \hat{\boldsymbol{u}}_3 = \begin{bmatrix}1\\0\\1\end{bmatrix} - \frac{1}{3}\begin{bmatrix}1\\2\\1\end{bmatrix} = \frac{2}{3}\begin{bmatrix}1\\-1\\1\end{bmatrix}$$

より

$$\boldsymbol{v}_3 = \frac{\boldsymbol{u}_3 - \hat{\boldsymbol{u}}_3}{\|\boldsymbol{u}_3 - \hat{\boldsymbol{u}}_3\|} = \frac{1}{\frac{2}{3}\sqrt{1^2 + (-1)^2 + 1^2}} \frac{2}{3} \begin{bmatrix} 1 \\ -1 \\ 1 \end{bmatrix} = \frac{1}{\sqrt{3}} \begin{bmatrix} 1 \\ -1 \\ 1 \end{bmatrix}$$

を得ます。以上のように，正規直交する基底 $\{\boldsymbol{v}_1, \boldsymbol{v}_2, \boldsymbol{v}_3\}$ を構築できました。

5.2.5　部分空間の直交性と直交補空間

内積空間 V に二つの部分空間 W_1，W_2 が存在し，それぞれの任意のベクトル $\boldsymbol{x}_1 \in W_1$，$\boldsymbol{x}_2 \in W_2$ がつねに直交する，つまり

$$\langle \boldsymbol{x}_1, \boldsymbol{x}_2 \rangle = 0 \tag{5.18}$$

を満たすとき，部分空間 W_1 と W_2 はたがいに直交するといい

$$W_1 \perp W_2 \tag{5.19}$$

と表記します。直交する部分空間の共通部分に対して

$$W_1 \perp W_2 \Rightarrow W_1 \cap W_2 = \{\boldsymbol{o}\} \tag{5.20}$$

なる関係が成り立つことは，それぞれの部分空間の全要素が直交することから明らかです。

ここから得られる概念は直交補空間です。有限次元の内積空間 V が二つの部分空間 W_1 と W_2 の直和

$$V = W_1 \oplus W_2$$

で表現されるとします。W_1 と W_2 が直交しているとき，この直和は特に**直交直和**（orthogonal direct sum）と呼ばれます。さらに，W_2 は V に関する W_1 の直交補空間と呼び

$$W_2 = W_1^{\perp}$$

と記述します。有限次元の内積空間 V の部分空間 $W \subset V$ には，必ず直交補空

間が存在します†。したがって，V は

$$V = W \oplus W^{\perp}$$

のように，直交直和に分解できます。

つぎに，ある行列 $\boldsymbol{A} \in \mathbb{C}^{M \times N}$ を考えます。ここで，$M > N$ とします（$\boldsymbol{A}$ は縦長の行列）。このとき，値域（→ 4.2.3 項）$R(\boldsymbol{A})$ は，ユークリッド空間 $\mathbb{C}^{M}$ の部分空間となります。ユークリッド内積が定義されていれば，その補空間 $R(\boldsymbol{A})^{\perp}$ が存在します。このとき，つぎの定理が成り立ちます。

定理 5.3

$$R(\boldsymbol{A})^{\perp} = N(\boldsymbol{A}^{H}) \tag{5.21}$$

【証明】　まず $\boldsymbol{y} \in R(\boldsymbol{A})^{\perp} \Rightarrow \boldsymbol{y} \in N(\boldsymbol{A}^{H})$ を示します。$\boldsymbol{A}$ の列を $\boldsymbol{a}_1, \boldsymbol{a}_2, \cdots, \boldsymbol{a}_N$ で表現します。$\boldsymbol{a}_i \in R(\boldsymbol{A})$, $i = 1, 2, \cdots, N$ なので，$\boldsymbol{y} \in R(\boldsymbol{A})^{\perp}$ に対して，$\boldsymbol{a}_i^{H}\boldsymbol{y} = 0$ が成り立ちます。これは，$\boldsymbol{A}^{H}\boldsymbol{y} = \boldsymbol{o}$ にほかならないので，$\boldsymbol{y} \in N(\boldsymbol{A}^{H})$ となります。

つぎに，$\boldsymbol{y} \in N(\boldsymbol{A}^{H}) \Rightarrow \boldsymbol{y} \in R(\boldsymbol{A})^{\perp}$ を示します。$\boldsymbol{y} \in N(\boldsymbol{A}^{H})$ より，$\boldsymbol{y}$ は $\boldsymbol{A}^{H}\boldsymbol{y} = \boldsymbol{o}$ を満たします。つまり，$i = 1, 2, \cdots, N$ に対して，$\boldsymbol{a}_i^{H}\boldsymbol{y} = 0$ です。一方，任意の $\boldsymbol{z} = R(\boldsymbol{A})$ は，スカラ c_i を用いて $\boldsymbol{z} = c_1\boldsymbol{a}_1 + c_2\boldsymbol{a}_2 + \cdots + c_N\boldsymbol{a}_N$ と表現できますが，$\boldsymbol{y}$ との内積は $\boldsymbol{z}^{H}\boldsymbol{y} = \overline{c_1}\boldsymbol{a}_1^{H}\boldsymbol{y} + \overline{c_2}\boldsymbol{a}_2^{H}\boldsymbol{y} + \cdots + \overline{c_N}\boldsymbol{a}_N^{H}\boldsymbol{y} = 0$ となるので，$\boldsymbol{y} \in R(\boldsymbol{A})^{\perp}$ となります。

同様にして

$$R(\boldsymbol{A}^{H})^{\perp} = N(\boldsymbol{A}) \tag{5.22}$$

も成り立ちます。

† 基底が存在することから明らかです。

5.3 ユークリッド空間への変換

N 次元ベクトル空間 V には基底が存在して，それを $\{\boldsymbol{u}_i\}_{i=1}^{N}$ で表すことにします。このとき，V の任意の要素 $\boldsymbol{x}$ は，何度も説明したように

$$\boldsymbol{x} = c_1\boldsymbol{u}_1 + c_2\boldsymbol{u}_2 + \cdots + c_N\boldsymbol{u}_N$$

と表現できるのでした。ここで，係数をまとめたベクトル $\boldsymbol{c} = (c_n)$ は，ユークリッド空間 $\mathbb{C}^N$ の要素となります。そこで，$\boldsymbol{x}$ が与えられたとき，$\boldsymbol{c}$ はどのようにして求めればよいのでしょうか。

まず，$\boldsymbol{x}$ と $\boldsymbol{u}_1$ の内積を取ると

$$\langle \boldsymbol{x}, \boldsymbol{u}_1 \rangle = c_1\langle \boldsymbol{u}_1, \boldsymbol{u}_1 \rangle + c_2\langle \boldsymbol{u}_2, \boldsymbol{u}_1 \rangle + \cdots + c_N\langle \boldsymbol{u}_N, \boldsymbol{u}_1 \rangle$$

となります。同様にして，$\boldsymbol{x}$ と $\boldsymbol{u}_2, \boldsymbol{u}_3, \cdots, \boldsymbol{u}_N$ の内積を順番に取ると

$$\begin{aligned}
\langle \boldsymbol{x}, \boldsymbol{u}_2 \rangle &= c_1\langle \boldsymbol{u}_1, \boldsymbol{u}_2 \rangle + c_2\langle \boldsymbol{u}_2, \boldsymbol{u}_2 \rangle + \cdots + c_N\langle \boldsymbol{u}_N, \boldsymbol{u}_2 \rangle \\
&\vdots \\
\langle \boldsymbol{x}, \boldsymbol{u}_N \rangle &= c_1\langle \boldsymbol{u}_1, \boldsymbol{u}_N \rangle + c_2\langle \boldsymbol{u}_2, \boldsymbol{u}_N \rangle + \cdots + c_N\langle \boldsymbol{u}_N, \boldsymbol{u}_N \rangle
\end{aligned}$$

となります。ここで，(i,j) 要素が $\langle \boldsymbol{u}_j, \boldsymbol{u}_i \rangle$ で与えられる行列 $\boldsymbol{G} = (\langle \boldsymbol{u}_j, \boldsymbol{u}_i \rangle)$ を定義します。また，$\boldsymbol{d} = \begin{bmatrix} \langle \boldsymbol{x}, \boldsymbol{u}_1 \rangle \\ \langle \boldsymbol{x}, \boldsymbol{u}_2 \rangle \\ \vdots \\ \langle \boldsymbol{x}, \boldsymbol{u}_N \rangle \end{bmatrix}$ を定義すると

$$\boldsymbol{G}\boldsymbol{c} = \boldsymbol{d}$$

となります。この $\boldsymbol{G}$ のことを**グラム行列**（Gram matrix）と呼びます。グラム行列に関しては，つぎのことがいえます。

- エルミート性を満たす。つまり $\boldsymbol{G}^H = \boldsymbol{G}$

• 正定値 $\boldsymbol{G} > 0$ である。つまり，任意の $\boldsymbol{x}$ に対して，$\langle \boldsymbol{x}, \boldsymbol{G}\boldsymbol{x} \rangle > 0$

正定値行列には逆行列が存在するので（→ 5.1.2 項）

$$\boldsymbol{c} = \boldsymbol{G}^{-1}\boldsymbol{d}$$

で係数が決まります。もし，$\{\boldsymbol{u}_i\}_{i=1}^N$ が正規直交基底であれば，$\boldsymbol{G} = \boldsymbol{I}_N$ なので，$\boldsymbol{c} = \boldsymbol{d}$ となります。

つまり $\boldsymbol{x} \in V$ から $\boldsymbol{c} \in \mathbb{C}^N$ が一意に決まり，$\boldsymbol{c}$ から $\boldsymbol{x}$ が一意に決まるわけです。このことは，V から $\mathbb{C}^N$ への全単射（要素が 1 対 1 に対応する写像）が存在することを示しています。このような写像を**同型写像**（isomorphism）と呼び，同型写像が存在するとき，V と $\mathbb{C}^N$ は**同型**（isomorphic）であるといいます。有限次元のベクトル空間には必ず基底が存在するので，同型のユークリッド空間が存在することになります。つまり，もとのベクトル空間が関数の空間としても，結局はユークリッド空間に変換することができるということです。

図 5.5 はこの変換を表した様子です。一番左は関数の空間です。さまざまな関数の空間を考えることができます。信号処理で最も代表的な空間は，三角多項式の空間（→ 5.1.7 項）であったり，帯域が制限されている信号の空間であったりします。空間が決まっていれば基底が取れるので，展開係数 c_n はグラム行列から求めることができるのです。

もし $V = \mathbb{C}^N$，つまりベクトル空間がユークリッド空間であれば，$N \times M$

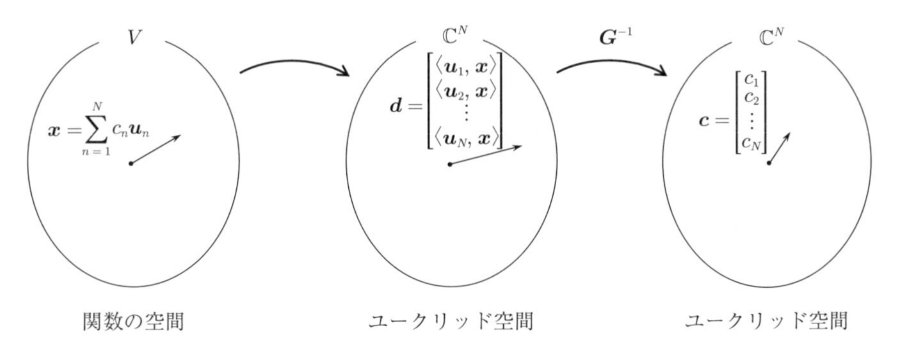

図 5.5 関数空間における要素の展開係数を求める。N 次元ベクトル空間（関数の空間）は N 次元ユークリッド空間と同型となる

の行列

$$\boldsymbol{X} = [\boldsymbol{x}_1, \boldsymbol{x}_2, \cdots, \boldsymbol{x}_M] \in \mathbb{C}^{N \times M}$$

を定義でき

$$\boldsymbol{G} = \boldsymbol{X}^H \boldsymbol{X}$$

なる関係が成り立ちます。

5.4 むすび

ベクトル空間に内積を導入することによって，ベクトルとベクトルの間に距離や角度のような位置関係を定められます。信号処理やパターン認識においては，異なる信号（パターン）どうしがどれくらい似ているかを定量化する必要があるので，内積の概念が非常に重要であることがわかると思います。特に，正規直交基底を使うことによって，二つのベクトルの間の距離を簡単に計算できるようになります。

5.3 節で述べた，関数のユークリッド空間への変換は応用上非常に大切な考え方です。連続信号を離散信号に変換しても，もとの信号を復元できることを保証したサンプリング定理や，パターン認識で広く用いられるカーネル法などは，関数のユークリッド空間における表現を基にしているからです。

章末問題

【1】 コサイン類似度が -1 から 1 の値を取ることを示せ。

【2】 ベクトル $\boldsymbol{x}, \boldsymbol{y} \in V$ について，$\boldsymbol{x} = a\boldsymbol{y}$（$a$ は実数）の関係があるとき，二つのベクトルの角度が $\theta = 0$ になることを示せ。

【3】 ベクトル $\boldsymbol{u}$ について，$\boldsymbol{v} = \dfrac{1}{\|\boldsymbol{u}\|}\boldsymbol{u}$ のノルムが 1 になることを示せ。

【4】 三角不等式 $\|\boldsymbol{x} + \boldsymbol{y}\| \leq \|\boldsymbol{x}\| + \|\boldsymbol{y}\|$ を証明せよ。

6 固有値分解

Next SIP

$N \times N$ 正方行列 $\boldsymbol{A}$ が与えられたとき

$$\boldsymbol{A}\boldsymbol{u} = \lambda \boldsymbol{u} \tag{6.1}$$

を満たすスカラ λ を固有値，$\boldsymbol{u}$ を固有ベクトルと呼びます。また固有値と固有ベクトルを見つける問題を，固有値問題と呼びます。信号処理や機械学習の多くの問題は，固有値問題に帰着させて解くことが多々あります。したがって，固有値と固有ベクトルの性質を理解しておくことは大切です。また，固有値と固有ベクトルにはさまざまな表現法がありますので，それらに慣れておくことも大切です。

固有値問題を解くとは，どういうことでしょうか。式 (6.1) を解釈すれば，ベクトル空間には無数のベクトルが存在するなかで，$\boldsymbol{A}$ を乗じると，定数倍になるベクトルを探す問題であることがわかります。

6.1 固有値問題

6.1.1 固有方程式，固有空間

固有値問題はつぎのように解くことができます。式 (6.1) を変形すると

$$(\boldsymbol{A} - \lambda \boldsymbol{I})\boldsymbol{u} = \boldsymbol{o} \tag{6.2}$$

です。この問題の自明な解は $\boldsymbol{u} = \boldsymbol{o}$ であることがわかります。しかし，この解はまったく意味を持たないので，$\boldsymbol{u} \neq \boldsymbol{o}$ となる場合を考えます。このとき，行

列 $\boldsymbol{A}-\lambda\boldsymbol{I}$ をあるベクトル $\boldsymbol{u}$ に乗じると $\boldsymbol{o}$ になってしまうということです。つまり，$\boldsymbol{A}-\lambda\boldsymbol{I}$ には零空間が存在して，$\boldsymbol{u}$ はその零空間に属するベクトルということです（→ 4.2.3 項）。そして，零空間を持つ行列のランクは N より小さい，つまり特異行列ということなので，その行列式は 0 になります。したがって，λ を求めるには

$$|\boldsymbol{A}-\lambda\boldsymbol{I}|=0 \tag{6.3}$$

を解けばよいことがわかります。これを**固有方程式**（eigen equation）と呼びます。

例 6.1　$\boldsymbol{A}=\begin{bmatrix}2 & 3\\ 1 & 4\end{bmatrix}$ の固有値と固有ベクトルを求めましょう。固有方程式は

$$|\boldsymbol{A}-\lambda\boldsymbol{I}|=\begin{vmatrix}2-\lambda & 3\\ 1 & 4-\lambda\end{vmatrix}=(2-\lambda)(4-\lambda)-3$$
$$=\lambda^2-6\lambda+5=0$$

なので，$\lambda=5,1$ となります。

それぞれの固有値に対応する $\boldsymbol{u}=\begin{bmatrix}u_1\\ u_2\end{bmatrix}$ はどうなるでしょうか。$\lambda=5$ に対しては，式 (6.2) より

$$\begin{bmatrix}-3 & 3\\ 1 & -1\end{bmatrix}\begin{bmatrix}u_1\\ u_2\end{bmatrix}=\begin{bmatrix}0\\ 0\end{bmatrix} \tag{6.4}$$

なので，$u_1=u_2$ が成り立ちます。つまり，これを満たしていれば，$\boldsymbol{u}=\begin{bmatrix}1\\ 1\end{bmatrix}$ であろうが，$\boldsymbol{u}=\begin{bmatrix}2\\ 2\end{bmatrix}$ であろうが構いません。多くの場合は，単位ノルムを持つ，つまり $\|\boldsymbol{u}\|=1$ を満たすように選びます。そうすると，$\boldsymbol{u}=\dfrac{1}{\sqrt{2}}\begin{bmatrix}1\\ 1\end{bmatrix}$

となります。または，できるだけ単純な形が好ましいのであれば，整数だけで表現した $\boldsymbol{u} = \begin{bmatrix} 1 \\ 1 \end{bmatrix}$ でも構いません。

同様にして，$\lambda = 1$ に対応する固有ベクトルは $u_1 = 3u_2$ を満たすことがわかります。同様に単位ベクトルになるように選ぶと $\boldsymbol{u} = \dfrac{1}{\sqrt{10}} \begin{bmatrix} 3 \\ 1 \end{bmatrix}$ となります。同様に，単位ベクトルにこだわらなければ，$\boldsymbol{u} = \begin{bmatrix} 3 \\ 1 \end{bmatrix}$ でも構いません。

この例からもわかるように，固有ベクトルはベクトルそのものというより，固有ベクトルが張る「軸」，つまり 1 次元の部分空間を決める基底を与えていることになります。この固有ベクトルによって決まる部分空間のことを**固有空間**（eigen subspace）と呼びます。

また，固有値問題は，N 次方程式を解くことに帰着されることがわかります。代数学の基本定理によれば，N 次方程式には，複素数の範囲で必ず N 個の根が存在するので，複素数を許容すれば，N 次正方行列には必ず N 個の固有値が存在するといえます。

つぎに，固有値が複素数になる例を見てみましょう。

例 6.2　　$0 \leq \theta < 2\pi$ に対して定義される行列

$$\boldsymbol{R}(\theta) = \begin{bmatrix} \cos\theta & -\sin\theta \\ \sin\theta & \cos\theta \end{bmatrix} \tag{6.5}$$

の固有値と固有ベクトルを求めましょう。この行列は，ベクトルを，原点を中心に θ だけ回転させる行列で，**回転行列**（rotation matrix）と呼ばれます。

まず，$\theta = 0, \pi$ のとき，$\boldsymbol{R}(\theta) = \pm \boldsymbol{I}$ なので，$\pm\boldsymbol{u} = \lambda\boldsymbol{u}$ より，$\lambda = \pm 1$ を得ます。このとき，どの $\boldsymbol{u} \neq \boldsymbol{o}$ もすべて固有ベクトルになります。

つぎに，$\theta \neq 0, \pi$ のとき，固有方程式は

$$|\boldsymbol{R}(\theta) - \lambda \boldsymbol{I}| = \begin{vmatrix} \cos\theta - \lambda & -\sin\theta \\ \sin\theta & \cos\theta - \lambda \end{vmatrix} = (\cos\theta - \lambda)^2 + \sin^2\theta$$

$$= \cos^2\theta + \sin^2\theta - 2(\cos\theta)\lambda + \lambda^2$$

$$= \lambda^2 - 2(\cos\theta)\lambda + 1 = 0$$

となります。この方程式は実数の根を持たないので，固有値を実数に限った場合，固有値が存在しない例となります。複素数の範囲まで広げると，固有値は存在して，$\lambda = \cos\theta \pm \sqrt{-(1 - \cos^2\theta)} = \cos\theta \pm i\sin\theta$ となります。

固有値 $\lambda = \cos\theta \pm i\sin\theta$ を $\boldsymbol{R}(\theta)\boldsymbol{u} = \lambda\boldsymbol{u}$ に代入すると

$$\begin{bmatrix} \mp i\sin\theta & -\sin\theta \\ \sin\theta & \mp i\sin\theta \end{bmatrix} \begin{bmatrix} u_1 \\ u_2 \end{bmatrix} = \begin{bmatrix} 0 \\ 0 \end{bmatrix}$$

となるので，ここから $u_2 = \mp iu_1$ なる関係を得ます。したがって，$\boldsymbol{u} = \begin{bmatrix} 1 \\ \mp i \end{bmatrix}$（復号同順）が固有ベクトルになります。

$\theta = 0, \pi$ のときは，任意のベクトルが固有ベクトルだったので，結局，$\theta = 0, \pi$ を含むすべての区間 $0 \leq \theta < 2\pi$ に対して，固有値は $\lambda = \cos\theta \pm i\sin\theta$，対応する固有ベクトルはそれぞれ $\boldsymbol{u} = \begin{bmatrix} 1 \\ \mp i \end{bmatrix}$ と表現できます。

実は，オイラーの公式によれば，固有値は $\lambda = \cos\theta \pm i\sin\theta = e^{\pm i\theta}$ となります。つまり，回転行列の固有値は，複素平面上で複素数を θ だけ回転させる複素数です（→ 章末問題【**1**】）。

固有空間は必ずしも 1 次元とは限りません。このことについて，つぎの例を見てみましょう。

例 6.3　$\boldsymbol{A} = \begin{bmatrix} 0 & 1 & 1 \\ 1 & 0 & 1 \\ 1 & 1 & 0 \end{bmatrix}$ の固有値と固有ベクトルを求めましょう。固有方程式は

$$|\boldsymbol{A} - \lambda \boldsymbol{I}| = \begin{vmatrix} -\lambda & 1 & 1 \\ 1 & -\lambda & 1 \\ 1 & 1 & -\lambda \end{vmatrix} = -\lambda^3 + 2 + 3\lambda = 0$$

これは，$(\lambda - 2)(\lambda + 1)^2 = 0$ なので，$\lambda = 2, -1$（重根）を得ます。$\lambda = 2$ のとき

$$\begin{bmatrix} -2 & 1 & 1 \\ 1 & -2 & 1 \\ 1 & 1 & -2 \end{bmatrix} \begin{bmatrix} u_1 \\ u_2 \\ u_3 \end{bmatrix} = \begin{bmatrix} 0 \\ 0 \\ 0 \end{bmatrix}$$

なので，この連立方程式を解くと，$u_1 = u_2 = u_3$ を得ます。つまり，$\boldsymbol{u} = [1, 1, 1]^T$ が対応する固有ベクトルです。

つぎに，重根 $\lambda = -1$ はどうでしょう。

$$\begin{bmatrix} 1 & 1 & 1 \\ 1 & 1 & 1 \\ 1 & 1 & 1 \end{bmatrix} \begin{bmatrix} u_1 \\ u_2 \\ u_3 \end{bmatrix} = \begin{bmatrix} 0 \\ 0 \\ 0 \end{bmatrix}$$

より，$u_1 + u_2 + u_3 = 0$ が得られます。未知数が三つあるにも関わらず，方程式が一つしかないので，もちろん固有ベクトルは一意に決まりません。この式は 3 次元ユークリッド空間における，原点を通る平面の式です。平面には二つの一次独立なベクトルを二つ取ることができるので，例えば，$\boldsymbol{u} = [1, -2, 1]^T$ と，$\boldsymbol{u} = [1, 1, -2]^T$ を選ぶことができます。

このように，固有方程式の k 乗根に対応する固有値からは，k 次の固有空間が

決まる場合があります。この様子を**図 6.1** に示します。この図は，例 6.3 のように，3×3 の行列に対して，固有値 $\lambda_1, \lambda_2, \lambda_3$ のうち，二つは重複して $\lambda_2 = \lambda_3$ になっている場合です。一つ目の固有値 λ_1 については，1 次元の固有空間に対応します。λ_2, λ_3 には 2 次元の固有空間が対応し，この空間上のベクトルはすべて固有ベクトルです。この固有空間からは，2 個の一次独立な固有ベクトルを選ぶことができます。

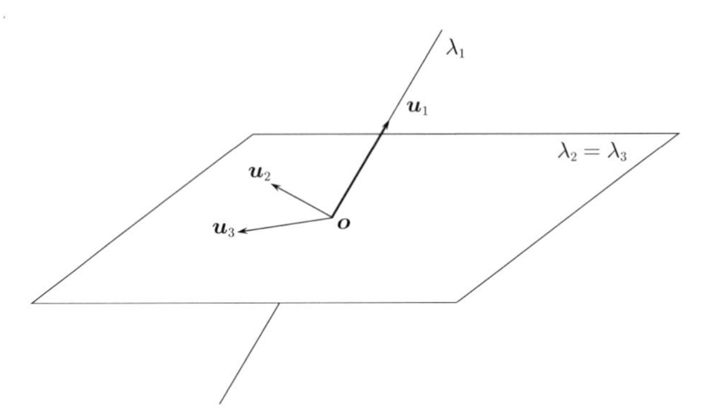

図 6.1　3 次元ユークリッド空間における固有空間の例。λ_1 には 1 次元の固有空間（原点を通る軸）が対応し，この軸上のベクトルが固有ベクトル $\boldsymbol{u}_1$ となる。$\lambda_2 = \lambda_3$ には，2 次元の固有空間（原点を通る平面）が対応する。2 次元の固有空間における任意のベクトルは固有ベクトルとなるため，一次独立なベクトル 2 個 $\boldsymbol{u}_2$，$\boldsymbol{u}_3$ を選べばよい

これに対して，重複する固有値の数だけ固有ベクトルが存在しない場合もあります。その例を以下に示します。

例 6.4　$\boldsymbol{A} = \begin{bmatrix} 1 & 1 \\ 0 & 1 \end{bmatrix}$ の固有値と固有ベクトルを求めましょう。固有方程式は

$$|\boldsymbol{A} - \lambda \boldsymbol{I}| = \begin{vmatrix} 1-\lambda & 1 \\ 0 & 1-\lambda \end{vmatrix} = (1-\lambda)^2 = 0$$

なので，$\lambda = 1$ となります。これは重複した固有値です。このとき

$$\begin{bmatrix} 0 & 1 \\ 0 & 0 \end{bmatrix} \begin{bmatrix} u_1 \\ u_2 \end{bmatrix} = \begin{bmatrix} 0 \\ 0 \end{bmatrix}$$

より，$u_2 = 0$ を得ますが，この条件を満たす一次独立な固有ベクトルは一つ（例えば，$\boldsymbol{u} = [1,\ 0]^T$）しか取れません。つまり，$\lambda = 1$ に対応する固有空間の次元は 1 となります。

6.1.2　固有値・固有ベクトルの図形的意味

$N \times N$ 正方行列 $\boldsymbol{A}$ に対して，$\boldsymbol{Ax}$ を計算するとき，固有値・固有ベクトルはどのような意味を持つでしょうか。

まず，固有値 $\lambda_1, \lambda_2, \cdots, \lambda_N$ に対して，一次独立になるように固有ベクトル $\boldsymbol{u}_1, \boldsymbol{u}_2, \cdots, \boldsymbol{u}_N$ を選びます。第 4 章で示したとおり，N 次元空間の N 個の一次独立なベクトルは基底となります。基底であるということは，$\boldsymbol{x}$ は

$$\boldsymbol{x} = c_1\boldsymbol{u}_1 + c_2\boldsymbol{u}_2 + \cdots + c_N\boldsymbol{u}_N \tag{6.6}$$

のように，固有ベクトルの線形結合で表現できるということです。また，展開係数 $c_1, c_2, \cdots, c_N$ は一意に決まるということです。

そこで，$\boldsymbol{Ax}$ は

$$\begin{aligned} \boldsymbol{Ax} &= c_1\boldsymbol{Au}_1 + c_2\boldsymbol{Au}_2 + \cdots + c_N\boldsymbol{Au}_N \\ &= \lambda_1(c_1\boldsymbol{u}_1) + \lambda_2(c_2\boldsymbol{u}_2) + \cdots + \lambda_N(c_N\boldsymbol{u}_N) \end{aligned}$$

と表現できます。つまり，ベクトルに行列を乗じるという操作は，ベクトルを構成するそれぞれの固有ベクトルに対応する成分を固有値倍してから再合成する（全体の和を取る）という解釈ができます。

図 6.2 は，2 次元ユークリッド空間において，$\boldsymbol{Ax}$ の図形的な意味を示したものです。ベクトル $\boldsymbol{x}$ を固有ベクトルで決まる二つの軸で表現して，それぞれの軸で固有値倍した成分を合成したものが $\boldsymbol{Ax}$ であることを示しています。

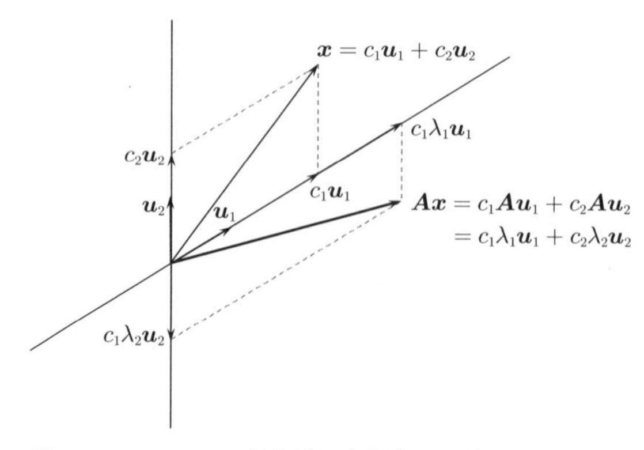

図 6.2　$\boldsymbol{y} = \boldsymbol{Ax}$ の幾何学的な解釈。固有ベクトル $\boldsymbol{u}_1$，$\boldsymbol{u}_2$ で決まる固有空間に $\boldsymbol{x}$ を分解し，それぞれの空間で λ_1，λ_2 倍される

6.1.3　固有値分解と対角化

$N \times N$ 正方行列 $\boldsymbol{A}$ の N 個の固有値を大きい順に並べて, $\lambda_1 \geq \lambda_2 \geq \cdots \geq \lambda_N$ としましょう。それぞれに対応する固有ベクトルを $\boldsymbol{u}_1, \boldsymbol{u}_2, \cdots, \boldsymbol{u}_N$ とします。いくつかの固有値は同じ値を持つかもしれません。重複する固有値の数と対応する固有空間の次元数が等しいときに限って，対応する固有空間から固有値と同数の一次独立な固有ベクトルを選んであるとします。

このように, 行列のサイズ N と同じ数の固有ベクトルが存在する場合は, 固有値分解と呼ばれる重要な行列操作を導入できます。固有値問題 $(i = 1, 2, \cdots, N)$ は

$$\boldsymbol{Au}_i = \lambda_i \boldsymbol{u}_i$$

です。左辺も右辺もサイズが N のベクトルであることに注意します。両辺で, このベクトルを N 個並べると行列になります。つまり

$$[\boldsymbol{Au}_1, \boldsymbol{Au}_2, \cdots, \boldsymbol{Au}_N] = [\lambda_1\boldsymbol{u}_1, \lambda_2\boldsymbol{u}_2, \cdots, \lambda_N\boldsymbol{u}_N]$$

となり，これは $N \times N$ 行列の等式です。これより

$$\boldsymbol{A}\,[\boldsymbol{u}_1, \boldsymbol{u}_2, \cdots, \boldsymbol{u}_N] = [\boldsymbol{u}_1, \boldsymbol{u}_2, \cdots, \boldsymbol{u}_N]\,\mathrm{diag}(\lambda_1, \lambda_2, \cdots, \lambda_N) \quad (6.7)$$

と変形できます。最後の行列は，対角成分に固有値が並んでいて，非対角成分

はすべて値が 0 の行列を表しています。すなわち

$$\mathrm{diag}(\lambda_1, \lambda_2, \cdots, \lambda_N) = \begin{bmatrix} \lambda_1 & & & \\ & \lambda_2 & & \\ & & \ddots & \\ & & & \lambda_N \end{bmatrix}$$

です。ここで

$$\boldsymbol{U} = [\boldsymbol{u}_1, \boldsymbol{u}_2, \cdots, \boldsymbol{u}_N], \quad \boldsymbol{\Lambda} = \mathrm{diag}(\lambda_1, \lambda_2, \cdots, \lambda_N)$$

とおきます。式 (6.7) は

$$\boldsymbol{A}\boldsymbol{U} = \boldsymbol{U}\boldsymbol{\Lambda} \tag{6.8}$$

となりますが，両辺に右から $\boldsymbol{U}^{-1}$ を乗じることで

$$\boldsymbol{A} = \boldsymbol{U}\boldsymbol{\Lambda}\boldsymbol{U}^{-1} \tag{6.9}$$

が成り立ちます。これを，行列 $\boldsymbol{A}$ の**固有値分解**（eigendecomposition）と呼びます。また，式 (6.8) の両辺に，左から $\boldsymbol{U}^{-1}$ を乗じると

$$\boldsymbol{U}^{-1}\boldsymbol{A}\boldsymbol{U} = \boldsymbol{\Lambda} \tag{6.10}$$

が成り立ちます。これを，行列 $\boldsymbol{A}$ の**対角化**（diagonalization）と呼びます。

以上のように，一次独立な固有ベクトルが行列のサイズと同じだけ存在するとき，対角化可能であるといいます。対角化不可能な場合は，**ジョルダン標準形**（Jordan normal form）を用いて式 (6.9) に似た分解を得ることができますが，本書では省略します†。

$\boldsymbol{A}$ が対角化可能であれば，以下の性質が成り立ちます。

(1) 固有値数とランク　非零の固有値の数が行列のランクに一致します。これはつぎのように理解できます。行列 $\boldsymbol{U}$ は列ベクトルがすべて一次独立な

† 線形代数では大切な概念ですが，信号処理においては，次章で扱う特異値分解がより大切です。

ので，正則行列で $\mathrm{rank}(\boldsymbol{U}) = N$ です。$\lambda_i \neq 0$ である固有値の数を r とすると，$\mathrm{rank}(\boldsymbol{\Lambda}) = r$ です。正則行列は乗算によってランクを変えないので，$r = \mathrm{rank}(\boldsymbol{\Lambda}) = \mathrm{rank}(\boldsymbol{U\Lambda}) = \mathrm{rank}(\boldsymbol{U\Lambda U}^{-1}) = \mathrm{rank}(\boldsymbol{A})$ となります。

（2）行列のべき乗　式 (6.9) を用いることで，$\boldsymbol{A}^n$ を

$$\boldsymbol{A}^n = (\boldsymbol{U\Lambda U}^{-1})(\boldsymbol{U\Lambda U}^{-1})\cdots(\boldsymbol{U\Lambda U}^{-1}) = \boldsymbol{U\Lambda}^n\boldsymbol{U}^{-1}$$

のように，対角行列 $\boldsymbol{\Lambda}$ のべき乗で表現することができます。これにより，$\boldsymbol{A}^n$ を直接計算する必要がなくなります。

（3）行　列　式　行列式は固有値の積になります。すなわち，式 (3.56), (6.9)，および (3.54) より

$$|\boldsymbol{A}| = |\boldsymbol{U\Lambda U}^{-1}| = |\boldsymbol{U}||\boldsymbol{\Lambda}||\boldsymbol{U}^{-1}| = |\boldsymbol{\Lambda}| = \lambda_1\lambda_2\cdots\lambda_N$$

となります。

（4）ト レ ー ス　トレース（→ 付録 A.2.2 項）は，固有値の和になります。すなわち，式 (A.8)，(6.9)，および (A.9) により

$$\mathrm{tr}[\boldsymbol{A}] = \mathrm{tr}[\boldsymbol{U\Lambda U}^{-1}] = \mathrm{tr}[\boldsymbol{\Lambda U}^{-1}\boldsymbol{U}] = \mathrm{tr}[\boldsymbol{\Lambda}] = \lambda_1 + \lambda_2 + \cdots + \lambda_N$$

となります。

6.2　エルミート行列の固有値問題

信号処理で大切なのは，行列 $\boldsymbol{A}$ の要素が実数であれば実対称行列（$\boldsymbol{A}^T = \boldsymbol{A}$），$\boldsymbol{A}$ の要素が複素数であればエルミート行列（$\boldsymbol{A}^H = \boldsymbol{A}$）となるときです。エルミート行列の要素がすべて実数であれば，実対称行列に一致します。つまり，エルミート行列は実対称行列を包含する概念なので，以下では，特に断らない限り，まとめてエルミート行列と呼ぶことにします†。

† 実対称行列もエルミート行列も正規行列と呼ばれるものの一種です。

例えば，要素が実数の行列 $\boldsymbol{B} \in \mathbb{R}^{N\times M}$ に対して，$\boldsymbol{A} = \boldsymbol{B}\boldsymbol{B}^T$ と定義すれば，$\boldsymbol{A}$ は対称行列です。ここで，M と N の大小は問いません。また，要素が複素数の行列 $\boldsymbol{C} \in \mathbb{C}^{N\times M}$ に対して，$\boldsymbol{A} = \boldsymbol{C}\boldsymbol{C}^H$ と定義すれば，$\boldsymbol{A}$ はエルミート行列です。ここで，M と N の大小は問いません。

エルミート行列にはつぎの二つの重要な性質があります。

- 固有値が実数である。
- 異なる固有値の固有ベクトルどうしが直交し，さらに対角化できる。

以下ではこれらの性質について，それぞれ見ていきましょう。

6.2.1　固有値の実数性

任意のエルミート行列 $\boldsymbol{A} \in \mathbb{C}^{N\times N}$ の固有値と固有ベクトルをそれぞれ λ，$\boldsymbol{u}$ とします。これらの間には

$$\boldsymbol{A}\boldsymbol{u} = \lambda\boldsymbol{u} \tag{6.11}$$

の関係があります。

ここで，固有ベクトル $\boldsymbol{u} \in \mathbb{C}^N$ に対して，内積 $\langle \boldsymbol{u}, \boldsymbol{A}\boldsymbol{u} \rangle$ を考えます。まず，式 (6.11) を用いることで

$$(\boldsymbol{A}\boldsymbol{u})^H\boldsymbol{u} = (\lambda\boldsymbol{u})^H\boldsymbol{u} = \bar{\lambda}\boldsymbol{u}^H\boldsymbol{u} \tag{6.12}$$

が成り立ちます。同様にして

$$\boldsymbol{u}^H\boldsymbol{A}\boldsymbol{u} = \boldsymbol{u}^H(\lambda\boldsymbol{u}) = \lambda\boldsymbol{u}^H\boldsymbol{u} \tag{6.13}$$

が成り立ちます。ところで，$\boldsymbol{A}^H = \boldsymbol{A}$ より，$(\boldsymbol{A}\boldsymbol{u})^H\boldsymbol{u} = \boldsymbol{u}^H\boldsymbol{A}^H\boldsymbol{u} = \boldsymbol{u}^H\boldsymbol{A}\boldsymbol{u}$ が成り立つので，式 (6.12) と (6.13) より $\bar{\lambda}\boldsymbol{u}^H\boldsymbol{u} = \lambda\boldsymbol{u}^H\boldsymbol{u}$ となります。$\boldsymbol{u} \neq \boldsymbol{o}$ なので，$\boldsymbol{u}^H\boldsymbol{u} \neq 0$ です。したがって，$\bar{\lambda} = \lambda$ が得られます。複素数の共役がもとの複素数に等しいということは，λ は虚部を持たない数，つまり実数であることが示されました。この性質は，$\boldsymbol{A}$ が実数の場合でも同様に成り立ちます。

6.2.2 固有ベクトルの直交性と対角化

エルミート行列 $\boldsymbol{A}$ の異なる固有値 λ_i，λ_j に対し，これらに対応する固有ベクトルをそれぞれ $\boldsymbol{u}_i$，$\boldsymbol{u}_j$ とします。まず

$$\boldsymbol{u}_i^H(\boldsymbol{A}\boldsymbol{u}_j) = \boldsymbol{u}_i^H(\lambda_j \boldsymbol{u}_j) = \lambda_j \boldsymbol{u}_i^H \boldsymbol{u}_j \tag{6.14}$$

が成り立ちます。つぎに，固有値が実数であることを用いると

$$(\boldsymbol{A}\boldsymbol{u}_i)^H \boldsymbol{u}_j = (\lambda_i \boldsymbol{u}_i)^H \boldsymbol{u}_j = \lambda_i \boldsymbol{u}_i^H \boldsymbol{u}_j \tag{6.15}$$

が成り立ちます。対称性（$\boldsymbol{A}^H = \boldsymbol{A}$）を用いることで，$(\boldsymbol{A}\boldsymbol{u}_i)^H \boldsymbol{u}_j = \boldsymbol{u}_i^H \boldsymbol{A}\boldsymbol{u}_j$ なので，式 (6.14) と (6.15) より $\lambda_j \boldsymbol{u}_i^H \boldsymbol{u}_j = \lambda_i \boldsymbol{u}_i^H \boldsymbol{u}_j$ が成り立ち，$\lambda_i \neq \lambda_j$ より $\boldsymbol{u}_i^H \boldsymbol{u}_j = 0$ を得ます。つまり，固有ベクトルどうしは，ユークリッド内積の意味で直交していることがわかりました。この性質は，一般的な内積のときにも成り立ちます（→ 章末問題【**2**】）。

さらには，$N \times N$ のエルミート行列には，N 個の正規直交する固有ベクトルが存在します。つまり，エルミート行列は，必ずユニタリ行列で対角化できるということです。この証明に関しては線形代数の成書を参考にしてください（例えば文献 1)）。

6.2.3 固 有 値 分 解

前述の議論から，固有値分解（式 (6.9)）における $\boldsymbol{U}$ は，ユニタリ行列です。したがって，固有値分解は式 (6.8) より

$$\boldsymbol{A} = \boldsymbol{U}\boldsymbol{\Lambda}\boldsymbol{U}^H \tag{6.16}$$

であり，対角化は式 (6.10) より

$$\boldsymbol{U}^H \boldsymbol{A}\boldsymbol{U} = \boldsymbol{\Lambda} \tag{6.17}$$

となります。

固有値分解については，固有ベクトルを明示的に表す形式

$$\boldsymbol{A} = \sum_{i=1}^{N} \lambda_i \boldsymbol{u}_i \boldsymbol{u}_i^H \tag{6.18}$$

が便利な場合も多いです。これは，式 (6.16) から，以下のように得られます。

$$\begin{aligned}
\boldsymbol{A} &= [\boldsymbol{u}_1, \boldsymbol{u}_2, \cdots, \boldsymbol{u}_N] \begin{bmatrix} \lambda_1 & & & \\ & \lambda_2 & & \\ & & \ddots & \\ & & & \lambda_N \end{bmatrix} \begin{bmatrix} \boldsymbol{u}_1^H \\ \boldsymbol{u}_2^H \\ \vdots \\ \boldsymbol{u}_N^H \end{bmatrix} \\
&= [\lambda_1 \boldsymbol{u}_1, \lambda_2 \boldsymbol{u}_2, \cdots, \lambda_N \boldsymbol{u}_N] \begin{bmatrix} \boldsymbol{u}_1^H \\ \boldsymbol{u}_2^H \\ \vdots \\ \boldsymbol{u}_N^H \end{bmatrix} \\
&= \lambda_1 \boldsymbol{u}_1 \boldsymbol{u}_1^H + \lambda_2 \boldsymbol{u}_2 \boldsymbol{u}_2^H + \cdots + \lambda_N \boldsymbol{u}_N \boldsymbol{u}_N^H \\
&= \sum_{i=1}^{N} \lambda_i \boldsymbol{u}_i \boldsymbol{u}_i^H
\end{aligned} \tag{6.19}$$

また，$\boldsymbol{A}$ がフルランクではない場合，つまり $\mathrm{rank}(\boldsymbol{A}) = r < N$ のときは，非零の固有値が r 個だけ存在し，残りは 0 です。したがって，式 (6.19) は，より少ない項数の和

$$\boldsymbol{A} = \sum_{i=1}^{r} \lambda_i \boldsymbol{u}_i \boldsymbol{u}_i^H \tag{6.20}$$

で表現できます。

固有値のすべてが 0 ではないとき $(\lambda_i \neq 0)$, $\boldsymbol{A}$ はフルランク, つまり $\mathrm{rank}(\boldsymbol{A}) = N$ なので，$\boldsymbol{A}$ の逆行列が存在します。固有値分解を用いると，逆行列は

$$\boldsymbol{A}^{-1} = \boldsymbol{U} \boldsymbol{\Lambda}^{-1} \boldsymbol{U}^H = \sum_{i=1}^{N} \frac{1}{\lambda_i} \boldsymbol{u}_i \boldsymbol{u}_i^H \tag{6.21}$$

と表現できることが知られています（→ 章末問題【**3**】）。

6.2.4　正定値行列と固有値

エルミート行列 $\boldsymbol{A}$ が正定値であるとは，任意の非零ベクトル $\boldsymbol{x}$ に対して

$$\boldsymbol{x}^H \boldsymbol{A} \boldsymbol{x} > 0$$

成り立つことでした（→ 第 5 章）。

したがって，$\boldsymbol{A}$ の任意の固有ベクトル $\boldsymbol{u}$ に対しても

$$\boldsymbol{u}^H \boldsymbol{A} \boldsymbol{u} > 0$$

が成り立ち，$\boldsymbol{A}\boldsymbol{u} = \lambda \boldsymbol{u}$ から

$$\boldsymbol{u}^H \boldsymbol{A} \boldsymbol{u} = \boldsymbol{u}^H (\lambda \boldsymbol{u}) = \lambda \boldsymbol{u}^H \boldsymbol{u} = \lambda \|\boldsymbol{u}\|^2 > 0 \tag{6.22}$$

が成り立ちます。$\|\boldsymbol{u}\|^2 > 0$ なので，固有値は必ず

$$\lambda > 0$$

となることがわかります。同様にして，$\boldsymbol{A}$ が半正定値の場合は，固有値が必ず非負となることを示すことができます（→ 章末問題【**4**】)。

固有値を用いると，エルミートな正定値（負定値）行列の正則性を示すことができます。まず，$N \times N$ のエルミート正定値行列 $\boldsymbol{A}$ は固有値分解 $\boldsymbol{A} = \boldsymbol{U} \boldsymbol{\Lambda} \boldsymbol{U}^H$ を持ちます。任意の $\boldsymbol{x}$ に対して，$\boldsymbol{x}^H \boldsymbol{A} \boldsymbol{x} > 0$ が成り立つので，ベクトル $\boldsymbol{y} = \boldsymbol{U}^H \boldsymbol{x}$ を定義すると

$$\boldsymbol{x}^H \boldsymbol{A} \boldsymbol{x} = (\boldsymbol{U}^H \boldsymbol{x})^H \boldsymbol{\Lambda} \boldsymbol{U}^H \boldsymbol{x} = \lambda_1 y_1^2 + \lambda_2 y_2^2 + \cdots + \lambda_N y_N^2 > 0$$

となります。ここで，y_i は $\boldsymbol{y} = (y_i)$ の要素です。式 (6.22) より，正定値行列のときはすべての固有値が $\lambda_i \neq 0$ です。したがって，$\boldsymbol{A}\boldsymbol{x} = \boldsymbol{o}$ となるのは，$\boldsymbol{y} = \boldsymbol{o}$ のとき，つまり，$\boldsymbol{U}^H \boldsymbol{x} = \boldsymbol{y}$ より，$\boldsymbol{x} = \boldsymbol{o}$ のときのみです。これは $\boldsymbol{A}$ の列が一次独立ということなので，$\boldsymbol{A}$ は正則になります。

これまでの議論をまとめると，正則性，フルランク性，正定値・負定値性，非零行列式，これらはすべて等価な条件であることがわかります。

6.2.5 行列平方根

行列 $\boldsymbol{A}$ は正定値行列とします。このとき，固有値分解は

$$\boldsymbol{A} = \sum_{i=1}^{N} \lambda_i \boldsymbol{u}_i \boldsymbol{u}_i^H = \boldsymbol{U}\mathrm{diag}(\lambda_1, \lambda_2, \cdots, \lambda_N)\boldsymbol{U}^H$$

と書くことができて，$\lambda_i > 0$ となります。ここで

$$\boldsymbol{A}^{1/2} = \sum_{i=1}^{N} \sqrt{\lambda_i} \boldsymbol{u}_i \boldsymbol{u}_i^H = \boldsymbol{U}\mathrm{diag}(\sqrt{\lambda_1}, \sqrt{\lambda_2}, \cdots, \sqrt{\lambda_N})\boldsymbol{U}^H \quad (6.23)$$

と定義する行列 $\boldsymbol{A}^{1/2}$ を**行列平方根**（matrix squared root）と呼びます。平方根と呼ぶ理由は

$$\boldsymbol{A} = (\boldsymbol{A}^{1/2})^2$$

が成り立つからです。固有値の対角行列 $\boldsymbol{\Lambda} = \mathrm{diag}(\lambda_1, \lambda_2, \cdots, \lambda_N)$ の行列平方根は

$$\boldsymbol{\Lambda}^{1/2} = (\sqrt{\lambda_1}, \sqrt{\lambda_2}, \cdots, \sqrt{\lambda_N})$$

なので，$\boldsymbol{A}$ の行列平方根は

$$\boldsymbol{A}^{1/2} = \boldsymbol{U}\boldsymbol{\Lambda}^{1/2}\boldsymbol{U}^H$$

と表現することも可能です。また，$\boldsymbol{A}^{1/2}$ もまたエルミートであり，正定値であることが容易にわかります。

正定値性から，$\boldsymbol{A}^{1/2}$ は逆行列 $(\boldsymbol{A}^{1/2})^{-1}$ を持ち

$$(\boldsymbol{A}^{1/2})^{-1} = \sum_{i=1}^{N} \frac{1}{\sqrt{\lambda_i}} \boldsymbol{u}_i \boldsymbol{u}_i^H$$

と与えられます。なお，行列平方根の逆行列は $(\boldsymbol{A}^{1/2})^{-1}$ は，逆行列の行列平方根 $(\boldsymbol{A}^{-1})^{1/2}$ に等しくなる，つまり

$$(\boldsymbol{A}^{1/2})^{-1} = (\boldsymbol{A}^{-1})^{1/2}$$

になることは，式 (6.21) と (6.23) より明らかです。したがってこれらを簡潔に

$\boldsymbol{A}^{-1/2}$ と表記します。

以上の議論では，$\boldsymbol{A}$ がエルミート行列であることを仮定しましたが，実数の対称行列であれば，$\boldsymbol{U}^H$ は $\boldsymbol{U}^T$ と等しくなります。

6.3 一般化固有値問題

6.3.1 一般化固有値分解

$N \times N$ 行列 $\boldsymbol{A}$ と $\boldsymbol{B}$ に対して，方程式

$$\boldsymbol{A}\boldsymbol{u} = \lambda \boldsymbol{B}\boldsymbol{u} \tag{6.24}$$

を**一般化固有値問題**（generalized eigenvalue problem）と呼びます。もし，$\boldsymbol{B}$ が正則であれば，両辺に左から $\boldsymbol{B}^{-1}$ を乗じれば

$$\boldsymbol{B}^{-1}\boldsymbol{A}\boldsymbol{u} = \lambda \boldsymbol{u}$$

となるので，$\boldsymbol{B}^{-1}\boldsymbol{A}$ の固有値問題にほかなりません。

ここでは，$\boldsymbol{A}$ と $\boldsymbol{B}$ がエルミート行列で，正定値である場合を考えます。この場合は，$\boldsymbol{B}^{-1}\boldsymbol{A}$ はエルミートではなくなります。したがって，エルミート行列の固有値問題のさまざまな性質が成り立たなくなります。

一方で，エルミート行列の特徴を活かした解法が存在します。まず，$\boldsymbol{B}$ の行列平方根を用いれば，式 (6.24) は

$$\boldsymbol{A}\boldsymbol{B}^{-1/2}\boldsymbol{B}^{1/2}\boldsymbol{u} = \lambda \boldsymbol{B}^{1/2}\boldsymbol{B}^{1/2}\boldsymbol{u}$$

と変形できます。両辺に左から $\boldsymbol{B}^{-1/2}$ を乗じると

$$\boldsymbol{B}^{-1/2}\boldsymbol{A}\boldsymbol{B}^{-1/2}\boldsymbol{B}^{1/2}\boldsymbol{u} = \lambda \boldsymbol{B}^{1/2}\boldsymbol{u}$$

となります。ここで

$$\boldsymbol{v} = \boldsymbol{B}^{1/2}\boldsymbol{u}$$

とおくことで

$$(\boldsymbol{B}^{-1/2}\boldsymbol{A}\boldsymbol{B}^{-1/2})\boldsymbol{v} = \lambda\boldsymbol{v}$$

と変形できます。したがって，これはエルミート行列 $\boldsymbol{B}^{-1/2}\boldsymbol{A}\boldsymbol{B}^{-1/2}$ の固有値問題にほかなりません。正則行列どうしの積はまた正則なので，固有値分解

$$\boldsymbol{B}^{-1/2}\boldsymbol{A}\boldsymbol{B}^{-1/2} = \sum_{i=1}^{N} \lambda_i \boldsymbol{v}_i \boldsymbol{v}_i^H = \boldsymbol{V}\boldsymbol{\Lambda}\boldsymbol{V}^H$$

が存在します。ここで，$\boldsymbol{V} = [\boldsymbol{v}_1, \boldsymbol{v}_2, \cdots, \boldsymbol{v}_N]$，$\boldsymbol{\Lambda} = \mathrm{diag}(\lambda_1, \lambda_2, \cdots, \lambda_N)$ です。これより

$$\boldsymbol{A} = \sum_{i=1}^{N} \lambda_i \boldsymbol{B}^{1/2}\boldsymbol{v}_i(\boldsymbol{B}^{1/2}\boldsymbol{v}_i)^H = \boldsymbol{B}^{1/2}\boldsymbol{V}\boldsymbol{\Lambda}(\boldsymbol{B}^{1/2}\boldsymbol{V})^H \tag{6.25}$$

を得ます。これを，**一般化固有値分解**（generalized eigendecomposition）と呼びます。

6.3.2 エルミート行列の同時対角化

式 (6.25) における $\boldsymbol{v}_i$ はエルミート行列の固有ベクトルなので，異なる固有ベクトルどうしはたがいに直交します。また，それぞれのノルムを 1 にすれば

$$\boldsymbol{V}^H\boldsymbol{V} = \boldsymbol{I}_N$$

が成立します。そうすると，式 (6.25) より

$$(\boldsymbol{B}^{-1/2}\boldsymbol{V})^H\boldsymbol{A}\boldsymbol{B}^{-1/2}\boldsymbol{V} = \boldsymbol{\Lambda}$$

が成り立ちます。この式の持つ意味は，$\boldsymbol{B}^{-1/2}\boldsymbol{V}$ が $\boldsymbol{A}$ を対角化する行列になっているということです。つぎに

$$(\boldsymbol{B}^{-1/2}\boldsymbol{V})^H\boldsymbol{B}\boldsymbol{B}^{-1/2}\boldsymbol{V} = \boldsymbol{V}^H\boldsymbol{V} = \boldsymbol{I}_N$$

となるので，$\boldsymbol{B}^{-1/2}\boldsymbol{V}$ は $\boldsymbol{B}$ をも対角化します。これをエルミート行列の**同時対角化**（joint diagonalization）と呼び，信号分離問題などに使われます。

6.4 む す び

固有値問題を導入することで，行列の性質がより明確になってきました。特に，行列の正則性（可逆性）は，固有値が0にならないことと等価です。

さらに，固有値分解は，信号処理や機械学習，また最適化で必要不可欠なテクニックです。特に，このあとに学ぶデータの白色化（→ 8.3.3 項）や主成分分析（→ 9.4 節）で中心的な役割を果たします。いずれも，信号処理では広く使われます。また，同時対角化は，信号分離や独立成分分析と呼ばれる信号処理手法につながります。

章 末 問 題

【1】 式 (6.5) の回転行列 $\boldsymbol{R}(\theta)$ について，つぎの問いに答えよ。

(1) 正規化した固有ベクトル $\boldsymbol{v}_1, \boldsymbol{v}_2$ を求めよ。

(2) 任意のベクトル $\boldsymbol{c} = \begin{bmatrix} c_1 \\ c_2 \end{bmatrix}$ に対して，$\boldsymbol{R}(\theta)\boldsymbol{c} = \mathrm{Re}\left[e^{i\theta}(c_1 + ic_2)\begin{bmatrix} 1 \\ -i \end{bmatrix}\right]$ を示せ。

【2】 エルミート行列の異なる固有値に対応する固有ベクトルが，任意の内積に対して直交することを示せ。

【3】 フルランクを持つエルミート行列 $\boldsymbol{A}$ の逆行列が，式 (6.21) で表現できることを示せ。

【4】 半正定値行列 $\boldsymbol{A}$ の固有値は必ず非負であることを示せ。

【5】 $\boldsymbol{A} = \boldsymbol{H}\boldsymbol{H}^H$ の形で与えられる行列 $\boldsymbol{A}$ は必ず半正定値であることを示せ。

特異値分解，一般逆行列

Next SIP

特異値分解は，信号処理でとても広く用いられている線形代数の技法の一つです。信号に含まれている雑音を取り除いたり，信号が存在する部分空間を見つけたりするには，特異値分解を基にした技法がよく使われます。また，データの次元が非常に高いとき，次元を削減する際にも特異値分解は非常に有用です。特異値分解を用いることで，射影行列や一般逆行列など非常に便利な概念を導入することができます。

7.1 特異値分解

サイズが $M \times N$ で，ランク $r < \min(M, N)$[†1]の行列 $\boldsymbol{A}$ は，行どうしが直交する $M \times r$ 行列 $\boldsymbol{U}$，$N \times r$ 行列 $\boldsymbol{V}$，および非負の実数 r 個で構成される $r \times r$ の対角行列 $\boldsymbol{\Delta}$ を用いると，つねに

$$\boldsymbol{A} = \boldsymbol{U}\boldsymbol{\Delta}\boldsymbol{V}^H \tag{7.1}$$

の形に分解できることが知られています[†2]。これを**特異値分解**（singular value decomposition, SVD）と呼びます。

特異値分解は必ず存在します。これが工学的に非常に重要なポイントです。行列 $\boldsymbol{A}$ は，画像の画素値を並べた行列であったり，多チャネルの信号を並べたものであったり，多変量のデータ（DNA とか各地の気温など）を複数回観測し

[†1] $\min(M, N)$ は，M と N のうち小さいほうの値。
[†2] 証明は文献 2) や文献 3) を参照。

たものであったりします。以下ではこの特異値分解を導いていきます。

7.1.1 特異値と特異ベクトル

式 (7.1) は，右から $\boldsymbol{V}$ を乗じることで

$$\boldsymbol{AV} = \boldsymbol{U\Delta} \tag{7.2}$$

と表現できます。さらに，式 (7.1) のエルミート転置を取り，右から $\boldsymbol{U}$ を乗じることで

$$\boldsymbol{A}^H\boldsymbol{U} = \boldsymbol{V\Delta} \tag{7.3}$$

を得ます。$\boldsymbol{V}$ と $\boldsymbol{U}$ の列を

$$\boldsymbol{V} = [\boldsymbol{v}_1, \boldsymbol{v}_2, \cdots, \boldsymbol{v}_r], \quad \boldsymbol{U} = [\boldsymbol{u}_1, \boldsymbol{u}_2, \cdots, \boldsymbol{u}_r]$$

と定義し，$\boldsymbol{\Delta}$ の対角成分を

$$\boldsymbol{\Delta} = \mathrm{diag}(\mu_1, \mu_2, \cdots, \mu_r)$$

と定義すると

$$\boldsymbol{Av}_i = \mu_i\boldsymbol{u}_i \tag{7.4}$$

$$\boldsymbol{A}^H\boldsymbol{u}_i = \mu_i\boldsymbol{v}_i \tag{7.5}$$

となります。そこで，式 (7.4)，(7.5) を満たす正のスカラ $\mu > 0$ と，ベクトル $\boldsymbol{u} \in \mathbb{C}^N$，$\boldsymbol{v} \in \mathbb{C}^M$ を求めることで，式 (7.1) の特異値分解が決まります。ここで，μ を**特異値**（singular value），$\boldsymbol{u}$ を**左特異ベクトル**（left singular vector），$\boldsymbol{v}$ を**右特異ベクトル**（right signular vector）と呼びます。

この関係を示したものが**図 7.1** です。行列 $\boldsymbol{A}$ は，N 次元ユークリッド空間から，M 次元ユークリッド空間への写像を与えます。空間 $\mathbb{C}^N$ にある右特異ベクトル $\boldsymbol{v}$ は，$\boldsymbol{A}$ によって，空間 $\mathbb{C}^M$ に存在する左特異ベクトル $\boldsymbol{u}$ に移り（この際 μ 倍されています），再び $\boldsymbol{A}^H$ によってもとの空間に戻ります。つまり，そのような関係にあるベクトルを求める問題となります。

以下では，左右の特異ベクトルについて考察していきます。

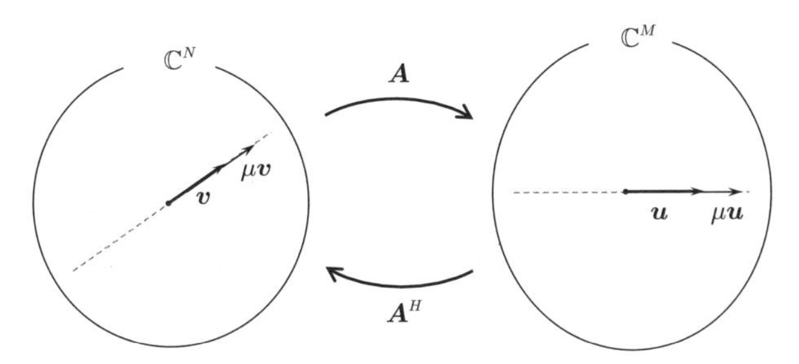

図 7.1　左特異ベクトルと右特異ベクトルの関係。左特異ベクトルは $\boldsymbol{A}$ によって右特異ベクトルの μ 倍に移り，右特異ベクトルは $\boldsymbol{A}^H$ によって左特異ベクトルの μ 倍に移る

（1）　**右特異ベクトル**　　式 (7.4) の両辺に左から $\boldsymbol{A}^H$ を乗じると，$\boldsymbol{A}^H\boldsymbol{A}\boldsymbol{v}_i = \mu_i\boldsymbol{A}^H\boldsymbol{u}_i$ です。右辺の $\boldsymbol{A}^H\boldsymbol{u}_i$ に，式 (7.5) を代入すると

$$\boldsymbol{A}^H\boldsymbol{A}\boldsymbol{v}_i = \mu_i^2\boldsymbol{v}_i \tag{7.6}$$

を得ます。つまり，この式 (7.6) は，固有値問題になっています。右特異ベクトルを求める問題は，$N \times N$ 正方行列 $\boldsymbol{A}^H\boldsymbol{A}$ の固有値 μ_i^2 と，固有ベクトル $\boldsymbol{v}_i$ を求める問題と等価になります。

このとき，$\mathrm{rank}(\boldsymbol{A}^H\boldsymbol{A}) = r$ なので，非零の固有値が r 個存在します。したがって，r 個の非零の固有値 $\mu_1^2 \geq \mu_2^2 \geq \cdots \geq \mu_r^2 > 0$ が得られ，これより r 個の特異値 $\mu_1 \geq \mu_2 \geq \cdots \geq \mu_r > 0$ が得られます。また，対応する右特異ベクトル $\boldsymbol{v}_1, \boldsymbol{v}_2, \cdots, \boldsymbol{v}_r$ を得ます。

（2）　**左特異ベクトル**　　右特異ベクトルとまったく同様にして，式 (7.5) の両辺に左から $\boldsymbol{A}$ を乗じると，$\boldsymbol{A}\boldsymbol{A}^H\boldsymbol{u}_i = \mu_i\boldsymbol{A}\boldsymbol{v}_i$ です。右辺の $\boldsymbol{A}\boldsymbol{v}_i$ に，式 (7.4) を代入すると

$$\boldsymbol{A}\boldsymbol{A}^H\boldsymbol{u}_i = \mu^2\boldsymbol{u}_i \tag{7.7}$$

を得ます。$\mathrm{rank}(\boldsymbol{A}\boldsymbol{A}^H) = r$ なので，正の固有値が r 個存在し，それは式 (7.6) の固有値 μ_i^2 に一致します（→ 章末問題【**1**】）。そして，特異値 $\mu_1 \geq \mu_2 \geq \cdots \geq$

$\mu_r^2 > 0$ が決まり，式 (7.7) の固有ベクトルとして，左特異ベクトル $\boldsymbol{u}_1, \boldsymbol{u}_2, \cdots, \boldsymbol{u}_r$ が得られるのです。

7.1.2 特異値分解の導出

以上のように，特異値分解は $\boldsymbol{A}^H\boldsymbol{A}$ と $\boldsymbol{A}\boldsymbol{A}^H$ の固有値問題を解くことで得られます。しかし，2 回も固有値問題を解くのは煩雑です。実際には，特異値分解を求めるには，固有値問題を一度だけ解けばよいことを，以下のように示すことができます。

まず，$\boldsymbol{A}^H\boldsymbol{A}$ の固有値問題を解くことで，特異値 μ_i を持つ対角行列 $\boldsymbol{\Delta}$ と右特異ベクトル $\boldsymbol{v}_i$ を持つ右特異行列 $\boldsymbol{V}$ が得られます。したがって，式 (7.3) より

$$\boldsymbol{U} = \boldsymbol{A}\boldsymbol{V}\boldsymbol{\Delta}^{-1} \tag{7.8}$$

のように左特異ベクトルも求まるのです。

一方，$\boldsymbol{A}\boldsymbol{A}^H$ を解けば，$\boldsymbol{\Delta}$ と左特異行列 $\boldsymbol{U}$ が先に得られ，式 (7.2) より

$$\boldsymbol{V} = \boldsymbol{A}^H\boldsymbol{U}\boldsymbol{\Delta}^{-1} \tag{7.9}$$

のように右特異ベクトルが求まります。

つまり，行列 $\boldsymbol{A}$ が縦長（$M > N$）なら $\boldsymbol{A}^H\boldsymbol{A}$ の固有値問題を一度解けばよく，横長（$M < N$）であれば $\boldsymbol{A}\boldsymbol{A}^H$ の固有値問題を一度解くことによって特異値分解を求めることができるのです。

7.1.3 特異値と特異ベクトルによる表現

より一般的な表現方法は，特異値と特異ベクトルを用いるものです。行列 $\boldsymbol{A}$ のランクを $r = \mathrm{rank}(\boldsymbol{A})$ とします。このとき，式 (7.1) は

$$\boldsymbol{A} = \sum_{i=1}^{r} \mu_i \boldsymbol{u}_i \boldsymbol{v}_i^H \tag{7.10}$$

と表現することも可能です。このように特異ベクトルで表現する方法は，$\boldsymbol{A}$ のランク，つまり非零の特異値の数を明示できることがメリットです。

例 7.1　行列

$$A = \begin{bmatrix} 1 & 1 \\ 1 & -2 \\ 2 & -1 \end{bmatrix} \tag{7.11}$$

の特異値分解を求めましょう。

これは，縦長行列なので，式 (7.6) により

$$A^H A = \begin{bmatrix} 6 & -3 \\ -3 & 6 \end{bmatrix} \tag{7.12}$$

の固有値問題を解きます。固有方程式（→ 6.1.1 項）は

$$|A^H A - \lambda I| = \begin{vmatrix} 6-\lambda & -3 \\ -3 & 6-\lambda \end{vmatrix} = (6-\lambda)^2 - (-3)^2$$
$$= \lambda^2 - 12\lambda + 27 = 0$$

なので，二つの固有値 $\lambda_1 = 9$，$\lambda_2 = 3$ を得ます。したがって，特異値は $\mu_1 = 3$，$\mu_2 = \sqrt{3}$ です。それぞれに対応する固有ベクトル，つまり右特異ベクトルは $v_1 = \frac{1}{\sqrt{2}}\begin{bmatrix} 1 \\ -1 \end{bmatrix}$，$v_2 = \frac{1}{\sqrt{2}}\begin{bmatrix} 1 \\ 1 \end{bmatrix}$ なので，右特異行列

$$V = [v_1, v_2] = \frac{1}{\sqrt{2}}\begin{bmatrix} 1 & 1 \\ -1 & 1 \end{bmatrix}$$

が得られます。また，$\Delta = \mathrm{diag}([3, \sqrt{3}])$ とおくと，式 (7.8) より

$$U = \begin{bmatrix} 1 & 1 \\ 1 & -2 \\ 2 & -1 \end{bmatrix} \frac{1}{\sqrt{2}}\begin{bmatrix} 1 & 1 \\ -1 & 1 \end{bmatrix}\begin{bmatrix} \frac{1}{3} & 0 \\ 0 & \frac{1}{\sqrt{3}} \end{bmatrix} = \begin{bmatrix} 0 & \frac{2}{3\sqrt{6}} \\ \frac{1}{\sqrt{2}} & -\frac{1}{\sqrt{3}} \\ \frac{1}{\sqrt{2}} & \frac{1}{\sqrt{3}} \end{bmatrix}$$

となります。したがって，特異値分解

$$\begin{bmatrix} 1 & 1 \\ 1 & -2 \\ 2 & -1 \end{bmatrix} = \begin{bmatrix} 0 & \frac{2}{3\sqrt{6}} \\ \frac{1}{\sqrt{2}} & -\frac{1}{\sqrt{3}} \\ \frac{1}{\sqrt{2}} & \frac{1}{\sqrt{3}} \end{bmatrix} \begin{bmatrix} 3 & 0 \\ 0 & \sqrt{3} \end{bmatrix} \begin{bmatrix} \frac{1}{\sqrt{2}} & \frac{1}{\sqrt{2}} \\ -\frac{1}{\sqrt{2}} & \frac{1}{\sqrt{2}} \end{bmatrix}$$

を得ます。

7.1.4 特異値分解は値域の正規直交基底を与える

$\boldsymbol{A}$ の列ベクトルで張られる部分空間を値域といい，$R(\boldsymbol{A})$ と書くのでした（→ 4.2.3 項）。特異値分解からわかることは，「任意の行列の値域の正規直交基底が，非零の特異値に対応する左特異ベクトルで与えられる」ということです。いい換えると，値域の正規直交基底を求めたかったら，特異値分解を計算すればよい，ということになります。ここでは，$\boldsymbol{A}$ の値域 $R(\boldsymbol{A})$ の正規直交基底が特異値分解により与えられることについて見ていきます。$\boldsymbol{A}$ は，$\mathbb{C}^N$ のベクトルを，$\mathbb{C}^M$ に移す行列です。

いま，$\boldsymbol{x} \in \mathbb{C}^N$ に対して $\boldsymbol{Ax} \in R(\boldsymbol{A}) \subset \mathbb{C}^M$ です。つまり

$$\begin{aligned} \boldsymbol{y} = \boldsymbol{Ax} &= \sum_{i=1}^{r} \mu_i \boldsymbol{u}_i \boldsymbol{v}_i^H \boldsymbol{x} = \sum_{i=1}^{r} \mu_i \boldsymbol{u}_i (\boldsymbol{v}_i^H \boldsymbol{x}) \\ &= (\mu_1 a_1)\boldsymbol{u}_1 + (\mu_1 a_2)\boldsymbol{u}_2 + \cdots + (\mu_r a_r)\boldsymbol{u}_N \end{aligned} \tag{7.13}$$

です。ここで，$a_i = \boldsymbol{v}_i^H \boldsymbol{x}$ は，$\boldsymbol{x}$ と $\boldsymbol{v}_i$ の内積なのでスカラです。

$\{\boldsymbol{u}_i\}_{i=1}^r$ は，$\mathbb{C}^M$ の正規直交系なので，$\boldsymbol{y} = \boldsymbol{Ax}$ は，$\boldsymbol{u}_i$ の線形結合で表現できることがわかります。$\boldsymbol{x}$ は任意のベクトルなので，ベクトル $\boldsymbol{Ax}$ は，すべて式 (7.13) のように，$\boldsymbol{u}_i$ の線形結合で表現されます。さらに，線形結合の係数が，$\boldsymbol{x}$ と $\mathbb{C}^N$ の正規直交系 $\{\boldsymbol{v}_i\}_{i=1}^r$ との内積と，特異値 $\{\mu_i\}_{i=1}^r$ で決まることもわかります。**図 7.2** に，この様子を示します。

まとめると，$\boldsymbol{A} \in \mathbb{C}^{M \times N}$ は，$\mathbb{C}^N$ のベクトルを $\mathbb{C}^M$ に移す行列であり

- $\{\boldsymbol{u}_i\}_{i=1}^r$ は，$R(\boldsymbol{A}) \subset \mathbb{C}^M$ の正規直交基底

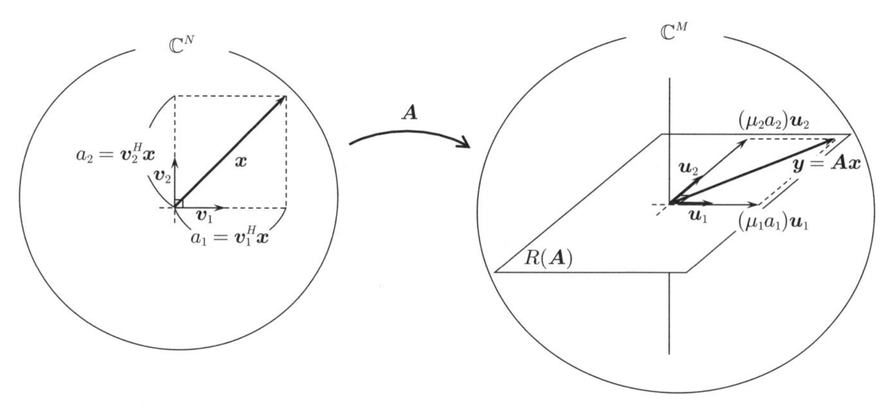

図 7.2　特異値分解により，行列の役割が明確になる様子

- $\{\boldsymbol{v}_i\}_{i=1}^r$ は，$R(\boldsymbol{A}^H) \subset \mathbb{C}^N$ の正規直交基底

であることに注意しましょう。

7.2　一 般 逆 行 列

特異値分解を用いると，正方ではない矩形行列や，フルランクではない（ランク落ちした）正方行列に一般逆行列（または擬似逆行列）と呼ばれる「逆行列のようなもの」を導入できます。これによって，連立方程式の解が不定の場合や解を持たない場合にも，何らかの「解」を決めることができるようになります。具体的には，正則ではない正方行列や，また矩形行列に「逆行列のようなもの」として一般逆行列を定義できるのです。

7.2.1　ムーア・ペンローズ一般逆行列

$M \times N$ の任意の行列 $\boldsymbol{A}$ に対して，**一般逆行列** (pseudoinverse matrix) とは

$$\boldsymbol{A}\boldsymbol{A}^{-}\boldsymbol{A} = \boldsymbol{A} \tag{7.14}$$

を満たす $N \times M$ 行列 $\boldsymbol{A}^{-}$ です。正則行列の逆行列は，式 (7.14) を満たすことはすぐにわかります。この定義は，逆行列の定義をより一般化したものになっ

ていますが，与えられた行列 $\boldsymbol{A}$ に対して，$\boldsymbol{A}^-$ は一意に決まりません。

そこで，最も広く使われるものが，以下に定義する**ムーア・ペンローズ一般逆行列**（Moore-Penrose pseudoinverse matrix）です。

定義 7.1（ムーア・ペンローズ一般逆行列）　行列 $\boldsymbol{A} \in \mathbb{C}^{M\times N}$ に対して，以下の四つの条件を満たす行列 $\boldsymbol{A}^+ \in \mathbb{C}^{N\times M}$ をムーア・ペンローズ一般逆行列と呼びます。

1. $\boldsymbol{A}\boldsymbol{A}^+\boldsymbol{A} = \boldsymbol{A}$
2. $\boldsymbol{A}^+\boldsymbol{A}\boldsymbol{A}^+ = \boldsymbol{A}^+$
3. $(\boldsymbol{A}\boldsymbol{A}^+)^H = \boldsymbol{A}\boldsymbol{A}^+$
4. $(\boldsymbol{A}^+\boldsymbol{A})^H = \boldsymbol{A}^+\boldsymbol{A}$

以後，ムーア・ペンローズ一般逆行列のことを簡単のために一般逆行列と呼ぶことにします。この 4 条件を満たす $\boldsymbol{A}^+$ は，任意行列に対して一意に定まります。この一意性は，つぎのように示すことができます。

$\boldsymbol{A}$ の一般逆行列として，$\boldsymbol{A}^+ = \boldsymbol{X}$ のほかに $\boldsymbol{Y}$ も存在するとしましょう。このとき，$\boldsymbol{X}$ と $\boldsymbol{Y}$ は定義 7.1 の 4 条件を満たします。したがって，$\boldsymbol{X} = \boldsymbol{X}\boldsymbol{A}\boldsymbol{X} = (\boldsymbol{X}\boldsymbol{A})^H\boldsymbol{X} = \boldsymbol{A}^H\boldsymbol{X}^H\boldsymbol{X} = \boldsymbol{A}^H\boldsymbol{Y}^H\boldsymbol{A}^H\boldsymbol{X}^H\boldsymbol{X} = \boldsymbol{A}^H\boldsymbol{Y}^H\boldsymbol{X}\boldsymbol{A}\boldsymbol{X} = \boldsymbol{A}^H\boldsymbol{Y}^H\boldsymbol{X} = \boldsymbol{Y}\boldsymbol{A}\boldsymbol{X} = \boldsymbol{Y}\boldsymbol{A}\boldsymbol{Y}\boldsymbol{A}\boldsymbol{X} = \boldsymbol{Y}\boldsymbol{Y}^H\boldsymbol{A}^H\boldsymbol{X}^H\boldsymbol{A}^H = \boldsymbol{Y}\boldsymbol{Y}^H\boldsymbol{A}^H = \boldsymbol{Y}\boldsymbol{A}\boldsymbol{Y} = \boldsymbol{Y}$ より一意性が示されました。

7.2.2　特異値分解による表現

一般逆行列 $\boldsymbol{A}^+$ は，式 (7.10) で与えられる $\boldsymbol{A}$ の特異値分解

$$\boldsymbol{A} = \sum_{i=1}^{r} \mu_i \boldsymbol{u}_i \boldsymbol{v}_i^H$$

を用いて

$$\boldsymbol{A}^+ = \sum_{i=1}^{r} \frac{1}{\mu_i} \boldsymbol{v}_i \boldsymbol{u}_i^H \tag{7.15}$$

によって具体的に定まります。実際に，式 (7.15) が定義 7.1 の 4 条件を満たしていることを示すことができます（→ 章末問題【**3**】)。また，特異行列を用いて表現することもできます。特異値分解 $\boldsymbol{A} = \boldsymbol{U}\boldsymbol{\Delta}\boldsymbol{V}^H$ に対して

$$\boldsymbol{A}^+ = \boldsymbol{V}\boldsymbol{\Delta}^{-1}\boldsymbol{U}^H \tag{7.16}$$

となります。

以下に挙げる一般逆行列の性質は，特異値分解から確認できます。

- 一般逆行列の一般逆行列：

$$(\boldsymbol{A}^+)^+ = \boldsymbol{A}$$

（式 (7.15) で，$1/\mu_i$ の逆数を取ることに相当する）

- 式 (7.15) のエルミート転置は，エルミート転置の特異値分解に一致：

$$(\boldsymbol{A}^+)^H = (\boldsymbol{A}^H)^H \tag{7.17}$$

- つぎの関係が成立（→ 章末問題【**4**】)：

$$(\boldsymbol{A}\boldsymbol{A}^H)^+ = (\boldsymbol{A}^H)^+\boldsymbol{A}^+ \tag{7.18}$$

- $R(\boldsymbol{A}^+) = R(\boldsymbol{A}^H)$（両辺ともに $\{\boldsymbol{v}\}_{i=1}^r$ で張られる部分空間になっている）

7.2.3 逆行列を介した表現

一般逆行列について，つぎの関係

$$\boldsymbol{A}^+ = (\boldsymbol{A}^H\boldsymbol{A})^+\boldsymbol{A}^H = \boldsymbol{A}^H(\boldsymbol{A}\boldsymbol{A}^H)^+ \tag{7.19}$$

が成り立ちます。

これは，つぎのように示すことができます。$r = \mathrm{rank}(\boldsymbol{A})$ のとき，特異値分解の式 (7.10) を用いることで，式 (7.19) の一つ目については

$$\begin{aligned}(\boldsymbol{A}^H\boldsymbol{A})^+\boldsymbol{A}^H &= \left[\left(\sum_{i=1}^r \mu_i\boldsymbol{v}_i\boldsymbol{u}_i^H\right)\left(\sum_{i=1}^r \mu_i\boldsymbol{u}_i\boldsymbol{v}_i^H\right)\right]^+\left(\sum_{i=1}^r \mu_i\boldsymbol{v}_i\boldsymbol{u}_i^H\right)\\ &= \left(\sum_{i=1}^r\sum_{j=1}^r \mu_i\mu_j\boldsymbol{v}_i(\boldsymbol{u}_i^H\boldsymbol{u}_j)\boldsymbol{v}_j^H\right)^+\left(\sum_{i=1}^r \mu_i\boldsymbol{v}_i\boldsymbol{u}_i^H\right)\end{aligned}$$

$$
\begin{aligned}
&= \left(\sum_{i=1}^{r} \mu_i^2 \boldsymbol{v}_i \boldsymbol{v}_i^H\right)^+ \left(\sum_{i=1}^{r} \mu_i \boldsymbol{v}_i \boldsymbol{u}_i^H\right) \\
&= \left(\sum_{i=1}^{r} \frac{1}{\mu_i^2} \boldsymbol{v}_i \boldsymbol{v}_i^H\right) \left(\sum_{i=1}^{r} \mu_i \boldsymbol{v}_i \boldsymbol{u}_i^H\right) \\
&= \sum_{i=1}^{r} \sum_{j=1}^{r} \frac{1}{\mu_i^2} \mu_j \boldsymbol{v}_i (\boldsymbol{v}_i^H \boldsymbol{v}_j) \boldsymbol{u}_j^H \\
&= \sum_{i=1}^{r} \frac{1}{\mu_i} \boldsymbol{v}_i \boldsymbol{u}_i^H
\end{aligned}
$$

のように示されます。2 行目から 3 行目，5 行目から 6 行目の式変形には，それぞれ $\{\boldsymbol{u}_i\}_{i=1}^r$，$\{\boldsymbol{v}_i\}_{i=1}^r$ の直交性を用いています[†1]。

また，二つ目については，同様に直交性を用いて計算すると

$$
\begin{aligned}
\boldsymbol{A}^H(\boldsymbol{A}\boldsymbol{A}^H)^+ &= \left(\sum_{i=1}^{r} \mu_i \boldsymbol{v}_i \boldsymbol{u}_i^H\right) \left[\left(\sum_{i=1}^{r} \mu_i \boldsymbol{u}_i \boldsymbol{v}_i^H\right) \left(\sum_{i=1}^{r} \mu_i \boldsymbol{v}_i \boldsymbol{u}_i^H\right)\right]^+ \\
&= \left(\sum_{i=1}^{r} \mu_i \boldsymbol{v}_i \boldsymbol{u}_i^H\right) \left(\sum_{i=1}^{r} \mu_i^2 \boldsymbol{u}_i \boldsymbol{u}_i^H\right)^+ \\
&= \left(\sum_{i=1}^{r} \mu_i \boldsymbol{v}_i \boldsymbol{u}_i^H\right) \left(\sum_{i=1}^{r} \frac{1}{\mu_i^2} \boldsymbol{u}_i \boldsymbol{u}_i^H\right) \\
&= \sum_{i=1}^{r} \frac{1}{\mu_i} \boldsymbol{v}_i \boldsymbol{u}_i^H \\
&= \boldsymbol{A}^+
\end{aligned}
$$

が成立します。

式 (7.19) について，行列 $\boldsymbol{A}$ のサイズ $M \times N$ が行フルランク，または列フルランク（→ 3.3.2 項）の場合について考察します[†2]。このとき，一般逆行列は

[†1] 直交性を用いて $i \neq j$ の項を消去する計算は頻出するので，慣れておくと便利です。

[†2] $M > N$（$\boldsymbol{A}$ が縦長）のとき $\mathrm{rank}(\boldsymbol{A}) \leq N$ です。等号が成り立つ場合，つまり $\mathrm{rank}(\boldsymbol{A}) = N$ のとき，$\boldsymbol{A}$ は列フルランクです。つぎに，$M \leq N$（$\boldsymbol{A}$ が横長）のとき $\mathrm{rank}(\boldsymbol{A}) \leq M$ となります。等号が成り立つ場合，つまり $\mathrm{rank}(\boldsymbol{A}) = M$ のとき，$\boldsymbol{A}$ は行フルランクです。ただし，実際のデータを扱うと，行フルランクまたは列フルランクであることがほとんどです。

以下のように逆行列を用いることで表現できます。

（1） $M > N$（縦長行列）の場合　$\boldsymbol{A}$ のランクが N のとき，$\boldsymbol{A}^H\boldsymbol{A}$ は $N \times N$ の正方行列であり，フルランクを持ちます。したがって $\boldsymbol{A}^H\boldsymbol{A}$ の一般逆行列は，通常の逆行列に一致するので，式 (7.19) は

$$\boldsymbol{A}^+ = (\boldsymbol{A}^H\boldsymbol{A})^{-1}\boldsymbol{A}^H \tag{7.20}$$

のように表現できます。

（2） $M < N$（横長行列）の場合　$\boldsymbol{A}$ のランクが M のとき，$\boldsymbol{A}\boldsymbol{A}^H$ は $M \times M$ の正方行列であり，フルランクを持ちます。したがって $\boldsymbol{A}\boldsymbol{A}^H$ の一般逆行列は，通常の逆行列に一致するので，式 (7.19) は

$$\boldsymbol{A}^+ = \boldsymbol{A}^H(\boldsymbol{A}\boldsymbol{A}^H)^{-1} \tag{7.21}$$

となります。

例 7.2　例 7.1 の行列

$$\boldsymbol{A} = \begin{bmatrix} 1 & 1 \\ 1 & -2 \\ 2 & -1 \end{bmatrix}$$

の一般化逆行列は，式 (7.12) の $\boldsymbol{A}^H\boldsymbol{A}$ について

$$|\boldsymbol{A}^H\boldsymbol{A}| = \begin{vmatrix} 6 & -3 \\ -3 & 6 \end{vmatrix} = 6^2 - (-3)^2 = 27$$

なので逆行列が存在します。したがって，式 (7.20) より

$$\begin{aligned}\boldsymbol{A}^+ &= (\boldsymbol{A}^H\boldsymbol{A})^{-1}\boldsymbol{A}^H \\ &= \frac{1}{27}\begin{bmatrix} 6 & 3 \\ 3 & 6 \end{bmatrix}\begin{bmatrix} 1 & 1 & 2 \\ 1 & -2 & -1 \end{bmatrix} = \frac{1}{3}\begin{bmatrix} 1 & 0 & 1 \\ 1 & -1 & 0 \end{bmatrix}\end{aligned} \tag{7.22}$$

を得ます。

7.2.4　一般逆行列による正射影の表現

5.2.3 項で扱った正射影は，一般逆行列を用いると容易に得ることができます。ある行列 $\boldsymbol{A} \in \mathbb{C}^{M \times N}$ の値域（列ベクトルが張る部分空間）$R(\boldsymbol{A})$ への正射影行列は

$$\boldsymbol{P}_{R(\boldsymbol{A})} = \boldsymbol{A}\boldsymbol{A}^{+} \tag{7.23}$$

で与えられます。同様にして，$\boldsymbol{A}^H$ の値域 $R(\boldsymbol{A}^H)$ への正射影行列は

$$\boldsymbol{P}_{R(\boldsymbol{A}^H)} = \boldsymbol{A}^{+}\boldsymbol{A} \tag{7.24}$$

これらの行列は，正射影行列の条件である式 (5.16) と (5.17) を満たします（→章末問題【**5**】)。これらの正射影行列が二つの空間 $\mathbb{C}^N$ と $\mathbb{C}^M$ でどのような振舞いをしているのか示したものが，**図 7.3** です。

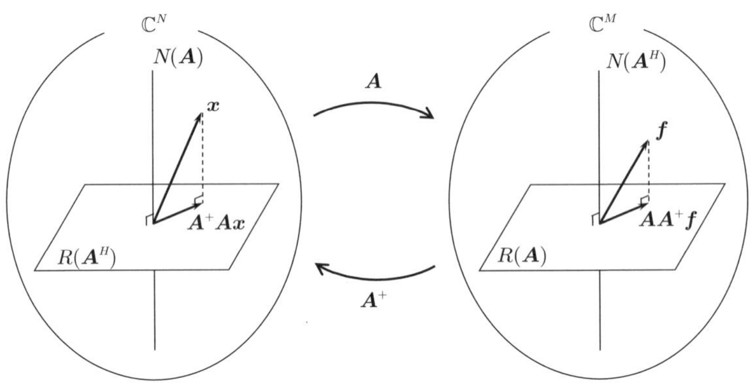

図 7.3　$\boldsymbol{A}^{+}\boldsymbol{A}$ と $\boldsymbol{A}\boldsymbol{A}^{+}$ がそれぞれ，$\mathbb{C}^N$ における部分空間 $R(\boldsymbol{A}^H)$ への，$\mathbb{C}^M$ における部分空間 $R(\boldsymbol{A})$ への正射影行列になっている

例 7.3　　ベクトル $\boldsymbol{f} \in \mathbb{C}^M$ の $R(\boldsymbol{A})$ への正射影を $\hat{\boldsymbol{f}}$ とします。このとき，$\hat{\boldsymbol{f}}$ は $\boldsymbol{f} - \hat{\boldsymbol{f}}$ と直交しなくてはなりません。$\hat{\boldsymbol{f}} = \boldsymbol{A}\boldsymbol{A}^{+}\boldsymbol{f}$ とおくと

$$\langle \boldsymbol{A}\boldsymbol{A}^{+}\boldsymbol{f}, \boldsymbol{f} - \boldsymbol{A}\boldsymbol{A}^{+}\boldsymbol{f} \rangle = \boldsymbol{f}^H\boldsymbol{A}\boldsymbol{A}^{+}\boldsymbol{f} - \boldsymbol{f}^H(\boldsymbol{A}\boldsymbol{A}^{+})^H\boldsymbol{A}\boldsymbol{A}^{+}\boldsymbol{x}$$

$$
\begin{aligned}
&= \boldsymbol{f}^H \boldsymbol{A}\boldsymbol{A}^+ \boldsymbol{f} - \boldsymbol{f}^H \boldsymbol{A}\boldsymbol{A}^+ \boldsymbol{A}\boldsymbol{A}^+ \boldsymbol{f} \\
&= \boldsymbol{f}^H \boldsymbol{A}\boldsymbol{A}^+ \boldsymbol{f} - \boldsymbol{f}^H (\boldsymbol{A}\boldsymbol{A}^+ \boldsymbol{A})\boldsymbol{A}^+ \boldsymbol{f} \\
&= \boldsymbol{f}^H \boldsymbol{A}\boldsymbol{A}^+ \boldsymbol{f} - \boldsymbol{f}^H \boldsymbol{A}\boldsymbol{A}^+ \boldsymbol{f} \\
&= 0
\end{aligned}
$$

となり，確かに直交することが示されました。ここで，定義 7.1 の条件 3 と条件 1 を使っています。

また，特異値分解を用いると

$$
\begin{aligned}
\boldsymbol{P}_{R(\boldsymbol{A})} = \boldsymbol{A}\boldsymbol{A}^+ &= \left(\sum_{i=1}^{r} \mu_i \boldsymbol{u}_i \boldsymbol{v}_i^H\right)\left(\sum_{i=1}^{r} \frac{1}{\mu_i} \boldsymbol{v}_i \boldsymbol{u}_i^H\right) = \sum_{i=1}^{r} \boldsymbol{u}_i \boldsymbol{u}_i^H \\
&= \boldsymbol{U}\boldsymbol{\Lambda}\boldsymbol{V}^H \boldsymbol{V}\boldsymbol{\Lambda}^{-1}\boldsymbol{U}^H = \boldsymbol{U}\boldsymbol{U}^H
\end{aligned}
$$

となります。つまり，正射影行列は $\boldsymbol{A}$ の左特異ベクトル，つまり $\boldsymbol{A}\boldsymbol{A}^H$ の固有ベクトルで構成されます。第 1 式はベクトル表現，第 2 式は行列表現です。

同様にして

$$
\begin{aligned}
\boldsymbol{P}_{R(\boldsymbol{A}^H)} = \boldsymbol{A}^+\boldsymbol{A} &= \left(\sum_{i=1}^{r} \frac{1}{\mu_i} \boldsymbol{v}_i \boldsymbol{u}_i^H\right)\left(\sum_{i=1}^{r} \mu_i \boldsymbol{u}_i \boldsymbol{v}_i^H\right) = \sum_{i=1}^{r} \boldsymbol{v}_i \boldsymbol{v}_i^H \\
&= \boldsymbol{V}\boldsymbol{\Lambda}^{-1}\boldsymbol{U}^H \boldsymbol{U}\boldsymbol{\Lambda}\boldsymbol{V}^H = \boldsymbol{V}\boldsymbol{V}^H
\end{aligned}
$$

となり，$\boldsymbol{A}$ の右特異ベクトル，つまり $\boldsymbol{A}^H\boldsymbol{A}$ の固有ベクトルで構成されることがわかります。

7.2.5 連立 1 次方程式の解

連立 1 次方程式は

$$
\boldsymbol{A}\boldsymbol{x} = \boldsymbol{f} \tag{7.25}
$$

のように，行列で表現できることは，第 3 章で述べました。ここで $\boldsymbol{A}$ は，$M \times N$ の行列（$\boldsymbol{A} \in \mathbb{C}^{M \times N}$）です。

もし，$M = N$ で，かつ $\boldsymbol{A}$ が正則であれば（フルランクを持てば），解 $\boldsymbol{x}$ は

$$\boldsymbol{x} = \boldsymbol{A}^{-1}\boldsymbol{f}$$

のように明示的に表現できます。

一般の $\boldsymbol{A} \in \mathbb{C}^{M \times N}$ に対しては，解が存在しても一意に定まらない（不定）場合や，解がそもそも存在しない（不能）場合があります。

（1） 解の存在の確認方法　3.3.2 項で述べたように，解が存在するのは，$\boldsymbol{A}$ と拡大行列 $[\boldsymbol{A}|\boldsymbol{f}]$ のランクが一致 $(\mathrm{rank}\boldsymbol{A} = \mathrm{rank}[\boldsymbol{A}|\boldsymbol{f}])$ している場合です。ランクを確認するにはガウスの消去法を適用すればよいのですが，ここでは一般逆行列を用いる方法について考察します。式 (7.25) が成り立っているのであれば，$\boldsymbol{f} \in R(\boldsymbol{A})$ であるということです。つまり，図 7.3 のように，$\boldsymbol{f} \notin R(\boldsymbol{A})$ であれば，式 (7.25) を満たす $\boldsymbol{x}$ はそもそも存在しません。

したがって，$\boldsymbol{f} \in R(\boldsymbol{A})$ かどうかは，$\boldsymbol{f}$ を $R(\boldsymbol{A})$ に射影して，それが $\boldsymbol{f}$ に一致するかを確認すればよいのです。つまり，$R(\boldsymbol{A})$ への正射影行列 $\boldsymbol{P}_{R(\boldsymbol{A})}$ を用いて

$$\boldsymbol{f} \in R(\boldsymbol{A}) \Longleftrightarrow \boldsymbol{P}_{R(\boldsymbol{A})}\boldsymbol{f} = \boldsymbol{f}$$

です。$\boldsymbol{P}_{R(\boldsymbol{A})}$ は式 (7.23) から決まるので特異値分解（固有値分解）を用いれば解の存在を確認することができるのです。

（2） 解が不定の場合　解が存在する場合でも，$\boldsymbol{A}$ が正方行列でなかったり，正方であってもフルランクを持たない場合，解は一意に決まりません。典型的な例は，$M < N$ の場合，つまり $\boldsymbol{A}$ が横長の行列の場合です。このとき，未知数より方程式の数が少ないことからも，解が一意に決まらないことが理解できます。式 (7.25) の解として

$$\boldsymbol{x} = \boldsymbol{A}^{+}\boldsymbol{f} \tag{7.26}$$

を選択することができます。実際，式 (7.26) を (7.25) に代入すると，解が存在する場合（$\boldsymbol{P}_{R(\boldsymbol{A})}\boldsymbol{f} = \boldsymbol{f}$）は

$$\boldsymbol{Ax} = \boldsymbol{A}(\boldsymbol{A}^+\boldsymbol{f}) = \boldsymbol{P}_{R(\boldsymbol{A})}\boldsymbol{f} = \boldsymbol{f}$$

となるので，式 (7.26) が解の一つであることがいえます。

わざわざ「解の一つ」と述べたのには理由があります。$\boldsymbol{A}$ の零空間 $N(\boldsymbol{A})$ における任意のベクトル $\boldsymbol{h} \in N(\boldsymbol{A})$ を取れば

$$\boldsymbol{x} = \boldsymbol{A}^+\boldsymbol{f} + \boldsymbol{h} \tag{7.27}$$

も式 (7.25) の解です。

7.2.2 項で述べたように，$R(\boldsymbol{A}^+) = R(\boldsymbol{A}^H)$ なので，$\boldsymbol{A}^+\boldsymbol{f} \in R(\boldsymbol{A}^H)$ であり，また式 (5.22)（$R(\boldsymbol{A}^H)^\perp = N(\boldsymbol{A})$）から，式は $\mathbb{C}^N$ の直交直和を与えている表現です。式 (7.27) の $\boldsymbol{h}$ は，$N(\boldsymbol{A}) = R(\boldsymbol{A}^H)^\perp$ への正射影行列

$$\boldsymbol{P}_{N(\boldsymbol{A})} = \boldsymbol{P}_{R(\boldsymbol{A}^H)^\perp} = \boldsymbol{I} - \boldsymbol{P}_{R(\boldsymbol{A}^H)} = \boldsymbol{I} - \boldsymbol{A}^+\boldsymbol{A}$$

を用いて，$\boldsymbol{h} = (\boldsymbol{I} - \boldsymbol{A}^+\boldsymbol{A})\boldsymbol{k}$ と表現できます。ここで，$\boldsymbol{k}$ は任意のベクトル $\boldsymbol{k} \in \mathbb{C}^N$ です。以上をまとめると，連立 1 次方程式 (7.25) の一般解は

$$\boldsymbol{x} = \boldsymbol{A}^+\boldsymbol{f} + (\boldsymbol{I} - \boldsymbol{A}^+\boldsymbol{A})\boldsymbol{k} \tag{7.28}$$

と与えられます。**図 7.4** に解の空間的な関係を示します。式 (7.28) の第 1 項と第 2 項が直交することは，$\langle \boldsymbol{A}^+\boldsymbol{f}, (\boldsymbol{I} - \boldsymbol{A}^+\boldsymbol{A})\boldsymbol{k}\rangle = \boldsymbol{k}^H(\boldsymbol{I} - \boldsymbol{A}^+\boldsymbol{A})^H\boldsymbol{A}^+\boldsymbol{f} =$

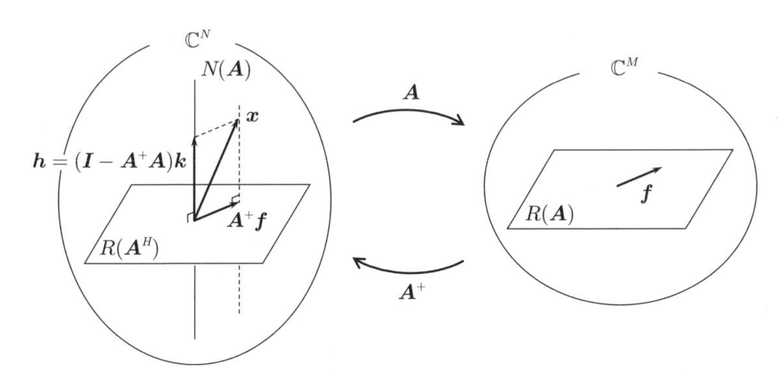

図 7.4　$\boldsymbol{Ax} = \boldsymbol{f}$ の一般解が，$\boldsymbol{A}^+\boldsymbol{f} \in R(\boldsymbol{A}^H)$ と $\boldsymbol{h} \in N(\boldsymbol{A}) = R(\boldsymbol{A}^H)^\perp$ の和で決まる様子

$\boldsymbol{k}^H(\boldsymbol{A}^+ - \boldsymbol{A}^+\boldsymbol{A}\boldsymbol{A}^+)\boldsymbol{f} = 0$ となることからもわかります。ここで，定義 7.1 の条件 2 と 4 を用いました。したがって，(7.28) には三平方の定理が適用でき

$$\|\boldsymbol{x}\|^2 = \|\boldsymbol{A}^+\boldsymbol{f}\|^2 + \|(\boldsymbol{I} - \boldsymbol{A}^+\boldsymbol{A})\boldsymbol{k}\|^2$$

が成り立ちます。$\|\boldsymbol{x}\|^2$ の最小値は $\boldsymbol{k} = \boldsymbol{o}$ のとき与えられることがわかるので，解 $\boldsymbol{x} = \boldsymbol{A}^+\boldsymbol{f}$ は任意の解のうちノルムが最も小さくなるような解（最小ノルム解）であるといえます。

（3）解が存在しない場合　$\boldsymbol{A}\boldsymbol{x} = \boldsymbol{f}$ となる解が存在しない場合は，$\boldsymbol{f}$ と $\boldsymbol{A}\boldsymbol{x}$ が最も近くなるように $\boldsymbol{x}$ を選ぶことで，解の代わりとして用いることがあります。つまり，$\boldsymbol{A}\boldsymbol{x}$ が $\boldsymbol{f}$ の $R(\boldsymbol{A})$ への正射影となるような $\hat{\boldsymbol{x}}$ を見つけ，これを $\boldsymbol{x}$ の近似解とするのです。これを $\boldsymbol{f}$ の**最良近似**（best approximation）と呼びます。つまり，$\boldsymbol{A}\boldsymbol{x} = \boldsymbol{f}$ の代わりに

$$\boldsymbol{A}\hat{\boldsymbol{x}} = \boldsymbol{P}_{R(\boldsymbol{A})}\boldsymbol{f}$$

を解けばよいことがわかります。$\boldsymbol{P}_{R(\boldsymbol{A})} = \boldsymbol{A}\boldsymbol{A}^+$ であることに注意すると，この一般解は，式 (7.28) より

$$\begin{aligned}\hat{\boldsymbol{x}} &= \boldsymbol{A}^+(\boldsymbol{A}\boldsymbol{A}^+\boldsymbol{f}) + (\boldsymbol{I} - \boldsymbol{A}^+\boldsymbol{A})\boldsymbol{k} \\ &= \boldsymbol{A}^+\boldsymbol{f} + (\boldsymbol{I} - \boldsymbol{A}^+\boldsymbol{A})\boldsymbol{k} \qquad (7.29)\end{aligned}$$

となり，式 (7.28) とまったく同じ形を持ちます。ここで，定義 7.1 の条件 2 を使っています。

最良近似解は，$\boldsymbol{A}\boldsymbol{x}$ と $\boldsymbol{f}$ の距離 $\|\boldsymbol{A}\boldsymbol{x} - \boldsymbol{f}\|$ を最小にする解です。これについては，第 9 章で詳しく述べます。

例 7.4　連立方程式

$$\begin{cases} x + y = 1 \\ x - 2y = -1 \\ 2x - 1 = 6 \end{cases}$$

について考えましょう。この連立方程式を $\boldsymbol{Ax} = \boldsymbol{f}$ と表現すると，$\boldsymbol{A}$ は例 7.1 の式 (7.11) で与えられます。したがって，一般逆行列 $\boldsymbol{A}^+$ は，例 7.2 の式 (7.22) で与えられます。また，$\boldsymbol{f} = [1, -1, 6]^T$ です。

この連立方程式が解を持つかどうか調べるために，$\boldsymbol{AA}^+\boldsymbol{f}$ を計算すると

$$\boldsymbol{AA}^+\boldsymbol{f} = \begin{bmatrix} 1 & 1 \\ 1 & -2 \\ 2 & -1 \end{bmatrix} \frac{1}{3} \begin{bmatrix} 1 & 0 & 1 \\ 1 & -1 & 0 \end{bmatrix} \begin{bmatrix} 1 \\ -1 \\ 6 \end{bmatrix} = \begin{bmatrix} 3 \\ 1 \\ 4 \end{bmatrix} \neq \boldsymbol{f}$$

となり，解を持ちません。これは，2 次元平面に**図 7.5** のように三つの直線を書いてみると，共通する点を持たないので一目瞭然です。

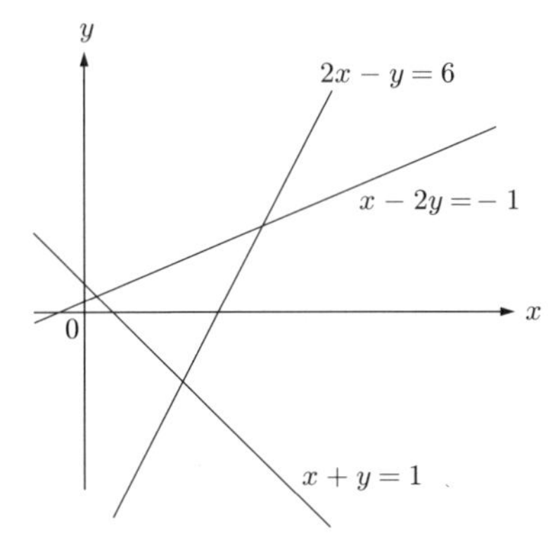

図 7.5　三つの直線 $x + y = 1$，$x - 2y = -1$，$2x - y = 6$ は共通する点を持たない

そこで，式 (7.29) より，近似解

$$\hat{\boldsymbol{x}} = \boldsymbol{A}^+\boldsymbol{f} + (\boldsymbol{I} - \boldsymbol{A}^+\boldsymbol{A})\boldsymbol{k} = \frac{1}{3} \begin{bmatrix} 1 & 0 & 1 \\ 1 & -1 & 0 \end{bmatrix} \begin{bmatrix} 1 \\ -1 \\ 6 \end{bmatrix} = \begin{bmatrix} \frac{7}{3} \\ \frac{2}{3} \end{bmatrix}$$

を得ます。ちなみに，$\boldsymbol{I} - \boldsymbol{A}^+\boldsymbol{A}$ を計算すると $\boldsymbol{O}$ となります。これは $N(\boldsymbol{A}) = \{\boldsymbol{o}\}$ を意味しています。

7.3 む す び

本章で扱った内容をより深く掘り下げたい読者は，柳井・竹内の名著[3)]に挑戦してみてください。一般逆行列についてここまで細かく解説した成書は，和書・洋書を含めてもないと思われます。

章 末 問 題

【1】 $\boldsymbol{A}^H\boldsymbol{A}$ と $\boldsymbol{A}\boldsymbol{A}^H$ の固有値は一致することを示せ。

【2】 式 (7.8) で決まる $\boldsymbol{U}$ の列直交性 $\boldsymbol{U}^H\boldsymbol{U} = \boldsymbol{I}$ を確認せよ。

【3】 行列 $\boldsymbol{A}$ のランクを p とする。この特異値分解 $\boldsymbol{A} = \sum_{i=1}^{p} \mu_i \boldsymbol{u}_i \boldsymbol{v}_i^H$ から決まる行列 $\boldsymbol{A}^+ = \sum_{i=1}^{p} \frac{1}{\mu_i} \boldsymbol{v}_i \boldsymbol{u}_i^H$ は，定義 7.1 の 4 条件を満たすことを示せ。

【4】 行列 $\boldsymbol{A} \in \mathbb{C}^{M \times N}$ $(M > N)$ の特異値分解 $\boldsymbol{A} = \boldsymbol{U}\boldsymbol{\Delta}\boldsymbol{V}^H$ において，$\boldsymbol{U}^H\boldsymbol{U} = \boldsymbol{I}$ が成り立つことを示せ。ただし，$\boldsymbol{A}$ の列ベクトルは一次独立，つまり $\mathrm{rank}(\boldsymbol{A}) = N$ であるとする。

【5】 行列 $\boldsymbol{P} = \boldsymbol{A}\boldsymbol{A}^+$ は，$\boldsymbol{P}^2 = \boldsymbol{P}$，$\boldsymbol{P}^H = \boldsymbol{P}$ の二つの条件を満たすことを示せ。

8 確率ベクトル

Next SIP

これまでは，ユークリッド空間のベクトル $\boldsymbol{x}$ には，何らかの決まった値が入っているものとして扱ってきました。しかしながら，実際に観測するまでは不確定なベクトルもたくさんあります。東京と大阪の気温で 2 成分を持つベクトルを構成した場合，実際の値は測ってみるまでわかりませんが，マイナス 20°C や，プラス 50°C などになることはありえないということはいえます。このように，「値の持つ傾向はわかっているが，実際の値は観測するまで不確定」な場合，ベクトルは確率的であるといいます。

確率的なベクトル（確率ベクトル）の考え方は信号処理や機械学習を理解するうえでとても大切です。確率論は，不確かな現象（観測するまでわからない現象）について，「わからないものはわからない」と諦めず，どれくらい不確かなのか，不確かさにはどのような傾向があるのかを数理的に記述する手段です。コインを投げたときに，表が出るか，裏が出るかは誰もがわかりません。ただ，何千回，何万回も投げたとき，投げた回数の半分は表になりそうです。そこで，人間の側が「無限回投げたら半分は表が出る」と決めてしまいます。これを確率といいます。確率は人間が天下り的に決めてもよいですし，たくさんの観測を基に決めても構いません。観測を基に確率を決める方法を統計学と呼びます。

なお，本章ではすべて変数の範囲を実数に限ります。複素数の確率を論じることも可能ですが，本書の範囲を大きく超えるためです。また，確率と統計について基本的な数々の数理統計学の成書があるので，ここでは最低限必要な知識だけ身につけ，細かいことは確率論や統計学の成書を参照してください。

8.1 確　　率

8.1.1 標本空間と事象

まずはどのような現象を扱うかを決める必要があります。コインを投げるのか，サイコロを振るのか，または天気を観測するのか，飛んでくる電波の強度を調べるのか，いずれにせよ観測するまでわからない現象を設定します。そのとき，観測しうる「値」の集合が決定するでしょう。コインの場合なら，「表」「裏」，サイコロの場合なら1から6の数のいずれか，天気であれば，絶対温度0K以上の実数（正の実数），電波であれば，アンテナを介して観測する電圧，つまりすべての実数であったりします。観測しうる「値」と書いたのは，コインやおみくじのように，得られる観測は数値とは限らないからです。ただ，便宜上数値を割り当てることは可能です。コインの裏には0，表には1といった具合です。

このように，取りうる値すべての集合を**標本空間**（sample space）と呼びます。標本空間は集合なので，そこに部分集合を定義できます。標本空間の部分集合のことを**事象**（event）と呼びます（**図 8.1**）。標本空間には，数えられるものと数えられないものがあることに注意します。サイコロの目は数えられますが，気温は実数なので数えられません†。標本空間を S とおくと，集合の記号を使って

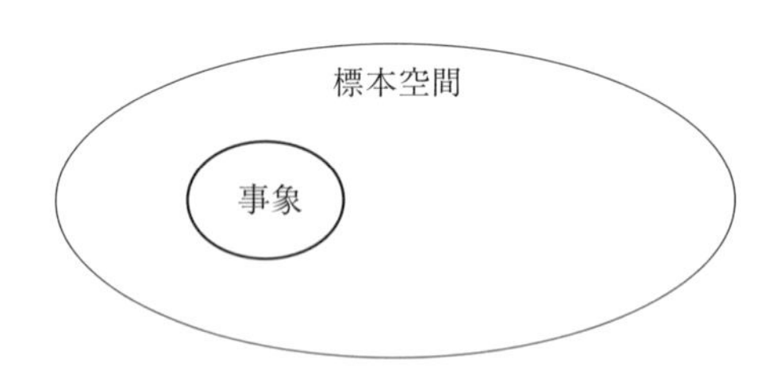

図 8.1　標本空間と事象の関係

† 「数えられない」とは，実数が不可算集合という性質を持つからです。詳しくは解析学の成書を参考にしてください。

- サイコロの場合 $S = \{X|X = 1, 2, 3, 4, 5, 6\}$
- 絶対温度の場合 $S = \{X|X \geq 0\}$

となることは理解できるでしょう。この標本空間のなかの値のどれかを指し示す変数 X を**確率変数**（random variable）といいます。

8.1.2 確率の公理

ここまで準備したら，確率を導入することができます。確率論における確率は数理的に厳密に定義されますが，ここでは直観的に導入します。つまり，ある事象を無限回観測したときに，どれくらいの頻度で観測されるかを決めたものを確率とします。そうすると，サイコロの場合，それぞれの目は全観測数の $\frac{1}{6}$ の割合で観測されると思い切って決めてしまいます。これを**確率**（probability）と呼びます。確率変数 X が値 x を取る確率を $P(X = x)$ と表記します。例えば，サイコロの目が 2 である確率は $P(X = 2)$ と表記します。

そのうえで，確率変数のそれぞれの値に対応する確率（確率変数の関数）を**確率分布**（probability distribution）と呼びます。サイコロの目の確率分布は

$$P(X = k) = \frac{1}{6}, \quad k = 1, 2, 3, 4, 5, 6$$

と表現することが可能です。ここで「可能です」と述べたのは，1 の目が出る確率を $\frac{1}{10}$，2 の目が出る確率を $\frac{1}{2}$ と決めてもいいのです。ただし，それが現実世界をうまく説明できるかはまた別の問題です。この確率分布を定義したうえで，確率変数がどのような傾向を持つのか調べるのが確率論です。

ただし，確率分布におけるそれぞれの確率はむやみに決めてよいわけでなく，**確率の公理**（axioms of probability）と呼ばれる条件を満たす必要があります。

定義 8.1（確率の公理）　標本空間 S と事象 $A \subset S$ に対して，以下の公理を満たす $P(A)$ を確率と呼びます。

(1)　$P(A) \geq 0$

(2)　$P(S) = 1$

(3)　$n \neq m$ に対して，$A_n \cap A_m = \emptyset$ のとき

$$P\left(\bigcap_{n=1}^{N} A_n\right) = \sum_{n=1}^{N} P(A_n)$$

ここで，$\emptyset$ は空集合を表す記号です。

数えられない，つまり実数の標本空間を持つ確率はどのようになるでしょうか。例えば，**図 8.2** のように，回転盤に向けて矢を射る場合を考えます（宝くじの抽選で使われたりします）。矢の当たる位置を基準点からの角度で数量化すると，標本空間は

$$S = \{\Theta | 0 \leq \Theta < 2\pi\}$$

となります。この確率変数 Θ は実数を取りますので数えられません。そこで，実数の場合は区間を分割して確率を定義します。例えば，宝くじの抽選と同じように，2π を 10 分割すれば，$n = 0, 1, \cdots, 9$ に対して，10 個の事象

$$A_n = \left\{\Theta \left| \frac{2\pi}{10} n \leq \Theta < \frac{2\pi}{10}(n+1)\right.\right\}$$

を定義できます。宝くじの抽選の場合は

$$P(A_n) = \frac{1}{10}$$

と，確率分布を定義しており，宝くじを買う人たちもそれが理にかなっていると思うから抽選は公平と認めているわけです。

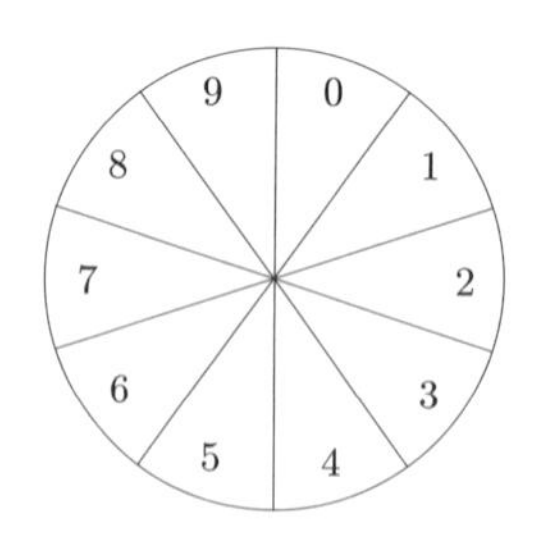

図 8.2　宝くじの的。円盤が均等に 10 分割され，0 から 9 までの数が割り当てられている

ところで，前述の $P(A_n)$ は

$$P\left(\frac{2\pi}{10}n \leq \Theta < \frac{2\pi}{10}(n+1)\right) = \frac{1}{10}$$

と書くこともできます†。そうすると，円周を N 等分すれば n 番目の区間に矢が当たる確率は

$$P\left(\frac{2\pi}{N}n \leq \Theta < \frac{2\pi}{N}(n+1)\right) = \frac{1}{N} \tag{8.1}$$

となります。**図 8.3** のようにどんどん分割数を増やしていけば，矢がある角度に当たる確率に近づいていきます。

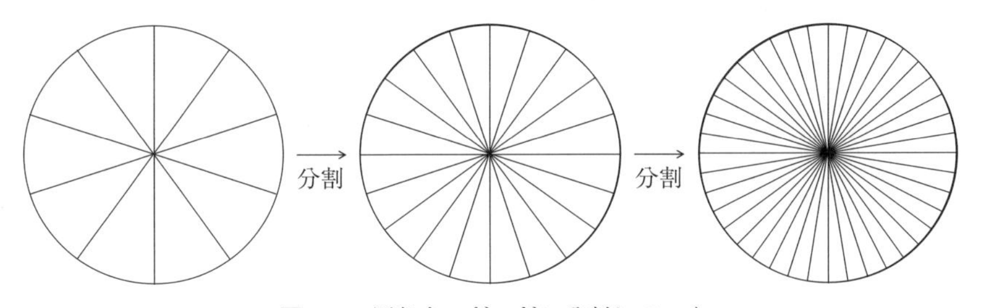

図 8.3　円盤をつぎつぎに分割していく

例えば，$n = 0$ とすれば，ちょうど $\Theta = 0$ に当たる確率は

$$P(\theta = 0) = \lim_{N\to\infty} P\left(0 \leq \Theta < \frac{2\pi}{N}\right) = \lim_{N\to\infty} \frac{1}{N} = 0$$

となることがわかります。つまり，0 度ちょうどに当たる確率は 0 です。これは，45 度であろうが，90 度であろうが，ある特定の角度の位置に矢の当たる確率は 0 ということです。これが，連続な「数えられない」標本空間における確率の性質です。これは角度のように，実数の範囲が決まっている場合も，任意の実数を取る場合も同様です。特定の値を取る確率は 0 です。

---

† 正式には，集合の記号である {} を使って

$$P\left(\left\{\frac{2\pi}{10}n \leq \Theta < \frac{2\pi}{10}(n+1)\right\}\right) = \frac{1}{10}$$

と書くべきですが，この {} はしばしば省略されます。

8.1.3 多変量の確率

(1) 統計的独立性　サイコロを二つ同時に投げたときの目や，やり投げの着地点における座標など，不確かな数が二つ以上になる場合は少なくありません。このような場合を多変量と呼び，複数の確率変数を同時に考えます。二つのサイコロの例でいえば，サイコロ1をX_1，サイコロ2をX_2として，$\boldsymbol{X} = (X_1, X_2)$のように，ベクトルで表現します。標本空間は，$S = \{(X_1, X_2)|(X_1, X_2) = (1,1), (1,2), \cdots, (6,6)\}$となることはすぐ理解できるでしょう。

また，画像認識では，写真を撮ったとき，写っているものは猫なのか犬なのかを判定します。そのとき，画像自体が確率的なので，画素の数だけ確率変数が存在します。画素数Nであれば，確率変数ベクトルは$\boldsymbol{X} = (X_1, X_2, \cdots, X_n)$と表現できます。

このように多変量の場合の確率変数はベクトルになりますが，ベクトルの一つひとつに対して確率の公理を満たすように確率を決めることができます。例えば，二つのサイコロの目は，36通りあるので，$(X_1, X_2) = (5, 3)$となるような確率は$P(X_1 = 5, X_2 = 3) = \dfrac{1}{36}$と決めてもよさそうですし，任意の目$(X_1, X_2) = (x_1, x_2)$に対して

$$P(X_1 = x_1, X_2 = x_2) = \frac{1}{36}$$

として構わないでしょう。このように，多変量の確率のことを**同時確率**（joint probability）と呼びます。このサイコロは，たがいに干渉せずに独立なので，$\dfrac{1}{36}$という確率は$\dfrac{1}{6} \times \dfrac{1}{6}$，すなわち

$$P(X_1 = x_1, X_2 = x_2) = P(X_1 = x_1)P(X_2 = x_2) = \frac{1}{6} \times \frac{1}{6} = \frac{1}{36}$$

のように決めることができたわけです。このように，多変量の確率を単変量の確率の積で表すことができる場合，X_1とX_2は**統計的に独立である**（statistically independent）といいます。

(2) 周辺確率　サイコロの目の同時確率から，一つ目のサイコロの確率のみを求めたい場合を考えます。例えば，一つ目のサイコロの目が3になる

確率は

$$P(X_1 = 3) = P(X_1 = 3, X_2 = 1) + P(X_1 = 3, X_2 = 2) + \cdots \\ + P(X_1 = 3, X_2 = 6)$$

のように，必要のない確率変数 X_2 の取りうる値について，すべての確率を足すことで決まります。これを，**周辺確率**（marginal probability）と呼び

$$P(X_1 = x_1) = \sum_{x_2} P(X_1 = x_1, X_2 = x_2)$$

のように一般化できます†。

もちろん，N 変量の確率変数で，いま X_k のみに興味があるとしましょう。そのときの周辺確率は

$$P(X_k = x_k) = \sum_{x_1, \cdots, x_{k-1}, x_{k+1}, \cdots, x_N} P(X_1 = x_1, X_2 = x_2, \cdots, X_N = x_N)$$

で与えられます。

（3）条件付き確率　2 変量の確率変数 X_1，X_2 に対して，同時確率が $P(X_1, X_2)$ で与えられるとき

$$P(X_2|X_1) = \frac{P(X_1, X_2)}{P(X_1)} \tag{8.2}$$

を**条件付き確率**（conditional probability）と呼びます。ここで，$P(X_1)$ は X_1 に関する周辺確率です。

例えば X_1 を性別（男女），X_2 を大学の専門（文系，理系）とします。文系か理系かを選択する傾向は，（残念ながら）男女で異なっているのが現実です。男子ほど理系を選択し，女子ほど文系を選択する傾向にあるので，X_1 と X_2 は独立していないといえそうです。これを確率として考察すると，以下のとおりになります。まず，男女の比率は 1 : 1，つまり $P(X_1 = 男) = P(X_1 = 女) = \frac{1}{2}$ とします。また，大学の専門に関しては，ある調査によると文理比が 7 対 3 な

† $\sum_{x_2}$ は，x_2 の取りうる値すべてで和を取るという意味です。

ので，$P(X_2 = \text{文}) = \dfrac{7}{10}$，$P(X_2 = \text{理}) = \dfrac{3}{10}$ としましょう。また，この調査によると，男女での文理選択の割合は**表 8.1** のようになっています。したがって，これをもとに同時確率を

$$
P(X_1 = \text{男}, X_2 = \text{文}) = \frac{27.5}{100}, \quad P(X_1 = \text{男}, X_2 = \text{理}) = \frac{22.5}{100},
$$
$$
P(X_1 = \text{女}, X_2 = \text{文}) = \frac{40}{100}, \quad P(X_1 = \text{女}, X_2 = \text{理}) = \frac{10}{100}
$$

とします。したがって

$$
P(X_1 = \text{男})P(X_2 = \text{文}) = \frac{1}{2}\frac{7}{10} = \frac{35}{100} \neq P(X_1 = \text{男}, X_2 = \text{文})
$$

となり，X_1 と X_2 は独立ではないことが示されました。

表 8.1　男女における文理選択の割合

	文系	理系
男子	27.5%	22.5%
女子	40%	10%

（4） ベイズの定理　　条件付き確率の定義（式 (8.2)）の X_1 と X_2 の順番を変えれば

$$
P(X_1|X_2) - \frac{P(X_1, X_2)}{P(X_2)}
$$

です。$P(X_1, X_2)$ を消去すれば

$$
P(X_2|X_1) = \frac{P(X_1|X_2)P(X_2)}{P(X_1)} \tag{8.3}
$$

が成り立ちます。これを**ベイズの定理**（Bayes' theorem）と呼びます。統計的信号処理や機械学習では非常に広く使われている定理です。

8.2　確率密度関数と正規分布

実数の標本空間では，確率変数にある程度の「幅」を決め，それを事象とす

る確率を定義するのでした。図 8.2 における回転盤の例のように，N 分割したある区間 $\frac{2\pi}{10}n \leq \Theta < \frac{2\pi}{10}(n+1)$ に確率を定義してもいいのですが，標本空間が実数全体の場合は N 分割自体が不可能なので少々都合が悪いです。例えば，ある電気回路における抵抗の電圧を測定した場合や，音の強さを測定した場合など，最大値と最小値がよくわからない場合は，はじめから分割することはできません。以下では，標本空間が実数のような連続値を持つ場合の取扱いについて述べていきます。

8.2.1 累積分布関数

まず，確率変数 X について，「(最小値から) ある値 x 以下」という事象

$$\{X|X \leq x\}$$

を決め，それに対して確率 $P(X \leq x)$ を決めます。最小値から括弧書きになっているのは，標本空間によっては最小値が存在しないからです。実数全体がその例です。注意すべきは，x は実際の値であり，X は確率変数，つまり標本空間のどれかの要素を表していることです。この $P(X \leq x)$ を**累積分布関数** (cumulative distribution function) または単に**分布関数** (distribution function) と呼びます。確率変数 X が $X \leq x$ の範囲に値を取るときの確率という意味で

$$F_X(x) = P(X \leq x) \tag{8.4}$$

のように表記をします。分布関数は確率の公理を満たさないといけません。$F_X(x)$ が確率の公理を満たしているのであれば，以下の性質を示すことができます。

- $0 \leq F_X(x) \leq 1$
- $\lim_{x \to -\infty} F_X(x) = P(\{\emptyset\}) = 0$
- $\lim_{x \to \infty} F_X(x) = P(S) = 1$
- $P(x_1 < X \leq x_2) = F_X(x_2) - F_X(x_1)$

また回転盤を考えましょう。回転盤は 0 から 2π までの値を取ります。確率

変数 Θ を使えば，標本空間は $S = \{\Theta | 0 \leq \Theta < 2\pi\}$ です。まず，矢を射ったとき，回転盤の半円，つまり $0 \leq \Theta \leq \pi$ の部分に当たる確率は

$$P(0 \leq \theta \leq \pi) = \frac{1}{2}$$

としても差し支えなさそうです。標本空間に $\Theta < 0$ は定義されていないので，そのことが明確であれば

$$F_\Theta(\pi) = \frac{1}{2}$$

と書いても差し支えありません。それでは，$0 \leq \Theta < \theta$ の範囲に矢が当たる確率はどうなるでしょうか。これは

$$F_\Theta(\theta) = \frac{\theta}{2\pi}$$

とするのが自然でしょう。また，この分布関数を使うことで，回転盤を N 分割した一つの区間に矢が当たる確率は

$$\begin{aligned} P\left(\frac{2\pi}{N}n \leq \Theta < \frac{2\pi}{N}(n+1)\right) &= F_\Theta\left(\frac{2\pi}{N}(n+1)\right) - F_\Theta\left(\frac{2\pi}{N}n\right) \\ &= \frac{1}{N}(n+1) - \frac{1}{N}n \\ &= \frac{1}{N} \end{aligned}$$

となり，式 (8.1) と一致していることがわかります。

少々恣意的ですが，標本空間 $S = \{X | 0 \leq X \leq 1\}$ に定義されたつぎのような分布関数を考えることもできます。

$$F_X(x) = P(X \leq x) = x^2 \tag{8.5}$$

ここで，$x = 1$ のとき，$F_X(x) = 1$ です。$X \leq 1$ はすべての標本空間を含んでいるので，$P(S) = 1$ という意味です。これは確率の公理を満たしています。

分布関数は多変量にも拡張できます。2 変量 X_1，X_2 に対して

$$F_{X_1,X_2}(x_1, x_2) = P(X_1 \leq x_1, X_2 \leq x_2) \tag{8.6}$$

を**同時累積分布関数**（joint cumulative distribution function）と呼びます。例えば，やり投げを考えます。選手が原点にいるとして，着地位置を縦横の座標 (X_1, X_2)〔m〕とすると，この座標は 2 変量の確率変数です。このとき，式 (8.6) は，やりが $X_1 \leq x_1, X_2 \leq x_2$ の地点（**図 8.4**）に着地する確率を表しています。

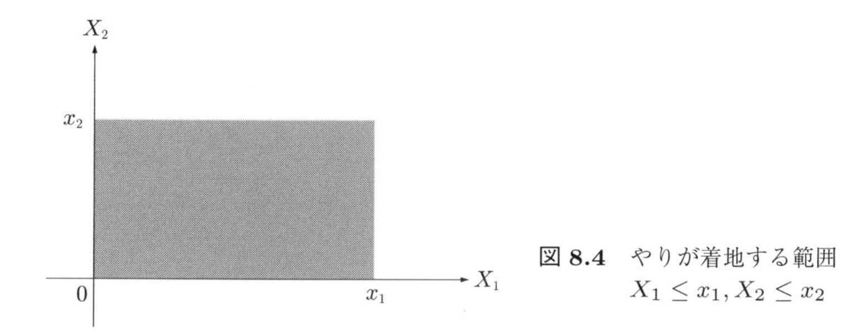

図 8.4　やりが着地する範囲 $X_1 \leq x_1, X_2 \leq x_2$

N 変量の場合の同時分布関数も，2 変量の場合を拡張することで

$$F_{X_1,X_2,\cdots,X_N}(x_1, x_2, \cdots, x_N) = P(X_1 \leq x_1, X_2 \leq x_2, \cdots, X_N \leq x_N)$$

のように定義できます。

8.2.2　確率密度関数

確率を扱う際に，より広く用いられている概念は**確率密度関数**（probability density function）です。定義を先に述べると，確率密度関数は，分布関数 $F_X(x)$ に対して

$$f_X(x) = \frac{dF_X(x)}{dx} \tag{8.7}$$

で決まる関数です。先程の回転盤の例であれば，分布関数は $F_\Theta(\theta) = \dfrac{\theta}{2\pi}$ なので

$$f_\Theta(\theta) = \frac{d}{d\theta}\frac{\theta}{2\pi} = \frac{1}{2\pi}$$

にのように，θ の定数関数になります（**図 8.5**）。このような確率密度関数が定数関数になっている確率分布を**一様分布**（uniform distribution）と呼びます。図 8.5 は，0 から 2π まで，$f_\Theta(\theta)$ が一様に分布していることを示しています。確かに，回転盤に当たる矢の位置の角度は，0 から 2π まで同様な不確かさで決まりそうです。つまり，確率密度関数は矢の当たる角度の「確からしさ」を示している関数です。

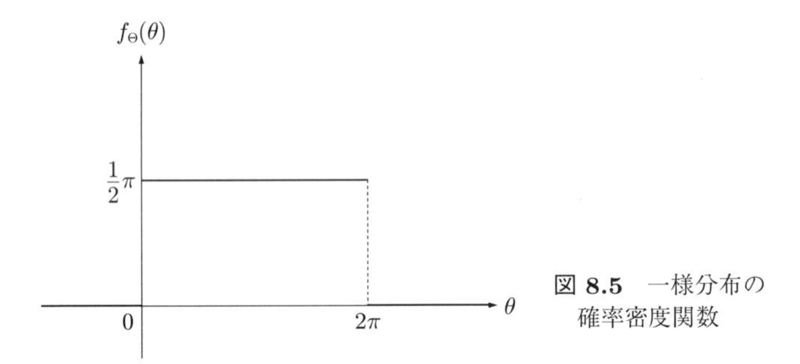

図 8.5　一様分布の確率密度関数

式 (8.5) の例では

$$f_X(x) = \frac{d}{dx}x^2 = 2x$$

となります。X が取る値は，0 よりは 1 に近い値のほうが可能性が高いことを示しています。

ここで注意することは，確率密度関数は $X = x$ となる確率 $P(X = x)$ を表しているのではないということです。確率密度関数の定義から，分布関数を求めるには

$$F_X(x) = P(X \leq x) = \int_{-\infty}^{x} f_X(x)dx$$

のように積分をします。これが分布関数を累積分布関数と呼ぶ所以です。これは，確率密度関数の $-\infty$ から x までの面積にほかなりません。さらに，ある事象 $\{X|x_1 < X \leq x_2\}$ が起きる確率は

$$P(x_1 < X \leq x_2) = \int_{x_1}^{x_2} f_X(x)dx$$

のように確率密度関数の x_1 から x_2 までの面積になることを示せます（→ 章末問題【1】）。つまり，$-\infty$ から ∞ までの面積は，標本空間 S 全体の確率を与えることになるので

$$\int_{-\infty}^{\infty} f_X(x)dx = 1 \tag{8.8}$$

となります。確率密度関数は必ずこの関係を満たしている必要があります。

さらに，連続の確率変数だけでなく，離散の確率変数に対しても確率密度関数を定義することができます。例えば，サイコロの例では，標本空間 $S = \{X|X = 1, 2, 3, 4, 5, 6\}$ に対して，確率を

$$P(X = k) = \frac{1}{6}$$

と決めるのでした。ここで，ディラックのデルタ関数 $\delta(x)$ を用いると

$$f_X(x) = \sum_{k=1}^{6} P(X = k)\delta(x - k) \tag{8.9}$$

は確率密度関数になります。デルタ関数の性質

$$\int_{-\infty}^{\infty} \delta(x)dx = 1$$

を用いると，$\displaystyle\int_{-\infty}^{\infty} f_X(x)dx = 1$ が成り立つことを確認できます。

8.2.3　多変量の確率密度関数

式 (8.7) を拡張することで，多変量の確率密度関数が定義されます。N 変量の確率変数 $\boldsymbol{X} = (X_1, X_2, \cdots, X_N)$ に対して

$$\begin{aligned} &f_{X_1, X_2, \cdots, X_N}(x_1, x_2, \cdots, x_N) \\ &\quad = \frac{\partial^N}{\partial x_1 \partial x_2 \cdots \partial x_N} F_{X_1, X_2, \cdots, X_N}(x_1, x_2, \cdots, x_N) \end{aligned}$$

を**同時確率密度関数**（joint probability distribution function）と呼びます。

簡便のため，2 変量の確率変数 $\boldsymbol{X} = (X_1, X_2)$ について考えましょう。この 2 変量の同時確率密度関数は，式 (8.6) により

$$f_{X_1,X_2}(x_1, x_2) = \frac{\partial^2}{\partial x_1 \partial x_2} F_{X_1,X_2}(x_1, x_2) = \frac{\partial^2}{\partial x_1 \partial x_2} P(X_1 \leq x_1, X_2 \leq x_2)$$

となります。

8.1.3 項で扱った周辺確率と同様に，同時確率密度関数 $f_{X_1,X_2}(x_1, x_2)$ に対しても関数

$$f_{X_1}(x_1) = \int_{-\infty}^{\infty} f_{X_1,X_2}(x_1, x_2) dx_2$$

が定義でき，これを**周辺確率密度関数**（marginal probability density function）と呼びます。同様の方法で $f_{X_2}(x_2)$ も定義できます。N 変量の同時確率密度関数 $f_{X_1,X_2,\cdots,X_N}(x_1, x_2, \cdots, x_N)$ であれば，$f_{X_1}(x_1)$ は，X_1 以外のすべての変数で積分したものになります。

同時確率密度関数 $f_{X_1,X_2}(x_1, x_2)$ が周辺確率密度関数の積に等しくなるとき，つまり

$$f_{X_1,X_2}(x_1, x_2) = f_{X_1}(x_1) f_{X_2}(x_2)$$

であるとき，確率変数 X_1 と X_2 は統計的に**独立である**（independent）といいます。このようにして，8.1.3 項で扱った確率変数の統計的独立性を，連続な確率変数にも拡張できるのです。

8.2.4　正 規 分 布

信号処理や機械学習では，新たに確率密度関数を定義することはほとんどなく，観測対象に応じて，よく使われる確率密度関数のうちから適切なものを選んで使います。8.2.2 項で扱った一様分布も広く使われる分布の一つです。例えば，数値の丸め誤差（2.345 を 2 と四捨五入したときの誤差 0.345）は一様分布（標本空間は −0.5 から 0.5）がうまく当てはまりそうです。

より典型的で広く使われる確率密度関数が**正規分布**（normal distribution），または**ガウス分布**（Gaussian distribution）と呼ばれるものです。正規分布は

$$f_X(x) = \frac{1}{\sqrt{2\pi\sigma^2}} e^{-\frac{(x-\mu)^2}{2\sigma^2}} \tag{8.10}$$

で与えられます。ここで，μ は平均，σ^2 は分散と呼ばれるパラメータで，これらによって確率密度関数の形状が異なります。また，$\mu = 0$，$\sigma = 1$ のとき

$$f_X(x) = \frac{1}{\sqrt{2\pi}} e^{-\frac{x^2}{2}} \tag{8.11}$$

を**標準正規分布**（standard normal distribution）と呼んでいます。正規分布は，**図 8.6** に示すような，釣り鐘状の形をしていて，μ を中心として左右対称な関数です。σ が大きいと，関数は左右に広がり，σ が小さいと，関数は中心に縮まる形を取ります。

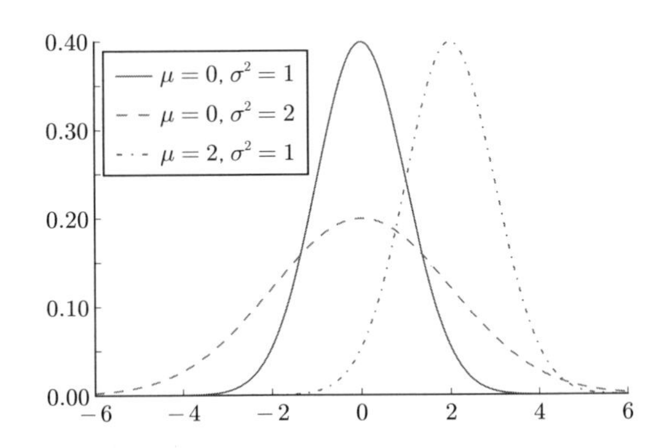

図 8.6　平均 $\mu = 0$，分散 $\sigma^2 = 1$（実線），平均 $\mu = 0$，分散 $\sigma^2 = 2$（破線），平均 $\mu = 2$，分散 $\sigma^2 = 1$（鎖線）の正規分布の確率密度関数

正規分布は，数多くの確率的な現象を表現でき，さらに計算もしやすいため，信号処理や機械学習では広く使われている分布です。画像処理，物体認識，音声認識，通信工学など多くの分野では正規分布を基にした処理をします。

なお，正規分布の積分が 1 になることを示すには，ガウスの積分公式

$$\int_{-\infty}^{\infty} e^{-x^2} dx = \sqrt{\pi} \tag{8.12}$$

を用います。ガウスの積分公式の証明はここでは省略します†。

多変量の場合の正規分布は以下のようになります。確率変数を N 変量とすれば，$\boldsymbol{X} = (X_1, X_2, \cdots, X_N)$ となります。このとき，多変量正規分布は $\boldsymbol{x} = [x_1, x_2, \cdots, x_N]^T$ のように N 個の成分があるベクトルの関数となり，ベクトル $\boldsymbol{\mu} \in \mathbb{R}^N$，正定値行列 $\boldsymbol{\Sigma} \in \mathbb{R}^{N \times N}$ を用いて

$$f_{\boldsymbol{X}}(\boldsymbol{x}) = \frac{1}{\sqrt{(2\pi)^N |\boldsymbol{\Sigma}|}} e^{-\frac{1}{2}(\boldsymbol{x}-\boldsymbol{\mu})^T \boldsymbol{\Sigma}^{-1} (\boldsymbol{x}-\boldsymbol{\mu})} \tag{8.13}$$

で与えられます。ここで，$|\boldsymbol{\Sigma}|$ は行列式を表しています。

8.3 平均と分散

8.3.1 平均と期待値

サイコロを何回も振って，その出た目の平均はいくつになるでしょうか。実際に振ってみて，n 回目に出た目を x_n とします。トータルで N 回振れば，N 個の出た目の集合は $\{x_1, x_2, \cdots, x_N\}$ となり

$$m = \frac{1}{N} \sum_{n=1}^{N} x_n$$

が平均値，または**標本平均**（sample mean）と呼ばれるものです。こちらは，観測値の振舞いを知るための量で，テストの平均点や 18 歳の平均身長など，日常生活で頻出するためなじみがあるはずです。

一方，確率論における平均は，観測値とはまったく関係なしに，確率分布から決まります。離散値の標本空間 $S = \{1, 2, \cdots, N\}$ の確率分布 $P(X)$ に対して決まる量

$$\mu_X = \sum_{k=1}^{N} kP(X = k) \tag{8.14}$$

† 数理統計学の成書だけでなく，インターネットでも容易に探すことができます。

を**平均**（average）と呼びます。例えば，サイコロで k の目が出る確率を $P(X = k) = \frac{1}{6}$ とすれば，$\mu_X = 3.5$ となります。これは，サイコロをたくさん振ったときの目の平均値の予測になっています。同様に連続の標本空間に拡張することができます。確率密度関数を $f_X(x)$ とすれば

$$\mu_X = \int_{-\infty}^{\infty} x f_X(x) dx \tag{8.15}$$

のように平均を定義します。確率的な事象をまったく観測しなくても，確率密度関数さえ適切に設定すれば，平均値は確率変数の平均を計算することで予測がつくのです。これが，確率論の強力な点の一つです。

また実は，サイコロの平均（式 (8.14)）も，離散確率に対する確率密度関数（式 (8.9)）を用いれば，式 (8.15) で表現できます。したがって以降では，平均は式 (8.15) で決まる量とします。

このように，確率変数 X の平均は，確率密度関数 $f_X(x)$ とその変数 x を乗じたものの積分として定義しました。そこでこれを拡張し，確率変数についてのいかなる関数 $g(X)$（これも確率変数）についての平均も定義できそうです。これを $g(X)$ についての**期待値**（expected value）と呼び

$$E[g(X)] = \int_{-\infty}^{\infty} g(x) f_X(x) dx \tag{8.16}$$

と定義されます。ここで，$g(X) = X$ とすると，平均

$$\mu_X = E[X]$$

が得られます。

期待値は多変量の場合にも定義できます。N 変量確率変数を与えるベクトルを $\boldsymbol{X} \in \mathbb{R}^N$ とすれば

$$E[g(\boldsymbol{X})] = \int g(\boldsymbol{x}) f_{\boldsymbol{X}}(\boldsymbol{x}) d\boldsymbol{x} \tag{8.17}$$

と形式的に期待値を記述することができます。この積分は重積分であることに注意します。$\boldsymbol{X}$ の平均 $\mu_{\boldsymbol{X}} = E[\boldsymbol{X}]$ は

$$\mu_{\boldsymbol{X}} = E[\boldsymbol{X}] = \int \boldsymbol{x} f_{\boldsymbol{X}}(\boldsymbol{x}) d\boldsymbol{x}$$
$$= \begin{bmatrix} E[X_1] \\ E[X_2] \\ \vdots \\ E[X_N] \end{bmatrix} = \begin{bmatrix} \int x_1 f_{\boldsymbol{X}}(\boldsymbol{x}) d\boldsymbol{x} \\ \int x_2 f_{\boldsymbol{X}}(\boldsymbol{x}) d\boldsymbol{x} \\ \vdots \\ \int x_2 f_{\boldsymbol{X}}(\boldsymbol{x}) d\boldsymbol{x} \end{bmatrix}$$

で与えられるベクトルです。

正規分布に従う確率変数の平均はどうなるでしょうか。正規分布で $X = \dfrac{x-\mu}{\sqrt{2\sigma^2}}$ とおくと，$dx = \sqrt{2\sigma^2}dX$ なので，式 (8.10) を (8.15) に代入すると

$$\begin{aligned}
\mu_X = E[X] &= \int_{-\infty}^{\infty} x f_X(x) dx \\
&= \int_{-\infty}^{\infty} \frac{1}{\sqrt{2\pi\sigma^2}} x e^{-\frac{(x-\mu)^2}{2\sigma^2}} dx \\
&= \frac{1}{\sqrt{2\pi\sigma^2}} \int_{-\infty}^{\infty} (\sqrt{2\sigma^2}X + \mu) e^{-X^2} \sqrt{2\sigma^2} dX \\
&= \sqrt{\frac{2\sigma^2}{\pi}} \int_{-\infty}^{\infty} X e^{-X^2} dX + \frac{\mu}{\sqrt{\pi}} \int_{-\infty}^{\infty} e^{-X^2} dX \\
&= \sqrt{\frac{2\sigma^2}{\pi}} \left(-\frac{1}{2}\right) \int_{-\infty}^{\infty} (e^{-X^2})' dX + \mu \\
&= -\frac{1}{2}\sqrt{\frac{2\sigma^2}{\pi}} \left[e^{-X^2}\right]_{-\infty}^{\infty} + \mu \\
&= \mu
\end{aligned}$$

となり，平均は μ であることがわかります。これが，正規分布のパラメータ μ を平均と呼ぶわけです。

多変量正規分布については，式 (8.13) で，変数変換 $\boldsymbol{y} = \boldsymbol{x} - \boldsymbol{\mu}$ を適用することで，$d\boldsymbol{y} = d\boldsymbol{x}$ なので

$$\mu_{\boldsymbol{X}} = E[\boldsymbol{X}] = \frac{1}{\sqrt{(2\pi)^N |\boldsymbol{\Sigma}|}} \int \boldsymbol{x} e^{-\frac{1}{2}(\boldsymbol{x}-\boldsymbol{\mu})^T \boldsymbol{\Sigma}^{-1} (\boldsymbol{x}-\boldsymbol{\mu})} d\boldsymbol{x}$$

$$= \frac{1}{\sqrt{(2\pi)^N|\boldsymbol{\Sigma}|}} \int (\boldsymbol{y} + \boldsymbol{\mu}) e^{-\frac{1}{2}\boldsymbol{y}^T\boldsymbol{\Sigma}^{-1}\boldsymbol{y}} d\boldsymbol{y}$$
$$= \boldsymbol{\mu}$$

が成り立ちます。ここで，$e^{-\frac{1}{2}\boldsymbol{y}^T\boldsymbol{\Sigma}^{-1}\boldsymbol{y}}$ が左右対称であるから

$$\int \boldsymbol{z} e^{-\frac{1}{2}\boldsymbol{y}^T\boldsymbol{\Sigma}^{-1}\boldsymbol{y}} = 0$$

であることを用いました。このように，多変量正規分布の平均は $\boldsymbol{\mu}$ であることがわかります。

8.3.2 分散と共分散

期待値を用いると，平均だけでなく以下に述べる重要な量を定義することができます。

（1） 分　　散　$g(X) = (X - \mu_X)^2$（$\mu_X = E[X]$ は定数であることに注意）の期待値

$$\sigma_X^2 = E[(X - \mu_X)^2] \tag{8.18}$$

を**分散**（variance）と呼びます。となります。この式を展開すると，平均と分散の間の重要な関係式

$$\sigma_X^2 = E[X^2] - (E[X])^2 \tag{8.19}$$

が得られます（→ 章末問題【**3**】）。

確率変数が正規分布のときの分散を具体的に導出してみましょう。平均 $\mu = \mu_X$ であることに注意し，変数変換 $X = \dfrac{x - \mu}{\sqrt{2\sigma^2}}$ により，$dx = \sqrt{2\sigma^2}dX$ を得るので

$$\sigma_X^2 = E[(X - \mu)^2] = \int_{-\infty}^{\infty} (x - \mu)^2 p_X(x) dx$$
$$= \frac{1}{\sqrt{2\pi\sigma^2}} \int_{-\infty}^{\infty} (x - \mu)^2 e^{-\frac{(x-\mu)^2}{2\sigma^2}} dx$$

$$
\begin{aligned}
&= \frac{1}{\sqrt{2\pi\sigma^2}} \int_{-\infty}^{\infty} 2\sigma^2 X^2 e^{-X^2} \sqrt{2\sigma^2} dX \\
&= \frac{2\sigma^2}{\pi} \int_{-\infty}^{\infty} X^2 e^{-X^2} dX \\
&= \frac{2\sigma^2}{\pi} \left(-\frac{1}{2}\right) \int_{-\infty}^{\infty} X (e^{-X^2})' dX \\
&= -\frac{\sigma^2}{\sqrt{\pi}} \left(\left[X e^{-X^2} \right]_{-\infty}^{\infty} - \int_{-\infty}^{\infty} e^{-X^2} dX \right) \\
&= -\frac{\sigma^2}{\sqrt{\pi}} (0 - \sqrt{\pi}) \\
&= \sigma^2
\end{aligned}
$$

となり，正規分布のパラメータ σ^2 が，まさに分散に一致していることがわかりました。

（**2**）　**相関と無相関性**　　多変量の場合には以下に示す大切な概念があります。まず，二つの確率変数 X_1，X_2 があり，その同時確率密度関数が $f_{X_1,X_2}(x_1, x_2)$ で与えられるとします。このとき，X_1X_2 の期待値

$$
E[X_1X_2] = \int_{-\infty}^{\infty} \int_{-\infty}^{\infty} x_1 x_2 f_{X_1,X_2}(x_1, x_2) dx_1 dx_2 \tag{8.20}
$$

を X_1 と X_2 の**相関**（correlation）と呼びます。特に

$$
E[X_1X_2] = E[X_1]E[X_2] \tag{8.21}
$$

が成り立つとき，X_1 と X_2 は**無相関である**（uncorrelated）といいます。X_1 と X_2 が統計的に独立なときは，必ず無相関性が成り立ちますが，無相関だからといって，統計的に独立とは限りません（→ 章末問題【**4**】）。つまり，統計的独立性は，無相関性よりはるかに強い概念です。

（**3**）　**共分散と共分散行列**　　X_1 と X_2 のそれぞれから平均を引いたものどうしの相関

$$
\begin{aligned}
\sigma_{12} &= E[(X_1 - \mu_{X_1})(X_2 - \mu_{X_2})] \\
&= \int_{-\infty}^{\infty} \int_{-\infty}^{\infty} (x_1 - \mu_{X_1})(x_2 - \mu_{X_2}) f_{X_1,X_2}(x_1, x_2) dx_1 dx_2
\end{aligned}
$$

を X_1 と X_2 の**共分散**（covariance）と呼び，$\sigma_{X_1X_2}$ または簡単に σ_{12} と表します。相関と共分散の間には

$$\sigma_{12} = E[X_1X_2] - E[X_1]E[X_2] \tag{8.22}$$

が成り立ちます（→ 章末問題【**5**】）。特に，X_1 と X_2 が無相関であれば，式 (8.21) と (8.22) より

$$\sigma_{12} = 0 \tag{8.23}$$

が成り立ちます。

つぎに N 変量の確率変数 $\boldsymbol{X} \in \mathbb{R}^N$ について

$$\boldsymbol{C} = E[(\boldsymbol{X} - \mu_{\boldsymbol{X}})(\boldsymbol{X} - \mu_{\boldsymbol{X}})^T] \tag{8.24}$$

は**共分散行列**（covariance matrix）と呼びます。

共分散行列は，分散を対角成分に，共分散を非対角成分に持つ行列のことです。実際に，成分ごとに書き下してみると

$$\boldsymbol{C} = \begin{bmatrix} E[(X_1-\mu_{X_1})^2] & E[(X_1-\mu_{X_1})(X_2-\mu_{X_2})] & \cdots & E[(X_1-\mu_{X_1})(X_N-\mu_{X_N})] \\ E[(X_2-\mu_{X_2})((X_1-\mu_{X_1})] & E[(X_2-\mu_{X_2})^2] & \cdots & E[(X_2-\mu_{X_2})(X_N-\mu_{X_N})] \\ \vdots & & \ddots & \vdots \\ E[(X_N-\mu_{X_N})(X_1-\mu_{X_1})] & E[(X_N-\mu_{X_N})(X_2-\mu_{X_2})] & \cdots & E[(X_N-\mu_{X_N})^2] \end{bmatrix}$$

$$= \begin{bmatrix} \sigma_1^2 & \sigma_{12} & \cdots & \sigma_{1N} \\ \sigma_{21} & \sigma_2^2 & \cdots & \sigma_{2N} \\ \vdots & & \ddots & \vdots \\ \sigma_{N1} & \sigma_{N2} & \cdots & \sigma_N^2 \end{bmatrix}$$

となります。共分散行列を展開すると

$$\begin{aligned}\boldsymbol{C} &= E[\boldsymbol{X}\boldsymbol{X}^T] - \mu_{\boldsymbol{X}} E[\boldsymbol{X}^T] - E[\boldsymbol{X}]\mu_{\boldsymbol{X}}^T + E[\boldsymbol{X}]E[\boldsymbol{X}^T] \\ &= E[\boldsymbol{X}\boldsymbol{X}^T] - E[\boldsymbol{X}]E[\boldsymbol{X}^T]\end{aligned}$$

を得ます。ここで，$\mu_{\boldsymbol{X}} = E[\boldsymbol{X}]$ を使っています。この第1項に現れる $E[\boldsymbol{X}\boldsymbol{X}^T]$ を，特に**相関行列**（correlation matrix）と呼んでいます。また，$\boldsymbol{C} = \boldsymbol{O}$，つまり

$$E[\boldsymbol{X}\boldsymbol{X}^T] = E[\boldsymbol{X}]E[\boldsymbol{X}^T]$$

が成り立つとき，$\boldsymbol{X}$ の各成分は無相関であるといいます。

固有値分解を用いると，多変量正規分布の共分散行列を求められます。正規分布の平均が $\mu_{\boldsymbol{X}} = \boldsymbol{\mu}$ であることと，変数変換 $\boldsymbol{y} = \boldsymbol{x} - \boldsymbol{\mu}$ を使うと

$$\begin{aligned}\boldsymbol{C} &= E[(\boldsymbol{X} - \boldsymbol{\mu})(\boldsymbol{X} - \boldsymbol{\mu})^T] \\ &= \frac{1}{\sqrt{(2\pi)^N |\boldsymbol{\Sigma}|}} \int (\boldsymbol{x} - \boldsymbol{\mu})(\boldsymbol{x} - \boldsymbol{\mu})^T e^{-\frac{1}{2}(\boldsymbol{x}-\boldsymbol{\mu})^T \boldsymbol{\Sigma}^{-1}(\boldsymbol{x}-\boldsymbol{\mu})} d\boldsymbol{x} \\ &= \frac{1}{\sqrt{(2\pi)^N |\boldsymbol{\Sigma}|}} \int \boldsymbol{y}\boldsymbol{y}^T e^{-\frac{1}{2}\boldsymbol{y}^T \boldsymbol{\Sigma}^{-1}\boldsymbol{y}} d\boldsymbol{y} = \boldsymbol{\Sigma}\end{aligned}$$

となり，正規分布の共分散行列は $\boldsymbol{\Sigma}$ であることがわかります。ここで最後の式の導出は少し煩雑です（読み飛ばしても構いません）。

まず，$\boldsymbol{\Sigma}$ の固有値分解は，$\boldsymbol{\Sigma}$ の正定値性により，正の固有値 $\lambda_i > 0$ を用いて

$$\boldsymbol{\Sigma} = \boldsymbol{U}\boldsymbol{\Lambda}\boldsymbol{U}^T = \sum_{i=1}^{N} \lambda_i \boldsymbol{u}_i \boldsymbol{u}_i^T$$

と表現できます。$\hat{\boldsymbol{y}} = \boldsymbol{U}^T \boldsymbol{y} = [\hat{y}_1, \hat{y}_2, \cdots, \hat{y}_N]^T$ とおくと，e のべき乗部分は

$$\boldsymbol{y}^T \boldsymbol{\Sigma}^{-1} \boldsymbol{y} = \boldsymbol{y}^T \sum_{i=1}^{N} \frac{1}{\lambda_i} \boldsymbol{u}_i \boldsymbol{u}_i^T \boldsymbol{y} = \sum_{i=1}^{N} \frac{1}{\lambda_i} \hat{y}_i^2$$

となります。また

$$\boldsymbol{y}\boldsymbol{y}^T = \boldsymbol{U}\hat{\boldsymbol{y}}\hat{\boldsymbol{y}}^T\boldsymbol{U}^T$$

なので

$$\boldsymbol{C} = \boldsymbol{U}\left(\frac{1}{\sqrt{(2\pi)^N|\boldsymbol{\Sigma}|}}\int \hat{\boldsymbol{y}}\hat{\boldsymbol{y}}^T e^{-\sum_{i=1}^N \frac{\hat{y}_i^2}{2\lambda_i}} d\hat{\boldsymbol{y}}\right)\boldsymbol{U}^T$$

となります†1。() 内は行列になりますが，非対角成分は対称性から 0 になります。また第 i 対角成分は，$E[\hat{y}_i^2]$ と，$j \neq i$ に対する $\hat{y}_j$ の正規分布の積分（つまり 1）の積になるので，λ_i となります。したがって，結局 λ_i を対角成分に持つ行列 $\boldsymbol{\Lambda}$ に一致し

$$\boldsymbol{C} = \boldsymbol{U}\boldsymbol{\Lambda}\boldsymbol{U}^T = \boldsymbol{\Sigma}$$

を得ます。

8.3.3 白　色　化

もしすべての確率変数がたがいに無相関であれば，式 (8.23) から，すべての共分散は 0 となるので，$\boldsymbol{C}$ の非対角成分はすべて 0 となります。さらに，すべての確率変数の分散が等しい，つまり $\sigma_1^2 = \sigma_2^2 = \cdots = \sigma_N^2 = \sigma^2$ のとき

$$\boldsymbol{C} = \sigma^2\boldsymbol{I}_N$$

が成り立ち，共分散行列は単位行列の正の実数倍になります。このとき，多変量確率変数 $\boldsymbol{X}$ は**白色である**（white）といいます†2。

固有値分解を用いると，多変量確率変数を無相関化できます。共分散行列はフルランクであるとし，その固有値分解を

$$\boldsymbol{C} = \boldsymbol{U}\boldsymbol{\Lambda}\boldsymbol{U}^T = \sum_{i=1}^N \lambda_i\boldsymbol{u}_i\boldsymbol{u}_i^T$$

---

†1 ここで，断りなく変数変換をしていますが，変数変換 $\boldsymbol{y} = \boldsymbol{A}\boldsymbol{x}$ によって，積分における微小量は $d\boldsymbol{y} = |\boldsymbol{A}|d\boldsymbol{x}$ となります。ここでは，$\boldsymbol{U}$ が直交行列なので，$|\boldsymbol{U}| = 1$ となることを用いています。

†2 これに対して，確率変数間に相関がある（無相関ではない）場合を，**有色である**（colored）といいます。

とします。ここで，$\boldsymbol{X}$ に対して

$$\boldsymbol{Z} = \boldsymbol{\Lambda}^{-1/2}\boldsymbol{U}^T\boldsymbol{X} \tag{8.25}$$

のように変数変換を実施します。このとき，$\boldsymbol{Z}$ は白色になります。なぜならば

$$\begin{aligned} E[\boldsymbol{Z}\boldsymbol{Z}^T] &= \boldsymbol{\Lambda}^{-1/2}\boldsymbol{U}^T E[\boldsymbol{X}\boldsymbol{X}]\boldsymbol{U}\boldsymbol{\Lambda}^{-1/2} = \boldsymbol{\Lambda}^{-1/2}\boldsymbol{U}^T\boldsymbol{C}\boldsymbol{U}\boldsymbol{\Lambda}^{-1/2} \\ &= \boldsymbol{\Lambda}^{-1/2}\boldsymbol{U}^T\boldsymbol{U}\boldsymbol{\Lambda}\boldsymbol{U}^T\boldsymbol{U}\boldsymbol{\Lambda}^{-1/2} = \boldsymbol{\Lambda}^{-1/2}\boldsymbol{\Lambda}\boldsymbol{\Lambda}^{-1/2} = \boldsymbol{I}_N \end{aligned}$$

となるからです。これを信号の**白色化**（whitening）と呼びます。

8.4 むすび

本章では確率論の基礎について概説しました。正規分布の特徴は，平均と分散のみで確率密度関数が一意に決まることです。一般の確率密度関数についても，密度関数そのものは必要ではなく，有限個（または可算無限個）の定数で密度関数が一意に決まります。そのような定数をモーメントと呼び，確率論では重要な概念です。また，任意の確率変数の無限和は正規分布になることが知られており（**中心極限定理**（central limit theorem）），正規分布の利用に理論的根拠を与えています。これを証明するには，確率密度関数のフーリエ変換（特性関数）を用います。確率論の中心をなす定理です。

信号処理を見すえて確率論を学ぶ場合，和書であれば，平岡・堀[4)]が非常にわかりやすいでしょう。また，非常に多くの成書が出版されています。洋書であればPapoulis and Pillai[5)]やPeebles[6)]が定番です。これらの良書をじっくりと読むことをお勧めします。

章末問題

【1】 ある事象 $\{X|x_1 < X \leq x_2\}$ が起きる確率は

$$P(x_1 < X \leq x_2) = \int_{x_1}^{x_2} f_X(x)dx$$

で与えられることを示せ。

【2】 正規分布

$$f_X(x) = \frac{1}{\sqrt{2\pi\sigma^2}} e^{-\frac{(x-\mu)^2}{2\sigma^2}}$$

について

$$\int_{-\infty}^{\infty} f_X(x) dx = 1$$

を示せ。

【3】 平均と分散の間の関係式

$$\sigma_X^2 = E[X^2] - (E[X])^2 \tag{8.26}$$

を導け。

【4】 確率変数 X と Y が統計的に独立なとき，X と Y は無相関であることを示せ。

【5】 共分散と相関の間の関係式

$$\sigma_{12} = E[X_1 X_2] - E[X_1]E[X_2] \tag{8.27}$$

を導け。

9 パラメータの推定

Next SIP

信号処理の多くの問題は，観測した信号やデータからパラメータを推定する問題になっています。電波や音声がどの方向からやってくるのか推定したり，低解像度の画像から高解像度の画像を推定したり，音声や画像を認識したり，これらはすべてパラメータを推定する問題といえます。本章では，正規分布のパラメータ推定を出発点に，最小2乗法と呼ばれる基本的な推定問題を線形代数的に解決する方法について述べます。最小2乗法は連立方程式の求解が本質です。これまで学んできたことがすべてつながっていく感覚を味わってほしいと思います。

9.1 最尤推定

9.1.1 確率分布のパラメータ

正規分布の形状は平均ベクトル $\boldsymbol{\mu}$ と共分散行列 $\boldsymbol{\Sigma}$ で決まりました。このように，分布の形状を決定する定数（スカラ，ベクトル，行列）のことを**パラメータ**（parameter）と呼んでいます。一様分布の場合は，確率変数の存在する区間 $[t_1, t_2]$ がパラメータです。パラメータが与えられているものとして確率変数の振舞いを調べる方法が確率論とすれば，データからパラメータを推定する方法は統計学と呼ばれます。また，分布がパラメータで決まるような確率モデルを**パラメトリックモデル**（parametric model）と呼びます。これに対して，確率分布がパラメータで決まらないモデルを**ノンパラメトリックモデル**（non-parametric model）と呼びます。

パラメータをすべてまとめて $\boldsymbol{\theta}$ と表記すると，多変量正規分布のパラメータは

$$\boldsymbol{\theta} = (\boldsymbol{\mu}, \boldsymbol{\Sigma}) \tag{9.1}$$

のようにまとめて表現できます。確率密度関数が $f_{\boldsymbol{X}}(\boldsymbol{x})$ で，そのパラメータが $\boldsymbol{\theta}$ のとき，パラメータを明示的に表記し，$f_{\boldsymbol{X}}(\boldsymbol{x};\boldsymbol{\theta})$ と表現することがあります。

確率密度関数は確率そのものを表現するわけではないと述べました。むしろ，ある値の「起こりやすさ」を表現していると考えられます。確率変数が平均 μ の正規分布に従っていれば，μ 周辺の値が観測される可能性が最も高いということです。

このことを逆手に取って，確率密度関数のパラメータがわからない場合，観測データの値が確率密度関数の最大値になるようにパラメータを決める方法を**最尤推定**（maximum likelihood estimation）と呼びます。家庭用コンセントの電圧が正規分布しているとして，平均 μ を推定するならば，実際に観測してみて，その値を平均の推定値 $\hat{\mu}$ とする，というのはそれなりにリーズナブルな戦略といえそうです。

観測値（観測データ）を x_1 として，このことを数式として書くと

$$\hat{\mu} = \underset{\mu}{\operatorname{argmax}} \frac{1}{\sqrt{2\pi\sigma^2}} e^{-\frac{(x_1-\mu)^2}{2\sigma^2}} = x_1$$

となります。ここで $\underset{\mu}{\operatorname{argmax}}$ は，最大値を取るときの μ の値を意味します。それでは，データを複数回観測する場合はどうなるでしょう。

9.1.2 尤　度　関　数

まず，1 回だけ観測するのではなく，K 回観測したデータがある場合，毎回の観測は統計的に独立しているという仮定を設けます。したがって，K 回分のデータを確率変数ベクトル $(X_1, X_2, \cdots, X_K)$ とすると，統計的独立性を仮定すれば，同時確率密度関数は

$$f_X(x_1)f_X(x_2)\cdots f_X(x_K) = \prod_{k=1}^{K} f_X(x_k) \tag{9.2}$$

となります。同じ観測対象から観測しているので，毎回の確率変数 X_k はすべて同じ確率密度関数 $f_X(x)$ に従っていることに注意します。もし，観測対象が確率変数ベクトルの場合は，個々の x_k がベクトルになるだけです。

いま N 変量の確率変数について，K 個の観測データ $\boldsymbol{x}_1, \boldsymbol{x}_2, \cdots, \boldsymbol{x}_K$ が得られているとします。その一方で，確率密度関数 $f_{\boldsymbol{X}}(\boldsymbol{x}; \boldsymbol{\theta})$ のパラメータ $\boldsymbol{\theta}$ が未知な場合，パラメータ自体が変数になります。そこで，パラメータを変数とする関数

$$
\begin{aligned}
L(\boldsymbol{\theta}; \boldsymbol{x}_1, \boldsymbol{x}_2, \cdots, \boldsymbol{x}_K) &= f_{\boldsymbol{X}}(\boldsymbol{x}_1; \boldsymbol{\theta}) f_{\boldsymbol{X}}(\boldsymbol{x}_2; \boldsymbol{\theta}) \cdots f_{\boldsymbol{X}}(\boldsymbol{x}_K; \boldsymbol{\theta}) \\
&= \prod_{k=1}^{K} f_{\boldsymbol{X}}(\boldsymbol{x}_k; \boldsymbol{\theta}) \qquad (9.3)
\end{aligned}
$$

を定義し，これを**尤度関数**（likelihood function）と呼びます。尤度関数はもはや確率密度関数ではないことに注意します。観測データを記さずに $L(\boldsymbol{\theta})$ のように簡単に表記する場合もありますが，何が観測データなのか意識することが大切です。

尤度関数は密度関数の積になっているので，しばしば尤度関数の対数を取ることで密度関数の和に変換します。この対数を取った尤度関数

$$
\begin{aligned}
\ell(\boldsymbol{\theta}; \boldsymbol{x}_1, \boldsymbol{x}_2, \cdots, \boldsymbol{x}_K) &= \log L(\boldsymbol{\theta}; \boldsymbol{x}_1, \boldsymbol{x}_2, \cdots, \boldsymbol{x}_K) \\
&= \log \prod_{k=1}^{K} f_{\boldsymbol{X}}(\boldsymbol{x}_k; \boldsymbol{\theta}) \\
&= \sum_{k=1}^{K} \log f_{\boldsymbol{X}}(\boldsymbol{x}_k; \boldsymbol{\theta}) \qquad (9.4)
\end{aligned}
$$

を**対数尤度**（log likelihood）と呼びます。対数は単調増加関数なので，尤度関数の最大値は対数尤度の最大値に一致します。つまり

$$
\hat{\boldsymbol{\theta}} = \operatorname*{argmax}_{\boldsymbol{\theta}} \ell(\boldsymbol{\theta}; \boldsymbol{x}_1, \boldsymbol{x}_2, \cdots, \boldsymbol{x}_K) = \operatorname*{argmax}_{\boldsymbol{\theta}} L(\boldsymbol{\theta}; \boldsymbol{x}_1, \boldsymbol{x}_2, \cdots, \boldsymbol{x}_K)
$$

が成り立つので，尤度関数か対数尤度の扱いやすいほうを用いればいいことになります。

9.1.3 正規分布の最尤推定

観測データ $\boldsymbol{x}_1, \boldsymbol{x}_2, \cdots, \boldsymbol{x}_K$ が与えられているときの正規分布

$$f_{\boldsymbol{X}}(\boldsymbol{x}) = \frac{1}{\sqrt{(2\pi)^N |\boldsymbol{\Sigma}|}} e^{-\frac{1}{2}(\boldsymbol{x}-\boldsymbol{\mu})^T \boldsymbol{\Sigma}^{-1}(\boldsymbol{x}-\boldsymbol{\mu})}$$

において，パラメータは $\boldsymbol{\theta} = (\boldsymbol{\mu}, \boldsymbol{\Sigma})$ です。この対数尤度 $\log L(\boldsymbol{\mu}, \boldsymbol{\Sigma}; \boldsymbol{x}_1, \boldsymbol{x}_2, \cdots, \boldsymbol{x}_K)$ を求めましょう。正規分布の密度関数の対数を取ると

$$\begin{aligned}\log f_{\boldsymbol{X}}(\boldsymbol{x}) &= \log \frac{1}{\sqrt{(2\pi)^N |\boldsymbol{\Sigma}|}} - \frac{1}{2}(\boldsymbol{x}-\boldsymbol{\mu})^T \boldsymbol{\Sigma}^{-1}(\boldsymbol{x}-\boldsymbol{\mu}) \\ &= -\frac{1}{2}(\log(2\pi)^N + \log|\boldsymbol{\Sigma}|) - \frac{1}{2}(\boldsymbol{x}-\boldsymbol{\mu})^T \boldsymbol{\Sigma}^{-1}(\boldsymbol{x}-\boldsymbol{\mu})\end{aligned}$$

です。したがって対数尤度は，式 (9.4) のように，観測データにわたって和を取ったものであり

$$\ell(\boldsymbol{\mu}, \boldsymbol{\Sigma}) = -\frac{1}{2}\left(KN\log(2\pi) + K\log|\boldsymbol{\Sigma}| + \sum_{k=1}^{K}(\boldsymbol{x}_k-\boldsymbol{\mu})^T \boldsymbol{\Sigma}^{-1}(\boldsymbol{x}_k-\boldsymbol{\mu})\right) \tag{9.5}$$

となります。なお，式 (9.5) の第 1 項は定数であり，パラメータの大小に影響されません。

対数尤度の最大値を求めるために，それぞれのパラメータで偏微分して，それが 0 となる値を求めましょう。

まず，$\boldsymbol{\Sigma}$ で偏微分します。付録 A の式 (A.26) より

$$\frac{\partial}{\partial \boldsymbol{\Sigma}}\ell(\boldsymbol{\mu}, \boldsymbol{\Sigma}) = -\frac{1}{2}\boldsymbol{\Sigma}^{-T}\left(N\boldsymbol{I} - \sum_{k=1}^{K}(\boldsymbol{x}_k-\boldsymbol{\mu})(\boldsymbol{x}_k-\boldsymbol{\mu})^T \boldsymbol{\Sigma}^{-T}\right) = 0$$

を用いて

$$N\boldsymbol{I} - \sum_{k=1}^{K}(\boldsymbol{x}_k-\boldsymbol{\mu})(\boldsymbol{x}_k-\boldsymbol{\mu})^T \boldsymbol{\Sigma}^{-T} = 0$$

を得ます。これより

$$\boldsymbol{\Sigma} = \frac{1}{N}\sum_{k=1}^{K}(\boldsymbol{x}_k - \boldsymbol{\mu})(\boldsymbol{x}_k - \boldsymbol{\mu})^T \tag{9.6}$$

という関係が得られます。したがって，$\boldsymbol{\Sigma}$ は対称行列であることがわかります。つぎに，$\boldsymbol{\mu}$ で偏微分すると，付録 A の式 (A.24) より

$$\begin{aligned}\frac{\partial}{\partial \boldsymbol{\mu}}\ell(\boldsymbol{\mu}, \boldsymbol{\Sigma}) &= \frac{1}{2}(\boldsymbol{\Sigma}^{-1} + \boldsymbol{\Sigma}^{-T})\left(\sum_{k=1}^{K}\boldsymbol{x}_k - N\boldsymbol{\mu}\right) \\ &= \boldsymbol{\Sigma}^{-1}\left(\sum_{k=1}^{K}\boldsymbol{x}_k - N\boldsymbol{\mu}\right)\end{aligned}$$

を得ます。したがって

$$\hat{\boldsymbol{\mu}} = \frac{1}{N}\sum_{k=1}^{N}\boldsymbol{x}_k$$

となり，最尤推定は算術平均に一致することがわかります。これを，式 (9.6) に代入すると

$$\hat{\boldsymbol{\Sigma}} = \frac{1}{N}\sum_{k=1}^{K}(\boldsymbol{x}_k - \hat{\boldsymbol{\mu}})(\boldsymbol{x}_k - \hat{\boldsymbol{\mu}})^T \tag{9.7}$$

が得られ，共分散の最尤推定が標本共分散行列に一致することがわかります。

9.2 回帰モデルの最尤推定

9.2.1 回　帰　分　析

ある人が一定の歩幅を意識しながら歩いたとします。道路には目盛りが付いているとして，30 秒ごとに歩いた距離を記録します。そうすると，x 秒後に y〔m〕歩いたというデータの組がたくさん集まります。横軸に時間，縦軸に距離を取ったグラフに，これらのデータの点を打っていきます。私たちは，この点がだいたい直線上に並ぶだろうと予測できます。この直線の傾きを「速度」とみなしてよさそうです。この人は等速で歩くつもりでいますが，完全に綺麗に直線の上に点が乗ることはないでしょう。そこで，データ点からこの人の歩く

速度を推定したいと思います。このように，原因（x）を入力とする何らかの関数の出力として結果（y）が得られる仮定のもと，その関数を見つける解析手法を**回帰分析**（regression analysis）といいます。

N 変量のベクトル $\boldsymbol{x} = [x_1, x_2, \cdots, x_N]^T$ に対し，ある関数 $f(\boldsymbol{x}; \boldsymbol{\theta})$ の出力として

$$y = f(\boldsymbol{x}; \boldsymbol{\theta}) \tag{9.8}$$

が得られるモデルを**回帰モデル**（regression model）と呼びます。ここで，$\boldsymbol{\theta}$ は回帰モデルのパラメータであり，関数の形状を決めます。$\boldsymbol{x}$ は説明変数，y は目的変数と呼ばれます。工学的には，説明変数のことを入力，目的変数のことを出力と呼ぶ場合が多いです。本書でも，基本的には入力と出力と記述することにします。

パラメータは，データの組 $\{\boldsymbol{x}(k), y(k)\}_{k=1}^{K}$ から推定することになります。9.2.2 項で述べるように，データに統計的な仮定を入れることで，最尤推定を用いることができます。

このように，データを観測することで，背後に存在する法則や物理量を明らかにする学問はデータサイエンスと呼ばれますが，回帰分析はデータサイエンスにおける有力な手法の一つです。

（1） 線形単回帰分析　入力 x がスカラで，回帰モデルが 1 次関数である場合は，**線形単回帰分析**（simple linear regression）と呼ばれます。

線形単回帰分析における入出力の関係は

$$y = f(x; a, b) = ax + b \tag{9.9}$$

となります。これを特に**単回帰モデル**（simple regression model）と呼びます。また，a と b は直線の形状（傾きと切片）を決定します。このような定数もパラメータです。

（2） 線形重回帰分析　式 (9.9) の単回帰モデルは入力が一つの場合でしたが，複数ある場合もたくさんあります。例えば，緯度と経度を入力（説明変

数）として，気温を出力（目的変数）にしたり，塩分，糖分，アルコールの摂取量の三つを入力として，血圧を出力にしたりします。工学的には，飛んできた電波を複数のアンテナで受信して出力を求めたり，画像の各画素を入力としてそこに何が写っているのかを推測したりする問題も回帰モデルで入力を複数にする場合と同じことです。

多変量の入力 $\boldsymbol{x} = [x_1, x_2, \cdots, x_N]^T$ の 1 次関数

$$\begin{aligned} y &= f(\boldsymbol{x}; a_1, a_2, \cdots, a_N, b) \\ &= a_1 x_1 + a_2 x_2 + \cdots + a_N x_N + b = \langle \boldsymbol{a}, \boldsymbol{x} \rangle + b \end{aligned} \tag{9.10}$$

で表現されるモデルを，**線形重回帰モデル**（multiple regression model）と呼びます。この N をモデルの**次数**（order）と呼びます。ここで，$\boldsymbol{a} = [a_1, a_2, \cdots, a_N]^T$ とおきました。

$b = 0$ のとき，信号処理では **FIR フィルタ**（finite impulse response filter）という名前が付いています。さらに，$N = 2$ のとき，$f(x_1, x_2, x_3; a_1, a_2, a_3, b)$ は，3 次元空間における平面の方程式を表していますし，$N > 2$ のときはこれを**超平面**（hyperplane）と呼びますが，これも単に平面と呼ぶことが多いです。

一方で，出力は入力とパラメータの線形結合ではないかもしれません。例えば，入力 x に対して

$$y = f(x; a, b, c) = ax^2 + bx + c \tag{9.11}$$

というモデルを仮定することも可能です。ここでは，a, b, c がパラメータになります。この場合は，入力ベクトルを $\boldsymbol{x} = [x^2, x]^T$ とおけば，パラメータベクトル $\boldsymbol{a} = [a, b]^T$ に対して，式 (9.11) は

$$y = f(\boldsymbol{x}; \boldsymbol{a}, c) = \langle \boldsymbol{a}, \boldsymbol{x} \rangle + c$$

なので，実は線形重回帰分析とまったく等価になります。

（3）非線形回帰分析　しかしながら，例えば

$$f(x; a, b) = \frac{1}{1 + e^{-(ax+b)}} \tag{9.12}$$

は，入力に対しても出力に対しても非線形になるので，これは**非線形回帰モデル**（non-linear regression model）と呼びます。特に，式 (9.12) による回帰分析は，**ロジスティック回帰**（logistic regression）と呼ばれ，機械学習によるパターン識別に広く用いられます。このような非線形回帰関数をたくさん組み合わせて，複雑な非線形回帰を実装したものは（**人工**）**ニューラルネットワーク**（artifical neural network）と呼ばれます。

9.2.2 最尤推定と最小 2 乗法

いま，線形単回帰モデル $y = ax + b$ において，a, b がわかっているとします。k 個目の観測データ $(x(k), y(k))$ に対して，$x = x(k)$ に対応する直線上の点は $y(k) = ax(k) + b$ です。しかしこの $ax(k) + b$ は，実際のデータ点 $y(k)$ との間にある程度のズレがあるはずです。そこで，それを誤差

$$e(k) = y(k) - (ax(k) + b)$$

とします。これを示したものが**図 9.1** です。このように，観測データが合計で K 個あれば，同じ数だけ誤差 $e(k)$ が求められます。

同様にして，一般の回帰モデル $y = f(\boldsymbol{x}; \boldsymbol{\theta})$ においても，モデルと実際の観測データ $y(k)$ の間にはズレがあるので，それは誤差

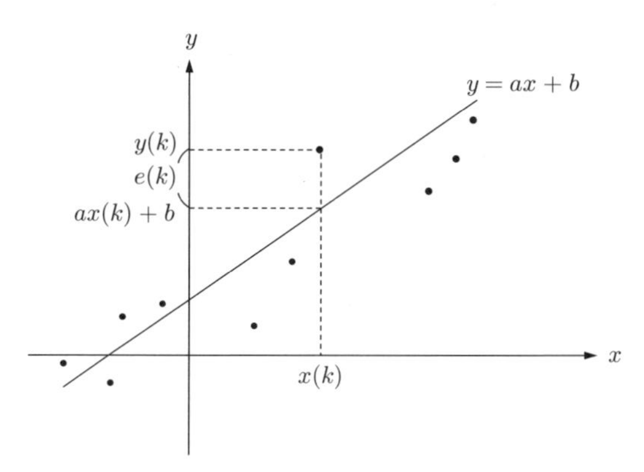

図 9.1 回帰式（直線 $y = ax + b$）と観測データの誤差

$$e(k) = y(k) - f(\boldsymbol{x}(k); \boldsymbol{\theta})$$

として評価できます。これを**モデル誤差**（model error）と呼びます。

モデル誤差は 0 の周りに，ある程度の広がりを持って分布していると仮定してもよさそうです。そこで，誤差は，平均 0，分散 σ^2 の正規分布

$$f_E(e(k); \boldsymbol{\theta}, \sigma^2) = \frac{1}{\sqrt{2\pi\sigma^2}} e^{-\frac{e(k)^2}{\sigma^2}} \tag{9.13}$$

と大胆に仮定します。実はこの仮定は多くの現実問題をうまく説明できることがわかっています。この分布に最尤推定を適用します。いま，K 個の観測データの組 $\{\boldsymbol{x}(k), y(k)\}_{k=1}^{K}$ に対して，K 個の誤差 $\{e(k) = y(k) - f(\boldsymbol{x}(k); \boldsymbol{\theta})\}_{k=1}^{K}$ が決まります。これに対して対数尤度は，式 (9.4) より

$$\ell(\boldsymbol{\theta}) = -\frac{K}{2}(\log(2\pi) + \log\sigma) - \frac{1}{2}\sum_{k=1}^{K}(y(k) - f(\boldsymbol{x}(k); \boldsymbol{\theta}))^2$$

となります。$\ell(\boldsymbol{\theta})$ の最大化は，第 3 項

$$\sum_{k=1}^{K} e(k)^2 = \sum_{k=1}^{K}(y(k) - f(\boldsymbol{x}(k); \boldsymbol{\theta}))^2 \tag{9.14}$$

の最小化にほかなりません。これは誤差の 2 乗なので，この項を最小化してパラメータを求める方法を**最小 2 乗法**（least squares method）と呼んでいます。

結局，誤差に正規分布を仮定することで，誤差の最尤推定は最小 2 乗法と等価になることが示されました。最小 2 乗法の求解は，次節以降に示すように，連立方程式を解く問題に帰着されるので，これまで学んできた知識が大いに生かされるわけです。

9.3　線形回帰の最小 2 乗法

式 (9.14) で得られた 2 乗誤差は，パラメータ $\boldsymbol{\theta}$ の関数になっています。線形回帰モデルの式 (9.10) に対する 2 乗誤差関数は

$$J(\boldsymbol{a}, b) = \sum_{k=1}^{K} |e(k)|^2 = \sum_{k=1}^{K} |y(k) - (\langle \boldsymbol{a}, \boldsymbol{x}(k) \rangle + b)|^2$$

となります。ここで，2 乗誤差を差の絶対値の誤差で書いた理由は，入力が複素数である場合も考慮しているためです。このように書くと，入力が実数であっても複素数であっても統一的に記述することができます。

以下では，線形回帰の 2 乗誤差関数がベクトル空間でどのような意味を持つのか考察していきます。

9.3.1 単回帰の 2 乗誤差関数

簡単のため，単回帰モデル $f(x; a, b) = ax + b$ の 2 乗誤差関数から考察していきましょう。まず，誤差 $\{e(k)\}$ を誤差ベクトル

$$\boldsymbol{e} = \begin{bmatrix} e(1) \\ e(2) \\ \vdots \\ e(K) \end{bmatrix} \tag{9.15}$$

で表現します。そうすると，2 乗誤差は

$$J(a, b) = \|\boldsymbol{e}\|^2 \tag{9.16}$$

とシンプルな形で表現できます。式 (9.15) は

$$\begin{aligned} \boldsymbol{e} = \begin{bmatrix} e(1) \\ e(2) \\ \vdots \\ e(K) \end{bmatrix} &= \begin{bmatrix} y(1) - (ax(1) + b) \\ y(2) - (ax(2) + b) \\ \vdots \\ y(K) - (ax(K) + b) \end{bmatrix} \\ &= \begin{bmatrix} y(1) \\ y(2) \\ \vdots \\ y(K) \end{bmatrix} - \left(a \begin{bmatrix} x(1) \\ x(2) \\ \vdots \\ x(K)) \end{bmatrix} + b \begin{bmatrix} 1 \\ 1 \\ \vdots \\ 1 \end{bmatrix} \right) \end{aligned}$$

$$= \underbrace{\begin{bmatrix} y(1) \\ y(2) \\ \vdots \\ y(K) \end{bmatrix}}_{\boldsymbol{y}} - \underbrace{\begin{bmatrix} x(1) & 1 \\ x(2) & 1 \\ \vdots & \vdots \\ x(K) & 1 \end{bmatrix}}_{\boldsymbol{X}} \underbrace{\begin{bmatrix} a \\ b \end{bmatrix}}_{\boldsymbol{\theta}}$$

$$= \boldsymbol{y} - \boldsymbol{X\theta}$$

と変形できます。行列 $\boldsymbol{X}$ とベクトル $\boldsymbol{y}$ は観測データから決まる量です。したがって，式 (9.16) は

$$J(\boldsymbol{\theta}) = \|\boldsymbol{y} - \boldsymbol{X\theta}\|^2$$

と表現できます。

9.3.2　重回帰の 2 乗誤差関数

単回帰の場合を拡張すれば，重回帰の場合もまったく同様な形に変形できます。観測データは $\{\boldsymbol{x}(k), y(k)\}_{k=1}^K$ と表現できます。式 (9.10) より，k 番目の入力 $\boldsymbol{x}(k) = [x_1(k), x_2(k), \cdots, x_N(k)]^T$ と回帰モデルによる出力

$$f(\boldsymbol{x}(k)) = a_1x_1(k) + a_2x_2(k) + \cdots + a_Nx_N(k) + b = \langle \boldsymbol{a}, \boldsymbol{x}(k) \rangle + b$$

観測データ $y(k)$ との誤差は

$$e(k) = y(k) - \left(\sum_{n=1}^{N} a_nx_n(k) + b \right)$$

で表現できます。実は単回帰分析とまったく同じ議論が成り立ち，2 乗誤差関数 $J(a_1, a_2, \cdots, a_M)$ は

$$J(\boldsymbol{\theta}) = \|\boldsymbol{y} - \boldsymbol{X\theta}\|^2 \tag{9.17}$$

の形に帰着できます。ここで

$$\boldsymbol{y} = \begin{bmatrix} y(1) \\ y(2) \\ \vdots \\ y(K) \end{bmatrix}, \quad \boldsymbol{X} = \begin{bmatrix} x_1(1) & x_2(1) & \cdots & x_N(1) & 1 \\ x_1(2) & x_2(2) & \cdots & x_N(2) & 1 \\ \vdots & \vdots & & \vdots & \\ x_1(K) & x_2(K) & \cdots & x_N(K) & 1 \end{bmatrix}, \quad \boldsymbol{\theta} = \begin{bmatrix} a_1 \\ a_2 \\ \vdots \\ a_N \\ b \end{bmatrix}$$

です。以上のことをこれまでに学んだベクトル空間の知識で考察すると，つぎのようなことがいえるでしょう。

- $\boldsymbol{y} \in \mathbb{C}^K$ であり，$\boldsymbol{X} \in \mathbb{C}^{K\times(N+1)}$（データ数 × (モデルの次数 +1）の行列）である。
- $\boldsymbol{X}$ の列ベクトルは，部分空間 $R(\boldsymbol{X})$ を生成する。
- $\boldsymbol{X\theta}$ は，$R(\boldsymbol{X})$ の要素である。

つまり，2 乗誤差関数 $J(\boldsymbol{\theta})$ は，$\boldsymbol{X\theta}$ と $\boldsymbol{y}$ の距離のノルムの 2 乗であり，これを最小にするような $\boldsymbol{\theta}$ を探せばよいことがわかります。

2 乗誤差が最小になるパラメータ $\boldsymbol{\theta}$ を求めるには二つの方法があります。

- 部分空間への正射影を求める方法
- 偏微分を用いる方法

多くの成書では偏微分によって 2 乗誤差を最小化する方法を説明していますが，以下では，直観的にわかりやすい射影による方法について考察しましょう。

9.3.3 射　影　定　理

図 9.2 に示すように，$\boldsymbol{X\theta}$ は $R(\boldsymbol{X})$ の要素です。$R(\boldsymbol{X})$ の要素のうち，最も

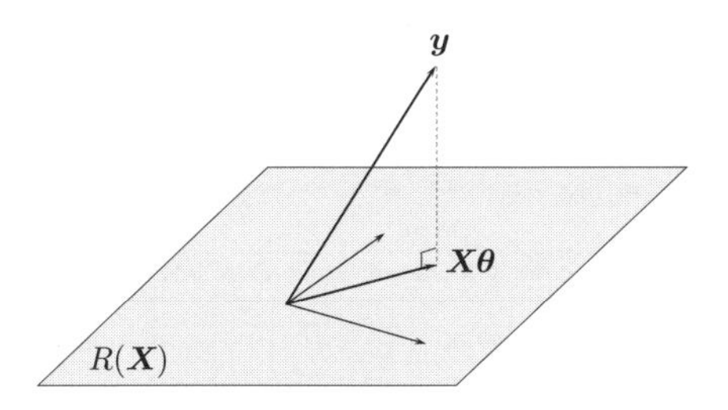

図 9.2　$\boldsymbol{y}$ に最も近い $R(\boldsymbol{X})$ の要素は，$\boldsymbol{y}$ の $R(\boldsymbol{X})$ への正射影

$\boldsymbol{y}$ に近い点は $\boldsymbol{y}$ から $R(\boldsymbol{X})$ に下ろした垂線の足，つまり $\boldsymbol{y}$ の $R(\boldsymbol{X})$ への正射影であることは直観的に理解できると思います。これを理論的に保証する定理が，射影定理です。本項では一般的な場合の議論をするので，細かい議論に興味がなければ飛ばして次項に移っても構いません。

まず，N 次元ベクトル空間 V にベクトルの集合 $U = \{\boldsymbol{u}_i\}_{i=1}^{M}$ がある状況を考えます。$M < N$ であり，このベクトルが一次独立であれば，U は部分空間 S を張り，4.1.2 項で定義したとおり $\dim S = M$ です。もし一次従属であれば，$\dim S < M$ です。部分空間 S は，まさしく行列 $\boldsymbol{U} = [\boldsymbol{u}_1, \boldsymbol{u}_2, \cdots, \boldsymbol{u}_M]$ の値域 $R(\boldsymbol{U})$ のことです（$S = R(\boldsymbol{U})$）。S 上の任意のベクトル $\boldsymbol{x} \in S$ は，U の線形結合で表現できることに注意しましょう。すなわち

$$\boldsymbol{x} = c_1\boldsymbol{u}_1 + c_2\boldsymbol{u}_2 + \cdots + c_M\boldsymbol{u}_M$$

です。

この設定のもとで，ベクトル $\boldsymbol{y} \in V$ と S の「距離」というものを考えましょう。距離を定めるには，S のベクトルのなかで，最も $\boldsymbol{y}$ と近い $\boldsymbol{x}^*$ を見つけて，$\boldsymbol{y}$ と $\boldsymbol{x}^*$ の距離 $\|\boldsymbol{y} - \boldsymbol{x}^*\|$ をベクトルと部分空間の距離として定義します。つまり，ベクトル $\boldsymbol{y} \in V$ に対して

$$d(\boldsymbol{y}, S) = \min_{\boldsymbol{x} \in S} \|\boldsymbol{y} - \boldsymbol{x}\|$$

を $\boldsymbol{y}$ と S の**距離**（distance）と呼びます。

このとき，最小距離と射影の間には，つぎの関係が成り立ちます。

定理 9.1（射影定理）　$\boldsymbol{x}^* \in S$ と $\boldsymbol{y}$ の距離が最小であることの必要十分条件は $\boldsymbol{y} - \boldsymbol{x}^*$ と S が直交することです。

つまり，$\boldsymbol{y}$ の S への正射影 $\boldsymbol{x}^*$ が，$\boldsymbol{y}$ との距離を最小にする S の要素，ということです。

【証明】「$\boldsymbol{x}^*$ が最小距離を与えるベクトルならば，$\boldsymbol{y}-\boldsymbol{x}^*$ と S は直交」を証明します。いま，$\boldsymbol{y}-\boldsymbol{x}^*$ と直交しないベクトル $\boldsymbol{x} \in S$ が存在することにして矛盾を導きます。このとき，$\langle \boldsymbol{y}-\boldsymbol{x}^*, \boldsymbol{x} \rangle = \delta \neq 0$ とします。一般性を失うことなく，$\|\boldsymbol{x}\| = 1$ と仮定できます。あるベクトル $\boldsymbol{x}_1 \in S$ を $\boldsymbol{x}_1 = \boldsymbol{x}^* + \delta \boldsymbol{x}$ を満たすものとし $\boldsymbol{y}$ との距離を調べます。

$$\begin{aligned}\|\boldsymbol{y}-\boldsymbol{x}_1\|^2 &= \|\boldsymbol{y}-(\boldsymbol{x}^*+\delta\boldsymbol{x})\|^2 \\ &= \|\boldsymbol{y}-\boldsymbol{x}^*\|^2 - \langle \boldsymbol{y}-\boldsymbol{x}^*, \delta\boldsymbol{x}\rangle - \langle \delta\boldsymbol{x}, \boldsymbol{y}-\boldsymbol{x}^*\rangle + |\delta|^2 \\ &= \|\boldsymbol{y}-\boldsymbol{x}^*\|^2 - |\delta|^2\end{aligned}$$

これは，$\|\boldsymbol{y}-\boldsymbol{x}_1\|$ より $\|\boldsymbol{y}-\boldsymbol{x}^*\|^2$ のほうが大きいことを示しています，すなわち，$\boldsymbol{y}-\boldsymbol{x}^*$ が S と直交しなければ，$\boldsymbol{x}^*$ は $\boldsymbol{y}$ からの最短距離を与えるベクトルではないということになります。この対偶を取ることで，「$\boldsymbol{x}^*$ が最小距離を与えるベクトルならば，$\boldsymbol{y}-\boldsymbol{x}^*$ と S は直交」であることが示されました。

つぎに，「$\boldsymbol{y}-\boldsymbol{x}^*$ と S が直交ならば，$\boldsymbol{x}^*$ は最小距離を与える」を証明します。いま任意のベクトル $\boldsymbol{x} \in S$ に対して

$$\|\boldsymbol{y}-\boldsymbol{x}\|^2 = \|\boldsymbol{y}-\boldsymbol{x}^*+\boldsymbol{x}^*-\boldsymbol{x}\|^2 = \|\boldsymbol{y}-\boldsymbol{x}^*\|^2 + \|\boldsymbol{x}^*-\boldsymbol{x}\|^2$$

が成り立つので，$\boldsymbol{x} \neq \boldsymbol{x}^*$ に対しては，つねに $\|\boldsymbol{y}-\boldsymbol{x}\| > \|\boldsymbol{y}-\boldsymbol{x}^*\|$ です。

9.3.4 正規方程式と最小 2 乗解

以上の準備のもとで，2 乗誤差を与える式 (9.17) に戻りましょう。射影定理から，式 (9.17) が最小となる $\boldsymbol{\theta}$ を求めるには，$\boldsymbol{y}-\boldsymbol{X\theta}$ と $R(\boldsymbol{X})$ が直交するように決めればよく，それは一意に定まることが保証されます。$\boldsymbol{y}-\boldsymbol{X\theta}$ が $R(\boldsymbol{X})$ と直交するということは，$\boldsymbol{y}-\boldsymbol{X\theta}$ が $\boldsymbol{X}$ のすべての列ベクトルと直交することにほかなりません。つまり

$$\boldsymbol{X}^H(\boldsymbol{y}-\boldsymbol{X\theta}) = \boldsymbol{o}$$

が成り立ち，すなわち

$$\boldsymbol{X}^H\boldsymbol{X\theta} = \boldsymbol{X}^H\boldsymbol{y} \tag{9.18}$$

を得ます。この方程式は一般的に**正規方程式**（normal equation）と呼ばれています。

$\boldsymbol{X}^H\boldsymbol{X}$ が $(N+1)\times(N+1)$ の正方行列になることからわかるように，式 (9.18) は $(N+1)$ 元連立方程式です。$\boldsymbol{X}^H\boldsymbol{X}$ が逆行列を持つ（つまり $\mathrm{rank}(\boldsymbol{X}) = N+1$，つまり $\boldsymbol{X}$ の列が一次独立）とき，$\boldsymbol{\theta}$ は一意に決まり，例えば解は $\boldsymbol{X}^H\boldsymbol{X}$ の逆行列を用いて

$$\boldsymbol{\theta}^* = (\boldsymbol{X}^H\boldsymbol{X})^{-1}\boldsymbol{X}^H\boldsymbol{y}$$

と表現できます。「例えば」と書いたのには理由があって，実際の数値計算では，逆行列を使って連立方程式を解くことはほとんどないからです。

この解 $\boldsymbol{\theta}^*$ を用いると，部分空間 $R(\boldsymbol{X})$ における $\boldsymbol{y}$ の最良近似 $\boldsymbol{y}^* = \boldsymbol{X}\boldsymbol{\theta}^* = \boldsymbol{X}(\boldsymbol{X}^H\boldsymbol{X})^{-1}\boldsymbol{X}^H\boldsymbol{y}$ が求まります。ここで

$$\boldsymbol{P} = \boldsymbol{X}(\boldsymbol{X}^H\boldsymbol{X})^{-1}\boldsymbol{X}^H$$

と定義すると，$\boldsymbol{y}^* = \boldsymbol{P}\boldsymbol{y}$ となります。ここで，$\boldsymbol{P}$ は正射影行列の条件（式 (5.16)，(5.17)）を満たします（→ 章末問題【**1**】）。

もし $\boldsymbol{X}^H\boldsymbol{X}$ がランク落ちしている場合（$\mathrm{rank}(\boldsymbol{X}) < N+1$），7.2.5 項の式 (7.28) で $\boldsymbol{A} = \boldsymbol{X}^H\boldsymbol{X}$，$\boldsymbol{f} = \boldsymbol{X}^H\boldsymbol{y}$ とおいた場合に相当し

$$\boldsymbol{\theta}^* = (\boldsymbol{X}^H\boldsymbol{X})^+\boldsymbol{X}^H\boldsymbol{y} + (\boldsymbol{I} - (\boldsymbol{X}^H\boldsymbol{X})^+(\boldsymbol{X}^H\boldsymbol{X}))\boldsymbol{d} \tag{9.19}$$

を得ます。ここで，$\boldsymbol{d} \in \mathbb{C}^{N+1}$ は任意のベクトルです。一般逆行列の性質を使うと，式 (9.19) はより簡単な形

$$\boldsymbol{\theta}^* = \boldsymbol{X}^+\boldsymbol{y} + (\boldsymbol{I} - \boldsymbol{X}^+\boldsymbol{X})\boldsymbol{d} \tag{9.20}$$

で表現できます（→ 章末問題【**2**】）。

9.4　主成分分析と次元削減

最後に部分空間そのものが未知のパラメータになっている場合を取り上げま

す。いま，ユークリッド空間 $\mathbb{C}^N$ の 1 次元部分空間（直線）で，観測データ $\{\boldsymbol{x}(k)\}_{k=1}^K$ を近似する問題を考えます。まず，1 次元の部分空間の基底を $\boldsymbol{u}$ とし，そのノルムは 1 である（$\boldsymbol{u}^H\boldsymbol{u}=1$）とします。基底 $\boldsymbol{u}$ を見つける基準としては，データの各点 $\boldsymbol{x}(k)$ を $\boldsymbol{u}$ の張る部分空間に正射影して，その誤差がすべてのデータにわたって平均的に小さくなるようにします。

これを定式化してみましょう。まず，$\boldsymbol{x}(k)$ の $\boldsymbol{u}$ への正射影は $\boldsymbol{u}\boldsymbol{u}^H\boldsymbol{x}(k)$ です（**図 9.3**）。誤差は

$$\boldsymbol{e}(k)=\boldsymbol{x}(k)-\boldsymbol{u}\boldsymbol{u}^H\boldsymbol{x}(k)=(\boldsymbol{I}-\boldsymbol{u}\boldsymbol{u}^H)\boldsymbol{x}(k)$$

なので，2 乗誤差関数

$$J(\boldsymbol{u})=\sum_{k=1}^{K}\|(\boldsymbol{I}-\boldsymbol{u}\boldsymbol{u}^H)\boldsymbol{x}(k)\|^2 \tag{9.21}$$

を定義して，これを最小化すればよいことがわかります。そこで，この関数の極値点を調べて，最小値を与える $\boldsymbol{u}$ を見つけましょう。付録 A にあるように，$J(\boldsymbol{u})$ の $\boldsymbol{u}$ に関する勾配が $\boldsymbol{o}$ となる点が極値点の必要条件となっています。そこで，まずは勾配を求めてみます。

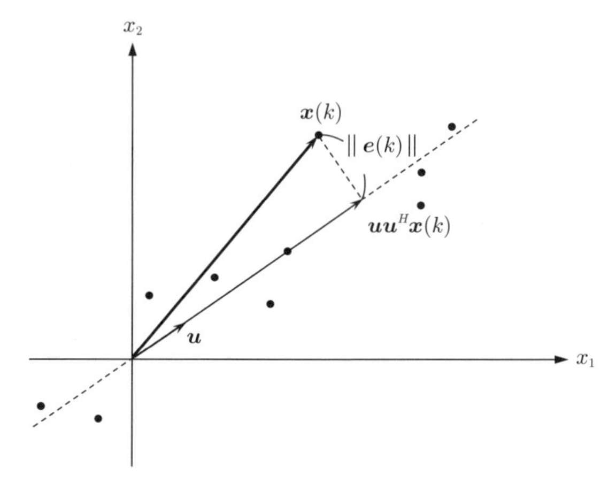

図 9.3　主成分分析の概念図。空間に散らばっているデータが最も近似する部分空間を見つける。データ点 $\boldsymbol{x}(k)$ の $\boldsymbol{u}$ への射影と，その近似誤差 $\boldsymbol{e}(k)$ を示している

式 (9.21) は，トレース（→ 付録 A.2.2 項）を用いて変形すると

$$J(\boldsymbol{u}) = \sum_{k=1}^{K} \|(\boldsymbol{I} - \boldsymbol{u}\boldsymbol{u}^H)\boldsymbol{x}(k)\|^2$$
$$= \mathrm{tr}\left[(\boldsymbol{I} - \boldsymbol{u}\boldsymbol{u}^H)\sum_{k=1}^{K}\boldsymbol{x}(k)\boldsymbol{x}^H(k)(\boldsymbol{I} - \boldsymbol{u}\boldsymbol{u}^H)^H\right]$$
$$= \mathrm{tr}\left[(\boldsymbol{I} - \boldsymbol{u}\boldsymbol{u}^H)\boldsymbol{R}(\boldsymbol{I} - \boldsymbol{u}\boldsymbol{u}^H)^H\right] \tag{9.22}$$

となります。ここで

$$\boldsymbol{R} = \sum_{k=1}^{K}\boldsymbol{x}(k)\boldsymbol{x}^H(k) \tag{9.23}$$

と定義してあります。したがって，付録 A の例 A.7 における式 (A.28) によれば

$$\frac{\partial J(\boldsymbol{u})}{\partial \bar{\boldsymbol{u}}} = \boldsymbol{u}^H\boldsymbol{R}\boldsymbol{u}\boldsymbol{u} - \boldsymbol{R}\boldsymbol{u}$$

です。ここで，$\boldsymbol{u}^H\boldsymbol{R}\boldsymbol{u}$ はスカラなので

$$\lambda = \boldsymbol{u}^H\boldsymbol{R}\boldsymbol{u} \tag{9.24}$$

とおくと，$\dfrac{\partial J(\boldsymbol{u})}{\partial \bar{\boldsymbol{u}}} = \boldsymbol{o}$ より

$$\boldsymbol{R}\boldsymbol{u} = \lambda\boldsymbol{u} \tag{9.25}$$

を満たす $\boldsymbol{u}$ のなかから，$J(\boldsymbol{u})$ を最小とするものを見つけます。明らかに，$\boldsymbol{u}$ は式 (9.25) の固有値問題の固有ベクトル，λ は固有値となっています。また，$\boldsymbol{R}$ はエルミート半正定値なので，固有値 λ は必ず 0 以上の実数となり，重複を許せば固有値と固有ベクトルの組は N 個存在します。固有値を大きい順に $\lambda_1 \geq \lambda_2 \geq \cdots \geq \lambda_N \geq 0$ に並べ，これに対応する固有ベクトルを $\boldsymbol{u}_i$，$i = 1, 2, \cdots, N$ とします。

そこで，式 (9.24) と (9.25) を 2 乗誤差関数の式 (9.22) に代入すると

$$J(\boldsymbol{u}) = \mathrm{tr}[\boldsymbol{R}] - \lambda\mathrm{tr}[\boldsymbol{u}\boldsymbol{u}^H] = \mathrm{tr}[\boldsymbol{R}] - \lambda$$

となります。ここで，$\mathrm{tr}[\boldsymbol{u}\boldsymbol{u}^H] = \|\boldsymbol{u}\|^2$ であることを使いました。$\mathrm{tr}[\boldsymbol{R}]$ は定数なので，固有値が最大のとき，つまり $\lambda = \lambda_1$ のとき $J(\boldsymbol{u})$ は最小値 $J(\boldsymbol{u}_1) = \mathrm{tr}[\boldsymbol{R}] - \lambda_1$ を取ります。

以上のことから，データで決まる行列 $\boldsymbol{R}$ の最大固有値に対応する固有ベクトル $\boldsymbol{u}_1$ が，部分空間の基底ベクトルになります。このとき，スカラ $c_1(k) = \boldsymbol{u}_1^H \boldsymbol{x}(k)$ を，$\boldsymbol{x}(k)$ の**第 1 主成分**（the first princial component）と呼び，データから主成分を見つける解析方法を**主成分分析**（principal component analysis）と呼びます。

同様に，第 2 固有ベクトルから決まるスカラ $c_2(k) = \boldsymbol{u}_2^H \boldsymbol{x}(k)$ は，第 2 主成分と呼びます。主成分はもとのデータを 2 乗誤差の意味で最適に近似しているので，例えばもとのデータ $\boldsymbol{x}(k)$ のサイズ N が大きい場合でも，実は少ない主成分でデータを表現できる場合があります。これをデータの**次元削減**（dimensionality reduction）と呼びます。

9.5　む　　す　　び

本章では，正規分布の最尤推定から最小 2 乗法，またその解の存在と一意性を保証する射影定理まで一気に説明しました。また最後にはデータ解析やデータ圧縮で広く扱われている主成分分析について少し触れました。

正規分布の最尤推定は，ベイズ推定や混合分布などに発展するための基礎となるだけでなく，スパースモデルと呼ばれるパラメータ推定モデルに発展させるためのスタート地点でもあるので，大変重要です。また本章では，正規方程式を解の存在する部分空間への射影として求めました。多くの成書では 2 乗誤差関数を偏微分して求めていますが（→ 付録 A），射影定理を基本にすることにより，ユークリッド空間だけでなく，確率変数の空間などにも広く発展させることができます。

また最小 2 乗法は，ウィナーフィルタやカルマンフィルタと呼ばれる統計的信号処理の技術や，ニューラルネットワークにおける誤差逆伝播法の基礎となる概念です。

主成分分析を部分空間に拡張した主部分空間分析や，最小固有値に着目したマイナー成分分析・マイナー部分空間分析はディジタル通信や音響信号処理では広く使われるテクニックです。主成分分析を統計学的に拡張した独立成分分析は，信号処理だけでなく機械学習や脳科学などに幅広く使われています。

章末問題

【1】 $\boldsymbol{P}=\boldsymbol{X}(\boldsymbol{X}^H\boldsymbol{X})^{-1}\boldsymbol{X}^H$ が $\boldsymbol{P}^2=\boldsymbol{P}$ および $\boldsymbol{P}=\boldsymbol{P}^H$ を満たすことを示せ。

【2】 式 (9.19) から式 (9.20) を導け。

【3】 $\boldsymbol{x}(k)\in\mathbb{C}^N$ とする。行列 $\boldsymbol{R}=\displaystyle\sum_{k=1}^{K}\boldsymbol{x}(k)\boldsymbol{x}^H(k)$ がエルミートで半正定値行列であることを示せ。

付録：ベクトル・行列関数の微分

Next SIP

パラメータはしばしばベクトル $\boldsymbol{\theta}$ で与えられます。この関数 $J(\boldsymbol{\theta})$ を最小化（最大化）するパラメータを求める手順を最適化と呼びます。このような，関数 $J(\boldsymbol{\theta})$ を**目的関数**あるいは**評価関数**（objective function）と呼びます。ここでは，パラメータの偏微分によって目的関数を最適化する方法の基礎についてまとめます。

A.1 実数パラメータによる微分と最急降下法

A.1.1 評価関数の微分

いま，最適化したいパラメータを $\boldsymbol{\theta} = [\theta_1, \theta_2, \cdots, \theta_N]^T \in \mathbb{R}^N$ とします。評価関数 $J(\boldsymbol{\theta})$ に対する $\boldsymbol{\theta}$ の微分は

$$\frac{\partial J(\boldsymbol{\theta})}{\partial \boldsymbol{\theta}} = \begin{bmatrix} \dfrac{\partial J(\boldsymbol{\theta})}{\partial \theta_1} \\ \dfrac{\partial J(\boldsymbol{\theta})}{\partial \theta_2} \\ \vdots \\ \dfrac{\partial J(\boldsymbol{\theta})}{\partial \theta_N} \end{bmatrix} \tag{A.1}$$

で定義されます。ユークリッド空間では，この微分は**勾配**（gradient）と呼ばれ，数値的最適化で重要な役割を果たします[†1]。各成分の $\dfrac{\partial J(\boldsymbol{\theta})}{\partial \theta_i}$ は**偏微分**（partial derivative）と呼ばれ，θ_i だけ変数，残りは定数とみなして微分する操作のことです[†2]。目的関数の微分が $\boldsymbol{o}$，つまり

---

†1　リーマン多様体と呼ばれる「曲がった」空間では，微分と勾配が一致しません。

†2　例えば，$f(x,y) = x^2 + xy^3$ ならば

$$\frac{\partial f(x,y)}{\partial x} = 2x + y^3, \quad \frac{\partial f(x,y)}{\partial y} = 3xy^2$$

となります。

$$\frac{\partial J(\boldsymbol{\theta})}{\partial \boldsymbol{\theta}} = \boldsymbol{o} \tag{A.2}$$

を満たすような $\boldsymbol{\theta}$ を求めることで，目的関数は極小になります。もし，目的関数が**凸関数**（convex function）[†]であれば，極小値は最小値のことです。

例 A.1（ノルム）　$\boldsymbol{\theta} = (\theta_i) \in \mathbb{R}^N$ とします。このとき，ノルムは

$$\|\boldsymbol{\theta}\|^2 = \theta_1^2 + \theta_2^2 + \cdots + \theta_N^2$$

なので

$$\frac{\partial}{\partial \theta_i} \|\boldsymbol{\theta}\|^2 = 2\theta_i$$

です。したがって

$$\frac{\partial}{\partial \boldsymbol{\theta}} \|\boldsymbol{\theta}\|^2 = 2\boldsymbol{\theta}$$

となります。

例 A.2（**2 乗誤差関数**）　$\boldsymbol{y} = (y_k) \in \mathbb{R}^K$，$\boldsymbol{X} = (x_{kn}) \in \mathbb{R}^{K \times N}$，$\boldsymbol{\theta} = (\theta_n) \in \mathbb{R}^N$ とします。このとき，2 乗誤差関数

$$J(\boldsymbol{\theta}) = \|\boldsymbol{y} - \boldsymbol{X}\boldsymbol{\theta}\|^2 \tag{A.3}$$

は

$$J(\theta_1, \theta_2, \cdots, \theta_N) = \sum_{k=1}^{K} \left(y_k - \sum_{n=1}^{N} x_{kn}\theta_n \right)^2 \tag{A.4}$$

のように成分で書き下すことができます。式 (A.4) を，θ_i で偏微分すると

$$\begin{aligned}
\frac{\partial J(\boldsymbol{\theta})}{\partial \theta_i} &= 2\sum_{k=1}^{K} \left(y_k - \sum_{n=1}^{N} x_{kn}\theta_n \right) (-x_{ki}) \\
&= -2 \left\{ \sum_{k=1}^{K} y_k x_{ki} - \sum_{k=1}^{K} x_{ki} \left(\sum_{n=1}^{N} x_{kn}\theta_n \right) \right\} \\
&= -2 \left(\boldsymbol{X}^T \boldsymbol{y} - \boldsymbol{X}^T \boldsymbol{X} \boldsymbol{\theta} \right)_i
\end{aligned}$$

となります。ここで，$(\cdot)_i$ は，ベクトルの i 番目の成分を表しています。これより

[†] 二つのベクトル $\boldsymbol{x}_1, \boldsymbol{x}_2$，$0 \leq t \leq 1$ に対して，$f(t\boldsymbol{x}_1 + (1-t)\boldsymbol{x}_2) \leq tf(\boldsymbol{x}_1) + (1-t)f(\boldsymbol{x}_2)$ であれば，$f(\boldsymbol{x})$ は凸であるといいます。

$$\frac{\partial J(\boldsymbol{\theta})}{\partial \boldsymbol{\theta}} = -2\left(\boldsymbol{X}^T\boldsymbol{y} - \boldsymbol{X}^T\boldsymbol{X}\boldsymbol{\theta}\right) \tag{A.5}$$

を得ます。

もし評価関数が行列 $\boldsymbol{\Theta} = (\theta_{mn}) \in \mathbb{R}^{M\times N}$ の関数 $J(\boldsymbol{\Theta})$ であれば，その偏微分は

$$\frac{\partial J(\boldsymbol{\Theta})}{\partial \boldsymbol{\Theta}} = \begin{bmatrix} \frac{\partial J(\boldsymbol{\Theta})}{\partial \theta_{11}} & \frac{\partial J(\boldsymbol{\Theta})}{\partial \theta_{12}} & \cdots & \frac{\partial J(\boldsymbol{\Theta})}{\partial \theta_{1N}} \\ \frac{\partial J(\boldsymbol{\Theta})}{\partial \theta_{21}} & \frac{\partial J(\boldsymbol{\Theta})}{\partial \theta_{22}} & \cdots & \frac{\partial J(\boldsymbol{\Theta})}{\partial \theta_{2N}} \\ \vdots & & \ddots & \vdots \\ \frac{\partial J(\boldsymbol{\Theta})}{\partial \theta_{M1}} & \frac{\partial J(\boldsymbol{\Theta})}{\partial \theta_{M2}} & \cdots & \frac{\partial J(\boldsymbol{\Theta})}{\partial \theta_{MN}} \end{bmatrix}$$

となります。

A.1.2　最 急 降 下 法

実は，式 (A.2) が複雑な形をしていて，簡単に解けないこともしばしばあります。そのような場合は，$\boldsymbol{\theta}$ を逐次的に求めていきます。いま n 回目の推定値を $\boldsymbol{\theta}^{(n)}$ とするとき，$n+1$ 回目の推定値は，勾配を用いて

$$\boldsymbol{\theta}^{(n+1)} = \boldsymbol{\theta}^{(n)} - \mu \left.\frac{\partial J(\boldsymbol{\theta})}{\partial \boldsymbol{\theta}}\right|_{\boldsymbol{\theta}=\boldsymbol{\theta}^{(n)}} \tag{A.6}$$

のように求める方法を，**最急降下法**（steepest descent method）と呼びます。最急降下法は，パラメータの最適化の最も基本的かつシンプルな方法で，ほとんどの最適化アルゴリズムはこの考え方を基礎としています。

A.2　全微分による勾配の求め方

式 (A.1) に示したように，ベクトルと行列で表記されている目的関数をすべてその成分で書き下し，成分ごとに偏微分を計算し，その結果を並べれば勾配が求まります。しかしながら，目的関数がより複雑な場合の成分表示は非常に煩雑です。そこで，つぎのように形式的に勾配を求めることができます。

A.2.1　全　　微　　分

パラメータベクトル $\boldsymbol{\theta} = (\theta_n) \in \mathbb{R}^N$ が $\Delta\boldsymbol{\theta} = (\Delta\theta_n) \in \mathbb{R}^N$ だけ変化した場合，目的関数の変化量は $J(\boldsymbol{\theta}+\Delta\boldsymbol{\theta}) - J(\boldsymbol{\theta})$ となります。$J(\boldsymbol{\theta}+\Delta\boldsymbol{\theta})$ をテイラー展開すると，$J(\boldsymbol{\theta})$ の変化量は

$$J(\boldsymbol{\theta}+\Delta\boldsymbol{\theta})-J(\boldsymbol{\theta})=\left(\frac{\partial J(\boldsymbol{\theta})}{\partial\boldsymbol{\theta}}\right)^T\Delta\boldsymbol{\theta}+o(\|\Delta\boldsymbol{\theta}\|)$$

となります。$o(\|\Delta\boldsymbol{\theta}\|)$ は 2 次以上の項です。パラメータの変化量が微小なときや 2 次以上の項を無視できるとき，すなわち $\|\Delta\boldsymbol{\theta}\|\to 0$ のとき，$o(\|\Delta\boldsymbol{\theta}\|)\to 0$ であれば，$J(\boldsymbol{\theta})$ は全微分可能であるといいます。そのうえで，$J(\boldsymbol{\theta})$ の変化量 $J(\boldsymbol{\theta}+\Delta\boldsymbol{\theta})-J(\boldsymbol{\theta})$ において $\Delta\boldsymbol{\theta}$ を $d\boldsymbol{\theta}=(d\theta_n)\in\mathbb{R}^N$ で置き換え，2 次以上の項を無視した量

$$\begin{aligned}dJ(\boldsymbol{\theta})&=\left(\frac{\partial J(\boldsymbol{\theta})}{\partial\boldsymbol{\theta}}\right)^T d\boldsymbol{\theta}\\&=\frac{\partial J(\boldsymbol{\theta})}{\partial\theta_1}d\theta_1+\frac{\partial J(\boldsymbol{\theta})}{\partial\theta_2}d\theta_2+\cdots+\frac{\partial J(\boldsymbol{\theta})}{\partial\theta_N}d\theta_N\end{aligned}\tag{A.7}$$

を**全微分**（total derivative）と呼びます。

全微分の厳密な議論はさておき，信号処理で扱う多くの関数は全微分可能です。全微分をうまく使うと，式 (A.1) の微分を形式的に求めることができます。

A.2.2 トレース

なお，全微分の計算には，行列の**トレース**（trace）を用いると便利です。トレースとは，任意の $N\times N$ 正方行列 $\boldsymbol{A}=(a_{mn})$ の対角成分 a_{nn} をすべて足したものです。

定義 A.1（トレース）

$$\mathrm{tr}\,[\boldsymbol{A}]=\sum_{n=1}^{N}a_{nn}\tag{A.8}$$

トレースには便利な性質があります。$\boldsymbol{A}\in\mathbb{R}^{M\times N}$，$\boldsymbol{B}\in\mathbb{R}^{N\times M}$ とします。このとき

$$\mathrm{tr}\,[\boldsymbol{AB}]=\mathrm{tr}\,[\boldsymbol{BA}]\quad（交代則）\tag{A.9}$$

が成り立ちます。また，$\boldsymbol{C}$，$\boldsymbol{D}$ を実数の正方行列，$\boldsymbol{F}$ を複素数の正方行列，a, b をスカラとするとき

$$\mathrm{tr}\left[\boldsymbol{C}^T\right]=\mathrm{tr}\,[\boldsymbol{C}]\quad（転置）\tag{A.10}$$

$$\mathrm{tr}\,[a\boldsymbol{C}+b\boldsymbol{D}]=a\mathrm{tr}\,[\boldsymbol{C}]+b\mathrm{tr}\,[\boldsymbol{D}]\quad（線形性）\tag{A.11}$$

$$\mathrm{tr}\left[\boldsymbol{F}^H\right]=\overline{\mathrm{tr}\,[\boldsymbol{F}]}\quad（エルミート転置）\tag{A.12}$$

が成り立ちます。またベクトルに対しては

$$\boldsymbol{x}^H \boldsymbol{y} = \mathrm{tr}\left[\boldsymbol{y}\boldsymbol{x}^H\right] \quad \text{(内積)} \tag{A.13}$$

であり，特に

$$\|\boldsymbol{x}\|^2 = \boldsymbol{x}^H \boldsymbol{x} = \mathrm{tr}\left[\boldsymbol{x}\boldsymbol{x}^H\right] \quad \text{(ノルム)} \tag{A.14}$$

です。このトレースを用いると，式 (A.7) の全微分は

$$dJ(\boldsymbol{\theta}) = \mathrm{tr}\left[\left(\frac{\partial J(\boldsymbol{\theta})}{\partial \boldsymbol{\theta}}\right) d\boldsymbol{\theta}^T\right] \tag{A.15}$$

と書き表すことができます。

トレースの便利な点は，行列の関数 $J(\boldsymbol{\Theta})$ の全微分をシンプルに表現できるところです。すなわち

$$dJ(\boldsymbol{\Theta}) = \mathrm{tr}\left[\left(\frac{\partial J(\boldsymbol{\Theta})}{\partial \boldsymbol{\Theta}}\right) d\boldsymbol{\Theta}^T\right] \tag{A.16}$$

と表現できます†。

A.2.3　全微分を用いた微分計算例

トレースの全微分を考えましょう。定数ベクトル $\boldsymbol{a} = (a_n)$ に対して，内積をトレース表記した $\boldsymbol{a}^T\boldsymbol{\theta} = \mathrm{tr}[\boldsymbol{a}\boldsymbol{\theta}^T]$ の全微分 $d\mathrm{tr}[\boldsymbol{a}\boldsymbol{\theta}^T]$ は，微分の線形性から

$$\begin{aligned} d\mathrm{tr}[\boldsymbol{a}\boldsymbol{\theta}^T] &= d(a_1\theta_1 + a_2\theta_2 + \cdots + a_N\theta_N) \\ &= a_1 d\theta_1 + a_2 d\theta_2 + \cdots + a_N d\theta_N \\ &= \mathrm{tr}[\boldsymbol{a} d\boldsymbol{\theta}^T] \end{aligned}$$

となります。

同様にして，ノルムのトレース表現 $\|\boldsymbol{\theta}\|^2 = \mathrm{tr}[\boldsymbol{\theta}\boldsymbol{\theta}^T]$ についても

$$d\mathrm{tr}[\boldsymbol{\theta}\boldsymbol{\theta}^T] = \mathrm{tr}[d(\boldsymbol{\theta}\boldsymbol{\theta}^T)] \tag{A.17}$$

となりますが，$d(\boldsymbol{\theta}\boldsymbol{\theta}^T)$ は $\boldsymbol{\theta}\boldsymbol{\theta}^T$ の全微分 $d(\boldsymbol{\theta}\boldsymbol{\theta}^T)$ は，微小変化 $(\boldsymbol{\theta}+d\boldsymbol{\theta})(\boldsymbol{\theta}+d\boldsymbol{\theta})^T - \boldsymbol{\theta}\boldsymbol{\theta}^T$ における 2 次の項を無視したものなので

$$d(\boldsymbol{\theta}\boldsymbol{\theta}^T) = d\boldsymbol{\theta}\boldsymbol{\theta}^T + \boldsymbol{\theta} d\boldsymbol{\theta}^T \tag{A.18}$$

---

† 行列 $\boldsymbol{\Theta} = (\theta_{mn}) \in \mathbb{R}^{M\times N}$ の関数の全微分を成分で書き下すと，$dJ(\boldsymbol{\Theta}) = \displaystyle\sum_{m=1}^{M}\sum_{n=1}^{N} \frac{\partial J(\boldsymbol{\Theta})}{\partial \theta_{mn}} d\theta_{mn}$ となります。

を得ます。したがって，式 (A.17) はトレースの性質を用いて変形すれば

$$d\mathrm{tr}[\boldsymbol{\theta}\boldsymbol{\theta}^T] = \mathrm{tr}[d\boldsymbol{\theta}\boldsymbol{\theta}^T + \boldsymbol{\theta}d\boldsymbol{\theta}^T] = \mathrm{tr}[\boldsymbol{\theta}d\boldsymbol{\theta}^T + \boldsymbol{\theta}d\boldsymbol{\theta}^T] = \mathrm{tr}[(2\boldsymbol{\theta})d\boldsymbol{\theta}^T]$$

となります。したがって，式 (A.15) と比較することで，ノルムの勾配

$$\frac{\partial}{\partial\boldsymbol{\theta}}\|\boldsymbol{\theta}\|^2 = 2\boldsymbol{\theta}$$

が得られました。

例 A.3（2 乗誤差関数）　実数パラメータの 2 乗誤差関数（式 (A.3)）に関して，全微分を用いて勾配を求めてみます。トレースの性質である式 (A.14) を用いると

$$\begin{aligned} J(\boldsymbol{\theta}) &= \|\boldsymbol{y} - \boldsymbol{X}\boldsymbol{\theta}\|^2 \\ &= \mathrm{tr}[(\boldsymbol{y} - \boldsymbol{X}\boldsymbol{\theta})(\boldsymbol{y} - \boldsymbol{X}\boldsymbol{\theta})^T] \\ &= \mathrm{tr}[\boldsymbol{y}\boldsymbol{y}^T - \boldsymbol{y}\boldsymbol{\theta}^T\boldsymbol{X}^T - \boldsymbol{X}\boldsymbol{\theta}\boldsymbol{y}^T + \boldsymbol{X}\boldsymbol{\theta}\boldsymbol{\theta}^T\boldsymbol{X}^T] \end{aligned}$$

のように変形できます。このトレースの表現から，式 (A.18) を使いながら全微分を求めていきます。$\boldsymbol{\theta}$ について全微分をして，トレースの性質を使って変形すると

$$\begin{aligned} dJ(\boldsymbol{\theta}) &= \mathrm{tr}[-\boldsymbol{y}d\boldsymbol{\theta}^T\boldsymbol{X}^T - \boldsymbol{X}d\boldsymbol{\theta}\boldsymbol{y}^T + \boldsymbol{X}d(\boldsymbol{\theta}\boldsymbol{\theta}^T)\boldsymbol{X}^T] \\ &= -\mathrm{tr}[\boldsymbol{y}d\boldsymbol{\theta}^T\boldsymbol{X}^T] - \mathrm{tr}[\boldsymbol{X}d\boldsymbol{\theta}\boldsymbol{y}^T] + \mathrm{tr}[\boldsymbol{X}d\boldsymbol{\theta}\boldsymbol{\theta}^T\boldsymbol{X}^T] \\ &\quad + \mathrm{tr}[\boldsymbol{X}\boldsymbol{\theta}d\boldsymbol{\theta}^T\boldsymbol{X}^T] \\ &= -\mathrm{tr}[\boldsymbol{X}^T\boldsymbol{y}d\boldsymbol{\theta}^T] - \mathrm{tr}[d\boldsymbol{\theta}\boldsymbol{y}^T\boldsymbol{X}] + \mathrm{tr}[d\boldsymbol{\theta}\boldsymbol{\theta}^T\boldsymbol{X}^T\boldsymbol{X}] \\ &\quad + \mathrm{tr}[\boldsymbol{X}^T\boldsymbol{X}\boldsymbol{\theta}d\boldsymbol{\theta}^T] \quad \text{（式 (A.9) で順番交代）} \\ &= -\mathrm{tr}[\boldsymbol{X}^T\boldsymbol{y}d\boldsymbol{\theta}^T] - \mathrm{tr}[\boldsymbol{X}^T\boldsymbol{y}d\boldsymbol{\theta}^T] + \mathrm{tr}[\boldsymbol{X}^T\boldsymbol{X}\boldsymbol{\theta}d\boldsymbol{\theta}^T] \\ &\quad + \mathrm{tr}[\boldsymbol{X}^T\boldsymbol{X}\boldsymbol{\theta}d\boldsymbol{\theta}^T] \quad \text{（式 (A.10) で転置）} \\ &= \mathrm{tr}[-2(\boldsymbol{X}^T\boldsymbol{y} - \boldsymbol{X}^T\boldsymbol{X}\boldsymbol{\theta})d\boldsymbol{\theta}^T] \end{aligned}$$

を得ます。したがって，式 (A.15) と比較することで勾配

$$\frac{\partial J(\boldsymbol{\theta})}{\partial\boldsymbol{\theta}} = -2\left(\boldsymbol{X}^T\boldsymbol{y} - \boldsymbol{X}^T\boldsymbol{X}\theta\right)$$

が求まりました。これは，成分ごとに偏微分した式 (A.5) に一致しています。

行列式の対数 $\log|\boldsymbol{X}|$ は通信や機械学習でよく使われる評価関数です。これを扱うために，行列指数と呼ばれる行列のべき級数を導入します。

定義 A.2（行列指数）　$N \times N$ の正則行列 $\boldsymbol{A}$ に対して，べき級数

$$e^{\boldsymbol{A}} = \sum_{k=0}^{\infty} \frac{1}{k} \boldsymbol{A}^k \tag{A.19}$$

を**行列指数**（matrix exponential）と呼びます。

行列指数に対して，以下の性質が成り立ちます。

$$|e^{\boldsymbol{A}}| = e^{\mathrm{tr}[\boldsymbol{A}]} \tag{A.20}$$

詳しい証明は省略します。

例 A.4　行列式の対数正則行列 $\boldsymbol{X}$ に対して，$\log|\boldsymbol{X}|$ の勾配を求めましょう。まず，微小変化については

$$\begin{aligned} d(\log|\boldsymbol{X}|) &= \log|\boldsymbol{X} + d\boldsymbol{X}| - \log|\boldsymbol{X}| \\ &= \log|\boldsymbol{X}(\boldsymbol{I} + \boldsymbol{X}^{-1}d\boldsymbol{X})| - \log|\boldsymbol{X}| \\ &= \log|\boldsymbol{X}|\log|\boldsymbol{I} + \boldsymbol{X}^{-1}d\boldsymbol{X}| - \log|\boldsymbol{X}| \\ &= \log|\boldsymbol{X}| + \log|\boldsymbol{I} + \boldsymbol{X}^{-1}d\boldsymbol{X}| - \log|\boldsymbol{X}| \\ &= \log|\boldsymbol{I} + \boldsymbol{X}^{-1}d\boldsymbol{X}| \end{aligned} \tag{A.21}$$

のように変形できます。一方，微小量 $\boldsymbol{X}^{-1}d\boldsymbol{X}$ に対して，行列指数の 2 次以上の項が消えるので

$$e^{\boldsymbol{X}^{-1}d\boldsymbol{X}} = \boldsymbol{I} + \boldsymbol{X}^{-1}d\boldsymbol{X} \tag{A.22}$$

が成り立ちます。したがって，式 (A.20)，(A.21)，(A.22) より

$$\begin{aligned} d(\log|\boldsymbol{X}|) &= \log|e^{\boldsymbol{X}^{-1}d\boldsymbol{X}}| = \log e^{\mathrm{tr}[\boldsymbol{X}^{-1}d\boldsymbol{X}]} \\ &= \mathrm{tr}[\boldsymbol{X}^{-1}d\boldsymbol{X}] = \mathrm{tr}[\boldsymbol{X}^{-T}d\boldsymbol{X}^T] \end{aligned} \tag{A.23}$$

となります。したがって，式 (A.16) より

$$\frac{\partial}{\partial \boldsymbol{X}} \log|\boldsymbol{X}| = \boldsymbol{X}^{-T}$$

を得ます。

例 A.5（正規分布の対数尤度）　正規分布

$$f_{\boldsymbol{X}}(\boldsymbol{x}) = \frac{1}{\sqrt{(2\pi)^N |\boldsymbol{\Sigma}|}} e^{-\frac{1}{2}(\boldsymbol{x}-\boldsymbol{\mu})^T \boldsymbol{\Sigma}^{-1}(\boldsymbol{x}-\boldsymbol{\mu})}$$

の対数尤度（式 (9.5)）

$$\begin{aligned}\ell(\boldsymbol{\mu}, \boldsymbol{\Sigma}) &= -\frac{1}{2}\left(N\log(2\pi) + \log|\boldsymbol{\Sigma}| + \sum_{k=1}^{K}(\boldsymbol{x}_k - \boldsymbol{\mu})^T \boldsymbol{\Sigma}^{-1}(\boldsymbol{x}_k - \boldsymbol{\mu})\right) \\ &= -\frac{1}{2}\left(N\log(2\pi) + \log|\boldsymbol{\Sigma}| \right. \\ &\qquad \left. + \sum_{k=1}^{K} \mathrm{tr}\left[(\boldsymbol{x}_k - \boldsymbol{\mu})(\boldsymbol{x}_k - \boldsymbol{\mu})^T \boldsymbol{\Sigma}^{-T}\right]\right)\end{aligned}$$

に対して，$\boldsymbol{\mu}$，$\boldsymbol{\Sigma}$ に対する勾配 $\dfrac{\partial}{\partial \boldsymbol{\mu}}\ell(\boldsymbol{\mu}, \boldsymbol{\Sigma})$，$\dfrac{\partial}{\partial \boldsymbol{\Sigma}}\ell(\boldsymbol{\mu}, \boldsymbol{\Sigma})$ をそれぞれ求めてみましょう。

まず，$\boldsymbol{\Sigma}$ を固定すれば，$\boldsymbol{\mu}$ に関する全微分は

$$\begin{aligned}d\ell(\boldsymbol{\mu}) &= -\frac{1}{2}\sum_{i=1}^{N} \mathrm{tr}\left[d\{(\boldsymbol{x}_i - \boldsymbol{\mu})(\boldsymbol{x}_i - \boldsymbol{\mu})^T \boldsymbol{\Sigma}^{-T}\}\right] \\ &= -\frac{1}{2}\sum_{i=1}^{N} \mathrm{tr}\left[d(\boldsymbol{x}_i - \boldsymbol{\mu})(\boldsymbol{x}_i - \boldsymbol{\mu})^T \boldsymbol{\Sigma}^{-T} + (\boldsymbol{x}_i - \boldsymbol{\mu})d(\boldsymbol{x}_i - \boldsymbol{\mu})^T \boldsymbol{\Sigma}^{-T}\right] \\ &= -\frac{1}{2}\sum_{i=1}^{N} \mathrm{tr}\left[-d\boldsymbol{\mu}(\boldsymbol{x}_i - \boldsymbol{\mu})^T \boldsymbol{\Sigma}^{-T} - (\boldsymbol{x}_i - \boldsymbol{\mu})d\boldsymbol{\mu}^T \boldsymbol{\Sigma}^{-T}\right] \\ &= \frac{1}{2}\sum_{i=1}^{N} \mathrm{tr}\left[\boldsymbol{\Sigma}^{-1}(\boldsymbol{x}_i - \boldsymbol{\mu})d\boldsymbol{\mu}^T + \boldsymbol{\Sigma}^{-T}(\boldsymbol{x}_i - \boldsymbol{\mu})d\boldsymbol{\mu}^T\right] \\ &= \frac{1}{2}\sum_{i=1}^{N} \mathrm{tr}\left[(\boldsymbol{\Sigma}^{-1} + \boldsymbol{\Sigma}^{-T})(\boldsymbol{x}_i - \boldsymbol{\mu})d\boldsymbol{\mu}^T\right]\end{aligned}$$

となります。したがって

$$\frac{\partial}{\partial \boldsymbol{\mu}}\ell(\boldsymbol{\mu}, \boldsymbol{\Sigma}) = \frac{1}{2}(\boldsymbol{\Sigma}^{-1} + \boldsymbol{\Sigma}^{-T})\left(\sum_{i=1}^{N}\boldsymbol{x}_i - N\boldsymbol{\mu}\right) \tag{A.24}$$

を得ます。

つぎに，$\boldsymbol{\mu}$ を固定した場合，$\boldsymbol{\Sigma}$ に関する全微分を求めます。式 (A.23) を用い

ると

$$
\begin{aligned}
d\ell(\boldsymbol{\Sigma}) &= -\frac{N}{2} d\log|\boldsymbol{\Sigma}| - \frac{1}{2}\sum_{i=1}^{N} \mathrm{tr}\left[(\boldsymbol{x}_i-\boldsymbol{\mu})(\boldsymbol{x}_i-\boldsymbol{\mu})^T d\boldsymbol{\Sigma}^{-T}\right] \\
&= -\frac{N}{2}\mathrm{tr}\left[\boldsymbol{\Sigma}^{-1}d\boldsymbol{\Sigma}\right] - \frac{1}{2}\sum_{i=1}^{N} \mathrm{tr}\left[(\boldsymbol{x}_i-\boldsymbol{\mu})(\boldsymbol{x}_i-\boldsymbol{\mu})^T d(\boldsymbol{\Sigma}^{-1})^T\right] \\
&= -\frac{N}{2}\mathrm{tr}\left[\boldsymbol{\Sigma}^{-T}d\boldsymbol{\Sigma}^T\right] - \frac{1}{2}\sum_{i=1}^{N} \mathrm{tr}\left[(\boldsymbol{x}_i-\boldsymbol{\mu})(\boldsymbol{x}_i-\boldsymbol{\mu})^T (-\boldsymbol{\Sigma}^{-1}d\boldsymbol{\Sigma}\boldsymbol{\Sigma}^{-1})^T\right] \\
&= -\frac{N}{2}\mathrm{tr}\left[\boldsymbol{\Sigma}^{-T}d\boldsymbol{\Sigma}^T\right] + \frac{1}{2}\sum_{i=1}^{N} \mathrm{tr}\left[(\boldsymbol{x}_i-\boldsymbol{\mu})(\boldsymbol{x}_i-\boldsymbol{\mu})^T \boldsymbol{\Sigma}^{-T}d\boldsymbol{\Sigma}^T\boldsymbol{\Sigma}^{-T}\right] \\
&= -\frac{N}{2}\mathrm{tr}\left[\boldsymbol{\Sigma}^{-T}d\boldsymbol{\Sigma}^T\right] + \frac{1}{2}\sum_{i=1}^{N} \mathrm{tr}\left[\boldsymbol{\Sigma}^{-T}(\boldsymbol{x}_i-\boldsymbol{\mu})(\boldsymbol{x}_i-\boldsymbol{\mu})^T \boldsymbol{\Sigma}^{-T}d\boldsymbol{\Sigma}^T\right] \\
&= -\mathrm{tr}\left[\left(\frac{N}{2}\boldsymbol{\Sigma}^{-T} - \frac{1}{2}\boldsymbol{\Sigma}^{-T}\sum_{i=1}^{N}(\boldsymbol{x}_i-\boldsymbol{\mu})(\boldsymbol{x}_i-\boldsymbol{\mu})^T\boldsymbol{\Sigma}^{-T}\right)d\boldsymbol{\Sigma}^T\right]
\end{aligned}
$$

となります。ここで

$$
d(\boldsymbol{\Sigma}^{-1}) = -\boldsymbol{\Sigma}^{-1}d\boldsymbol{\Sigma}\boldsymbol{\Sigma}^{-1} \tag{A.25}
$$

を用いました†。これより

$$
\frac{\partial}{\partial\boldsymbol{\Sigma}}\ell(\boldsymbol{\mu},\boldsymbol{\Sigma}) = -\frac{1}{2}\boldsymbol{\Sigma}^{-T}\left(N\boldsymbol{I} - \sum_{i=1}^{N}(\boldsymbol{x}_i-\boldsymbol{\mu})(\boldsymbol{x}_i-\boldsymbol{\mu})^T\boldsymbol{\Sigma}^{-T}\right) \tag{A.26}
$$

を得ます。

A.3 複素数パラメータによる微分

パラメータが複素数のとき，つまり $\boldsymbol{\theta} \in \mathbb{C}^N$ のとき，実数と同様に微分することはできません。詳しくは関連する成書[7)]に譲りますが，この場合は，**ウィルティンガー微分**（Wirtinger derivative）と呼ばれる微分が必要になります。

工学的な応用においては，パラメータが複素数であっても，評価関数 $J(\boldsymbol{\theta})$ は実数値を取る場合がほとんどです。評価関数はコスト関数とも呼ばれ，対象とするシステ

† 正則行列 $\boldsymbol{A}$ に対して，$\boldsymbol{A}\boldsymbol{A}^{-1} = \boldsymbol{I}$ が成り立つので，両辺微分すると，左辺 $= d(\boldsymbol{A}\boldsymbol{A}^{-1}) = d\boldsymbol{A}\boldsymbol{A}^{-1} + \boldsymbol{A}d(\boldsymbol{A}^{-1})$，右辺 $= 0$ であることから $\boldsymbol{A}d(\boldsymbol{A}^{-1}) = -d\boldsymbol{A}\boldsymbol{A}^{-1}$ となり，式 (A.25) の関係を得ます。

ムやモデルの性能を測るための量なので，大小関係がないと困るからです。

このように評価関数 $J(\boldsymbol{\theta})$ が実数値を取る関数であれば，$\boldsymbol{\theta}$ の微分とその共役 $\overline{\boldsymbol{\theta}}$ の微分の項に整理することができ

$$dJ(\boldsymbol{\theta}) = \mathrm{tr}\left[\left(\frac{\partial J(\boldsymbol{\theta})}{\partial \boldsymbol{\theta}}\right) d\boldsymbol{\theta}^T + \left(\frac{\partial J(\boldsymbol{\theta})}{\partial \overline{\boldsymbol{\theta}}}\right) d\boldsymbol{\theta}^H\right] \tag{A.27}$$

となります。ここに現れる $\dfrac{\partial J(\boldsymbol{\theta})}{\partial \boldsymbol{\theta}}$ と $\dfrac{\partial J(\boldsymbol{\theta})}{\partial \overline{\boldsymbol{\theta}}}$ をウィルティンガー微分と呼びます。この二つの微分は，共役関係になることが知られているので，実際に勾配を求める際は，一方の，例えば，$\dfrac{\partial J(\boldsymbol{\theta})}{\partial \overline{\boldsymbol{\theta}}}$ のみを求めればよいことになります。

例 A.6（複素パラメータの **2** 乗誤差関数）　$\boldsymbol{y} \in \mathbb{C}^K$，$\boldsymbol{X} \in \mathbb{C}^{K\times N}$，$\boldsymbol{\theta} \in \mathbb{C}^N$ のとき

$$\begin{aligned} J(\boldsymbol{\theta}) &= \|\boldsymbol{y} - \boldsymbol{X}\boldsymbol{\theta}\|^2 \\ &= \mathrm{tr}\left[(\boldsymbol{y} - \boldsymbol{X}\boldsymbol{\theta})(\boldsymbol{y} - \boldsymbol{X}\boldsymbol{\theta})^H\right] \\ &= \mathrm{tr}\left[\boldsymbol{y}\boldsymbol{y}^H - \boldsymbol{y}\boldsymbol{\theta}^H\boldsymbol{X}^H - \boldsymbol{X}\boldsymbol{\theta}\boldsymbol{y}^H + \boldsymbol{X}\boldsymbol{\theta}\boldsymbol{\theta}^H\boldsymbol{X}^H\right] \end{aligned}$$

なので

$$\begin{aligned} dJ(\boldsymbol{\theta}) &= \mathrm{tr}\left[-\boldsymbol{y}d\boldsymbol{\theta}^H\boldsymbol{X}^H - \boldsymbol{X}d\boldsymbol{\theta}\boldsymbol{y}^H + \boldsymbol{X}d\boldsymbol{\theta}\boldsymbol{\theta}^H\boldsymbol{X}^H + \boldsymbol{X}\boldsymbol{\theta}d\boldsymbol{\theta}^H\boldsymbol{X}^H\right] \\ &= \mathrm{tr}\left[d\boldsymbol{\theta}(\boldsymbol{\theta}^H\boldsymbol{X}^H\boldsymbol{X} - \boldsymbol{y}^H\boldsymbol{X})\right] + \mathrm{tr}\left[(\boldsymbol{X}^H\boldsymbol{X}\boldsymbol{\theta} - \boldsymbol{X}^H\boldsymbol{y})d\boldsymbol{\theta}^H\right] \\ &= \mathrm{tr}\left[(\boldsymbol{\theta}^H\boldsymbol{X}^H\boldsymbol{X} - \boldsymbol{y}^H\boldsymbol{X})^T d\boldsymbol{\theta}^T + (\boldsymbol{X}^H\boldsymbol{X}\boldsymbol{\theta} - \boldsymbol{X}^H\boldsymbol{y})d\boldsymbol{\theta}^H\right] \end{aligned}$$

となります。したがって，式 (A.27) との比較により

$$\begin{aligned} \frac{\partial J(\boldsymbol{\theta})}{\partial \boldsymbol{\theta}} &= (\boldsymbol{\theta}^H\boldsymbol{X}^H\boldsymbol{X} - \boldsymbol{y}^H\boldsymbol{X})^T = \boldsymbol{X}^T\overline{\boldsymbol{X}}\,\overline{\boldsymbol{\theta}} - \boldsymbol{X}^T\overline{\boldsymbol{y}} \\ \frac{\partial J(\boldsymbol{\theta})}{\partial \overline{\boldsymbol{\theta}}} &= \boldsymbol{X}^H\boldsymbol{X}\boldsymbol{\theta} - \boldsymbol{X}^H\boldsymbol{y} \end{aligned}$$

を得ます。これらは共役の関係になっていることがわかります。

例 A.7　　$\boldsymbol{u} \in \mathbb{C}^N$，$\boldsymbol{R} \in \mathbb{C}^{N\times N}$ のとき

$$J(\boldsymbol{u}) = \mathrm{tr}\left[(\boldsymbol{I} - \boldsymbol{u}\boldsymbol{u}^H)\boldsymbol{R}(\boldsymbol{I} - \boldsymbol{u}\boldsymbol{u}^H)^H\right]$$

に関してウィルティンガー微分を求めると

$$
\begin{aligned}
dJ(\boldsymbol{u}) &= \mathrm{tr}\Big[(-d\boldsymbol{u}\boldsymbol{u}^H)\boldsymbol{R}(\boldsymbol{I}-\boldsymbol{u}\boldsymbol{u}^H)^H + (-\boldsymbol{u}d\boldsymbol{u}^H)\boldsymbol{R}(\boldsymbol{I}-\boldsymbol{u}\boldsymbol{u}^H)^H \\
&\qquad + (\boldsymbol{I}-\boldsymbol{u}\boldsymbol{u}^H)\boldsymbol{R}(-d\boldsymbol{u}\boldsymbol{u}^H)^H + (\boldsymbol{I}-\boldsymbol{u}\boldsymbol{u}^H)\boldsymbol{R}(-\boldsymbol{u}d\boldsymbol{u}^H)^H\Big] \\
&= \mathrm{tr}\left[-d\boldsymbol{u}\left\{\boldsymbol{u}^H\boldsymbol{R}(\boldsymbol{I}-\boldsymbol{u}\boldsymbol{u}^H) + \boldsymbol{u}^H(\boldsymbol{I}-\boldsymbol{u}\boldsymbol{u}^H)\boldsymbol{R}\right\}\right] \\
&\quad + \mathrm{tr}\left[-\left\{\boldsymbol{R}(\boldsymbol{I}-\boldsymbol{u}\boldsymbol{u}^H)\boldsymbol{u} + (\boldsymbol{I}-\boldsymbol{u}\boldsymbol{u}^H)\boldsymbol{R}\boldsymbol{u}\right\}d\boldsymbol{u}^H\right] \\
&= \mathrm{tr}\left[(\boldsymbol{u}^H\boldsymbol{R}\boldsymbol{u}\boldsymbol{u}^H - \boldsymbol{u}^H\boldsymbol{R})^T d\boldsymbol{u}^T\right] + \mathrm{tr}\left[(\boldsymbol{u}\boldsymbol{u}^H\boldsymbol{R}\boldsymbol{u} - \boldsymbol{R}\boldsymbol{u})d\boldsymbol{u}^H\right]
\end{aligned}
$$

となります。ここで，$\boldsymbol{u}^H\boldsymbol{u}=1$ を用いました。したがって

$$
\frac{\partial J}{\partial \overline{\boldsymbol{u}}} = \boldsymbol{u}\boldsymbol{u}^H\boldsymbol{R}\boldsymbol{u} - \boldsymbol{R}\boldsymbol{u} \tag{A.28}
$$

を得ます。

A.4　む　す　び

本付録では，多変数関数の偏微分，全微分などを，かなり直観的・形式的に扱いました。厳密な取扱いについては，解析学や微分積分学の成書を参考にしてください。また，本付録では，いくつかの限られた場合のみ扱いました。より知りたい読者は，Magnus and Neudecker[8] などを参考にしてください。また，ウィルテンガー微分に関しては，Schreier and Scharf[7] により詳しい解説が載っています。

章　末　問　題

【1】 $\boldsymbol{x} \in \mathbb{C}^N$ の関数

$$
f(\boldsymbol{x}) = \boldsymbol{x}^H\boldsymbol{A}\boldsymbol{x} + \boldsymbol{b}^H\boldsymbol{x} + \boldsymbol{x}^H\boldsymbol{b}
$$

に対してつぎの問いに答えよ。ただし，$\boldsymbol{A} \in \mathbb{C}^{N\times N}$ は正定値エルミート行列，$\boldsymbol{b} \in \mathbb{C}^N$ は定数ベクトルとする。

(1) $f(\boldsymbol{x})$ が実数であることを示せ。

(2) $\dfrac{\partial f}{\partial \overline{\boldsymbol{x}}}$ を求めよ。

【2】 行列 $\boldsymbol{W} \in \mathbb{C}^{N\times r}$（$r < N$）に関する関数

$$
J(\boldsymbol{W}) = \|\boldsymbol{X} - \boldsymbol{W}\boldsymbol{W}^H\boldsymbol{X}\|_F^2
$$

に対して，$\dfrac{\partial J}{\partial \overline{\boldsymbol{W}}}$ を求めよ。ここで，$\boldsymbol{X} \in \mathbb{C}^{N\times M}$ は定数行列とし，$\|\cdot\|_F$ は，

行列のフロベニウスノルムと呼ばれ

$$\|\boldsymbol{A}\|_F^2 = \mathrm{tr}\left[\boldsymbol{A}\boldsymbol{A}^H\right]$$

で定義される。

引用・参考文献

1) 齋藤正彦：線形代数入門（基礎数学 1），東京大学出版会 (1966)
2) Golub, G.H. and Van Loan, C.F.：Matrix Computations (Third Edition), Baltimore, MD, Johns Hopkins University Press (1996)
3) 柳井晴夫，竹内　啓：射影行列・一般逆行列・特異値分解 新装版（UP 応用数学選書 10），東京大学出版会 (2018)
4) 平岡和幸，堀　玄：プログラミングのための確率統計，オーム社 (2009)
5) Papoulis, A. and Pillai, S.U.：Probability, Random Variables and Stochastic Processes, Tata McGraw-Hill (2002)
6) Peebles, P.Z.：Probability, Random Variables, and Random Signal Principles, McGraw-Hill Education (2001)
7) Schreier, P.J. and Scharf, L.L.：Statistical Signal Processing of Complex-Valued Data: The Theory of Improper and Noncircular Signals, Cambridge University Press (2010)
8) Magnus, J.R. and Neudecker, H.：Matrix Differential Calculus with Applications in Statistics and Econometrics, New York, Wiley (1988)

章末問題解答

1章 ……………………………………………………………………

【1】 実数 α, β によって $z = \alpha + i\beta$ と書くと，$\mathrm{Re}[z] = \alpha$，$|z| = \sqrt{\alpha^2 + \beta^2}$ である。$\alpha^2 + \beta^2 \geq \alpha^2$ より，$\sqrt{\alpha^2 + \beta^2} \geq \alpha$ なので，$\mathrm{Re}[z] \leq |z|$ が成り立つ。

【2】 $e^{i\theta} = \cos\theta + i\sin\theta$ および，$e^{-i\theta} = \cos\theta - i\sin\theta$ より，これらの和を取れば，$e^{i\theta} + e^{-i\theta} = 2\cos\theta$ から式 (1.7) を得る。また，差を取ることで，$e^{i\theta} - e^{-i\theta} = i2\sin\theta$ から式 (1.8) を得る。

【3】 式 (1.10) で両辺の複素共役を取り，k を $-k$ に置き換えると

$$\overline{x(t)} = \overline{\sum_{k=-\infty}^{\infty} c_k e^{i2\pi\frac{k}{T}t}} = \sum_{k=-\infty}^{\infty} \overline{c_k} e^{i2\pi\frac{(-k)}{T}t} = \sum_{k=-\infty}^{\infty} \overline{c_{-k}} e^{i2\pi\frac{k}{T}t}$$

を得る。したがって，式 (1.10) と比較すると，$c_k = \overline{c_{-k}}$ となるので，両辺の共役を取ると，$\overline{c_k} = c_{-k}$ を得る。

【4】 式 (1.12) より，$0 \leq t < \dfrac{T}{2}$ のとき $x(t) = 1$，$\dfrac{T}{2} \leq t < T$ のとき $x(t) = 0$ なので

$$c_k = \frac{1}{T}\int_0^{\frac{T}{2}} e^{-i2\pi\frac{k}{T}t}dt = \frac{1}{T}\left[\frac{1}{-i2\pi\dfrac{k}{T}} e^{-i2\pi\frac{k}{T}t}\right]_0^{\frac{T}{2}} = \frac{1}{i2\pi\dfrac{k}{T}}\left(1 - e^{-i\pi kt}\right)$$

$$= \frac{1}{i2\pi\dfrac{k}{T}} e^{-i\frac{\pi}{2}kt}\left(e^{i\frac{\pi}{2}kt} - e^{-i\frac{\pi}{2}kt}\right) = \frac{1}{\pi k}\frac{e^{i\frac{\pi}{2}kt} - e^{-i\frac{\pi}{2}kt}}{i2} = \frac{1}{2}\frac{\sin\dfrac{\pi}{2}kt}{\dfrac{\pi}{2}kt}$$

を得る。最後の変形にはオイラーの公式 (1.8) を用いた。この c_k を式 (1.10) に代入すると，式 (1.13) を得る。

2章 ……………………………………………………………………

【1】 $\|\boldsymbol{x}\|^2 = (-3+i)(-3-i) + (-2+i3)(-2-i3) + (-i2)(i2) = ((-3)^2 - i^2) + ((-2)^2 - (i3)^2) - (i2)^2 = 10 + 13 + 4 = 27$ なので，$\|\boldsymbol{x}\| = 3\sqrt{3}$ となる。

【2】 任意の $\boldsymbol{x} \in S$ に対して，(-1) 倍した $(-1)\boldsymbol{x} = -\boldsymbol{x}$ は S の要素ではない。例えば，$\boldsymbol{x} = [1, 1]^T$ であれば，$-\boldsymbol{x} = [-1, -1]^T$ であり，S の要素になっていな

い。したがって，ベクトル空間の公理を満たさないので，S はベクトル空間ではない。

3 章 ……………………………………………………………………

【1】 $\boldsymbol{A}(\alpha\boldsymbol{x}) = [\boldsymbol{a}_1, \boldsymbol{a}_2, \cdots, \boldsymbol{a}_N]\begin{bmatrix}\alpha x_1 \\ \alpha x_2 \\ \vdots \\ \alpha x_n\end{bmatrix} = \boldsymbol{a}_1(\alpha x_1) + \boldsymbol{a}_2(\alpha x_2) + \cdots + \boldsymbol{a}_N(\alpha x_N) =$
$\alpha(\boldsymbol{a}_1 x_1 + \boldsymbol{a}_2 x_2 + \cdots + \boldsymbol{a}_N x_N) = \alpha(\boldsymbol{A}\boldsymbol{x})$ が成り立つ。

【2】

$$\boldsymbol{A}^H\boldsymbol{A} = \begin{bmatrix} 15 & -10+i2 & 35+i18 \\ -10-i2 & 11 & -22-i9 \\ 35-i18 & -22+i9 & 118 \end{bmatrix}$$

【3】 $\boldsymbol{W}\boldsymbol{W}^H$ の (m,n) 成分 $(\boldsymbol{W}\boldsymbol{W}^H)_{m,n}$ は

$$(\boldsymbol{W}\boldsymbol{W}^H)_{m,n} = \frac{1}{N}\sum_{k=0}^{N-1} e^{i\frac{2\pi}{N}mk} e^{-i\frac{2\pi}{N}nk}\frac{1}{N} = \sum_{k=0}^{N-1} e^{-i\frac{2\pi}{N}(m-n)k}$$

なので，$m = n$ のとき（対角成分）は，$(\boldsymbol{W}\boldsymbol{W}^H)_{m,n} = \dfrac{1}{N} = \displaystyle\sum_{k=0}^{N-1} e^0 = 1$ となる。また，$m \neq n$ のとき（非対角成分）は，等比級数の和の公式を使えば

$$(\boldsymbol{W}\boldsymbol{W}^H)_{m,n} = \frac{1}{N} = \frac{1-e^{-i\frac{2\pi}{N}(m-n)N}}{1-e^{-i\frac{2\pi}{N}(m-n)}} = \frac{1-e^{-i2\pi(m-n)}}{1-e^{-i\frac{2\pi}{N}(m-n)}} = 0$$

となる。ここで，$e^{-i2\pi(m-n)} = 1$ となることを使った。

【4】

$$\begin{aligned}|\boldsymbol{A}| &= -a_{12}\begin{vmatrix} a_{21} & a_{23} \\ a_{31} & a_{33}\end{vmatrix} + a_{22}\begin{vmatrix} a_{11} & a_{13} \\ a_{31} & a_{33}\end{vmatrix} - a_{32}\begin{vmatrix} a_{11} & a_{13} \\ a_{21} & a_{23}\end{vmatrix} \\ &= -a_{12}(a_{21}a_{33} - a_{23}a_{31}) + a_{22}(a_{11}a_{33} - a_{13}a_{31}) \\ &\quad - a_{32}(a_{11}a_{23} - a_{13}a_{21}) \\ &= a_{11}a_{22}a_{33} + a_{12}a_{23}a_{31} + a_{13}a_{21}a_{32} \\ &\quad - (a_{13}a_{22}a_{31} + a_{12}a_{21}a_{33} + a_{11}a_{23}a_{32})\end{aligned}$$

より，一致することが確認できた。

【5】 第 3 列を，（第 3 列）$- 2 \times$（第 1 列）で置き換え，第 3 列で余因子展開を実行すれば

$$|\boldsymbol{A}| = \begin{vmatrix} 1 & 3 & -1 & 1 \\ 2 & 1 & 0 & 0 \\ 1 & 2 & 0 & 1 \\ 2 & 1 & 0 & 1 \end{vmatrix} = (-1)(-1)^{1+3} \begin{vmatrix} 2 & 1 & 0 \\ 1 & 2 & 1 \\ 2 & 1 & a \end{vmatrix}$$
$$= -\left\{ 2(-1)^{1+1} \begin{vmatrix} 2 & 1 \\ 1 & a \end{vmatrix} + 1(-1)^{1+2} \begin{vmatrix} 1 & 1 \\ 2 & a \end{vmatrix} \right\}$$
$$= -2(2a-1) + (a-2) = -3a = 0$$

より $a = 0$ となる。

4章

【1】 $\begin{bmatrix} 1 \\ -6 \end{bmatrix} = \begin{bmatrix} 2 & -1 \\ 1 & 3 \end{bmatrix} \begin{bmatrix} c_1 \\ c_1 \end{bmatrix}$ より，c_1，c_2 を求めると，$c_1 = -\frac{3}{8}$，$c_2 = -1$ なので，$\boldsymbol{x} = -\frac{3}{8}\boldsymbol{u}_1 - \boldsymbol{u}_2$ を得る。

【2】 オイラーの公式より，$x(t) = 3\frac{e^{it} - e^{-it}}{i2} + 2\frac{e^{i3t} + e^{-i3t}}{2} + 1 = e^{-i3t} + i\frac{3}{2}e^{-it} + 1 - i\frac{3}{2}e^{it} + e^{i3t}$ と表現できるので，この $\left\{e^{ikt}\right\}_{k=-3}^{3}$ で張られる空間の要素になっている。また，展開係数を使って，$x(t) = e^{-i3t} + 0e^{-i2t} + i\frac{3}{2}e^{-it} + 1 - i\frac{3}{2}e^{it} + 0e^{i2t} + e^{i3t}$ と表現できる。

【3】 $\boldsymbol{A}\boldsymbol{a} = \left(\boldsymbol{I} - \frac{1}{\boldsymbol{a}^H\boldsymbol{a}}\boldsymbol{a}\boldsymbol{a}^H\right)\boldsymbol{a} = \boldsymbol{a} - \frac{\boldsymbol{a}^H\boldsymbol{a}}{\boldsymbol{a}^H\boldsymbol{a}}\boldsymbol{a} = 0$ より，$\boldsymbol{a} \in N(\boldsymbol{A})$ が示された。

5章

【1】 コーシー・シュワルツの不等式 $|\langle \boldsymbol{x}, \boldsymbol{y} \rangle| \leq \|\boldsymbol{x}\|\|\boldsymbol{y}\|$ より $\frac{|\langle \boldsymbol{x}, \boldsymbol{y} \rangle|}{\|\boldsymbol{x}\|\|\boldsymbol{y}\|} = |\cos\theta| \leq 1$ なので，$-1 \leq \cos\theta \leq 1$ を得る。

【2】 $\cos\theta = \frac{\langle \boldsymbol{x}, \boldsymbol{y} \rangle}{\|\boldsymbol{x}\|}\|\boldsymbol{y}\| = \frac{\langle a\boldsymbol{y}, \boldsymbol{y} \rangle}{a\|\boldsymbol{y}\|}\|\boldsymbol{y}\| = \frac{\|\boldsymbol{y}\|^2}{\|\boldsymbol{y}\|^2} = 1$　したがって，$\theta = 0$

【3】 $\|\boldsymbol{v}\|^2 = \langle \frac{1}{\|\boldsymbol{u}\|}\boldsymbol{u}, \frac{1}{\|\boldsymbol{u}\|}\boldsymbol{u} \rangle = \frac{1}{\|\boldsymbol{u}\|^2}\langle \boldsymbol{u}, \boldsymbol{u} \rangle = \frac{1}{\|\boldsymbol{u}\|^2}\|\boldsymbol{u}\|^2 = 1$

【4】 コーシー・シュワルツの不等式を用いることで

$$\|\boldsymbol{x} + \boldsymbol{y}\|^2 = \langle \boldsymbol{x} + \boldsymbol{y}, \boldsymbol{x} + \boldsymbol{y} \rangle = \|\boldsymbol{x}\|^2 + \langle \boldsymbol{x}, \boldsymbol{y} \rangle + \langle \boldsymbol{y}, \boldsymbol{x} \rangle + \|\boldsymbol{y}\|^2$$
$$= \|\boldsymbol{x}\|^2 + \langle \boldsymbol{x}, \boldsymbol{y} \rangle + \overline{\langle \boldsymbol{x}, \boldsymbol{y} \rangle} + \|\boldsymbol{y}\|^2$$
$$= \|\boldsymbol{x}\|^2 + 2\mathrm{Re}\langle \boldsymbol{x}, \boldsymbol{y} \rangle + \|\boldsymbol{y}\|^2$$

$$\le \|\boldsymbol{x}\|^2 + 2|\langle \boldsymbol{x}, \boldsymbol{y}\rangle| + \|\boldsymbol{y}\|^2$$
$$\le \|\boldsymbol{x}\|^2 + 2\|\boldsymbol{x}\|\|\boldsymbol{y}\| + \|\boldsymbol{y}\|^2$$
$$= (\|\boldsymbol{x}\| + \|\boldsymbol{y}\|)^2$$

を得る。なお，任意の複素数に対する関係 $\mathrm{Re}[z] \le |z|$ を用いた。

6章

【1】 (1) $\boldsymbol{v}_1 = \dfrac{1}{\sqrt{1+(-i)^2}}\begin{bmatrix}1\\-i\end{bmatrix} = \dfrac{1}{\sqrt{2}}\begin{bmatrix}1\\-i\end{bmatrix}$ となる。同様にして $\boldsymbol{v}_2 = \dfrac{1}{\sqrt{2}}\begin{bmatrix}1\\i\end{bmatrix}$ となる。

(2) $\boldsymbol{v}_1^H\boldsymbol{v}_2 = \dfrac{1}{2}(1+i^2) = 0$ より $\boldsymbol{v}_1$ と $\boldsymbol{v}_2$ は正規直交の関係にある。また，$\boldsymbol{v}_2 = \overline{\boldsymbol{v}_1}$。$\boldsymbol{c} = \alpha\boldsymbol{v}_1 + \beta\boldsymbol{v}_2$ で表現すると，そこで，$\alpha = \boldsymbol{v}_1^H\boldsymbol{c} = \dfrac{1}{\sqrt{2}}(c_1+ic_2)$。同様にして，$\beta = \dfrac{1}{\sqrt{2}}(c_1-ic_2) = \overline{\alpha}$ である。したがって，$\boldsymbol{c} = \alpha\boldsymbol{v}_1 + \overline{\alpha\boldsymbol{v}_2} = 2\mathrm{Re}[\alpha\boldsymbol{v}_1]$ となる。よって，$\boldsymbol{R}(\theta)\boldsymbol{c} = 2\mathrm{Re}\left[\dfrac{1}{2}e^{i\theta}(c_1+ic_2)\begin{bmatrix}1\\-i\end{bmatrix}\right]$ より証明できた。ユークリッド平面上のベクトルの回転が，複素平面上での複素数の回転に対応していることがこのことから理解できる。

【2】 $\langle \boldsymbol{A}\boldsymbol{u}_i, \boldsymbol{u}_j\rangle = \lambda_i\langle \boldsymbol{u}_i, \boldsymbol{u}_j\rangle$ である。また，$\langle \boldsymbol{u}_i, \boldsymbol{A}\boldsymbol{u}_j\rangle = \lambda_j\langle \boldsymbol{u}_i, \boldsymbol{u}_j\rangle$ である。$i \ne j$ で，$\lambda_i \ne \lambda_j$ であれば，$\langle \boldsymbol{u}_i, \boldsymbol{u}_j\rangle = 0$ を得る。

【3】 固有値分解 $\boldsymbol{A} = \boldsymbol{U}\boldsymbol{\Lambda}\boldsymbol{U}^H$ に対して，$\boldsymbol{X} = \boldsymbol{U}\boldsymbol{\Lambda}^{-1}\boldsymbol{U}^H$ を定義する。$\boldsymbol{U}$ のユニタリ性から $\boldsymbol{X}\boldsymbol{A} = (\boldsymbol{U}\boldsymbol{\Lambda}^{-1}\boldsymbol{U}^H)(\boldsymbol{U}\boldsymbol{\Lambda}\boldsymbol{U}^H) = \boldsymbol{U}\boldsymbol{\Lambda}^{-1}\boldsymbol{\Lambda}\boldsymbol{U}^H = \boldsymbol{U}\boldsymbol{U}^H = \boldsymbol{I}$ を得る。同様にして，$\boldsymbol{A}\boldsymbol{X} = \boldsymbol{I}$ も確認できる。したがって，$\boldsymbol{X} = \boldsymbol{A}^{-1}$ である。

【4】 $\boldsymbol{A}$ の固有ベクトル $\boldsymbol{u}$ に対して

$$\boldsymbol{u}^H\boldsymbol{A}\boldsymbol{u} = \boldsymbol{u}^H(\lambda\boldsymbol{u}) = \lambda\boldsymbol{u}^H\boldsymbol{u} = \lambda\|\boldsymbol{u}\|^2 \ge 0$$

が成り立つ。$\|\boldsymbol{u}\|^2 > 0$ なので，$\lambda \ge 0$ が成り立つ。

【5】 $\boldsymbol{x}^H\boldsymbol{H}\boldsymbol{H}^H\boldsymbol{x} = (\boldsymbol{H}^H\boldsymbol{x})^H\boldsymbol{H}^H\boldsymbol{x} = \|\boldsymbol{H}^H\boldsymbol{x}\|^2 \ge 0$ が成り立つので，半正定値性が示される。

7章

【1】 それぞれの固有値問題は $\boldsymbol{A}^H\boldsymbol{A}\boldsymbol{v} = \alpha\boldsymbol{v}$，$\boldsymbol{A}\boldsymbol{A}^H\boldsymbol{u} = \beta\boldsymbol{u}$ である。第1式の両辺に左から $\boldsymbol{A}$ を乗じると $\boldsymbol{A}\boldsymbol{A}^H(\boldsymbol{A}\boldsymbol{v}) = \alpha(\boldsymbol{A}\boldsymbol{v})$ なので，$\boldsymbol{A}\boldsymbol{v}$ は，$\boldsymbol{A}\boldsymbol{A}^H$ の固有ベクトルである。したがって，$\boldsymbol{A}\boldsymbol{A}^H\boldsymbol{u} = \alpha\boldsymbol{u}$ が成り立ち，固有値の一致

が確かめられた。

【２】 $\boldsymbol{A}^H\boldsymbol{A}$ の固有値分解は $\boldsymbol{A}^H\boldsymbol{A} = \boldsymbol{V}\boldsymbol{\Delta}^2\boldsymbol{V}^H$ で与えられるので，式 (7.8) より

$$\begin{aligned}\boldsymbol{U}^H\boldsymbol{U} &= (\boldsymbol{A}\boldsymbol{V}\boldsymbol{\Delta}^{-1})^H\boldsymbol{A}\boldsymbol{V}\boldsymbol{\Delta}^{-1} = \boldsymbol{\Delta}^{-1}\boldsymbol{V}^H\boldsymbol{A}^H\boldsymbol{A}\boldsymbol{V}\boldsymbol{\Delta}^{-1}\\ &= \boldsymbol{\Delta}^{-1}\boldsymbol{V}^H(\boldsymbol{V}\boldsymbol{\Delta}^2\boldsymbol{V}^H)\boldsymbol{V}\boldsymbol{\Delta}^{-1} = \boldsymbol{\Delta}^{-1}\boldsymbol{\Delta}^2\boldsymbol{\Delta}^{-1} = \boldsymbol{I}_r\end{aligned}$$

のように直交性が示された。

【３】 **条件 1**

$$\begin{aligned}\boldsymbol{A}\boldsymbol{A}^+\boldsymbol{A} &= \left(\sum_{i=1}^{p}\mu_i\boldsymbol{u}_i\boldsymbol{v}_i^H\right)\left(\sum_{i=1}^{p}\frac{1}{\mu_i}\boldsymbol{v}_i\boldsymbol{u}_i^H\right)\left(\sum_{i=1}^{p}\mu_i\boldsymbol{u}_i\boldsymbol{v}_i^H\right)\\ &= \left(\sum_{i=1}^{p}\boldsymbol{u}_i\boldsymbol{u}_i^H\right)\left(\sum_{i=1}^{p}\mu_i\boldsymbol{u}_i\boldsymbol{v}_i^H\right) = \sum_{i=1}^{p}\mu_i\boldsymbol{u}_i\boldsymbol{v}_i^H = \boldsymbol{A}\end{aligned}$$

条件 2

$$\begin{aligned}\boldsymbol{A}^+\boldsymbol{A}\boldsymbol{A}^+ &= \left(\sum_{i=1}^{p}\frac{1}{\mu_i}\boldsymbol{v}_i\boldsymbol{u}_i^H\right)\left(\sum_{i=1}^{p}\mu_i\boldsymbol{u}_i\boldsymbol{v}_i^H\right)\left(\sum_{i=1}^{p}\frac{1}{\mu_i}\boldsymbol{v}_i\boldsymbol{u}_i^H\right)\\ &= \left(\sum_{i=1}^{p}\boldsymbol{v}_i\boldsymbol{v}_i^H\right)\left(\sum_{i=1}^{p}\frac{1}{\mu_i}\boldsymbol{v}_i\boldsymbol{u}_i^H\right) = \sum_{i=1}^{p}\frac{1}{\mu_i}\boldsymbol{v}_i\boldsymbol{u}_i^H = \boldsymbol{A}^+\end{aligned}$$

条件 3　左辺は

$$\begin{aligned}(\boldsymbol{A}\boldsymbol{A}^+)^H &= (\boldsymbol{A}^+)^H\boldsymbol{A}^H = \left(\sum_{i=1}^{p}\frac{1}{\mu_i}\boldsymbol{v}_i\boldsymbol{u}_i^H\right)^H\left(\sum_{i=1}^{p}\mu_i\boldsymbol{u}_i\boldsymbol{v}_i^H\right)^H\\ &= \left(\sum_{i=1}^{p}\frac{1}{\mu_i}\boldsymbol{u}_i\boldsymbol{v}_i^H\right)\left(\sum_{i=1}^{p}\mu_i\boldsymbol{v}_i\boldsymbol{u}_i^H\right) = \sum_{i=1}^{p}\boldsymbol{u}_i\boldsymbol{u}_i^H\end{aligned}$$

一方，右辺は

$$\boldsymbol{A}\boldsymbol{A}^+ = \left(\sum_{i=1}^{p}\mu_i\boldsymbol{u}_i\boldsymbol{v}_i^H\right)\left(\sum_{i=1}^{p}\frac{1}{\mu_i}\boldsymbol{v}_i\boldsymbol{u}_i^H\right) = \sum_{i=1}^{p}\boldsymbol{u}_i\boldsymbol{u}_i^H$$

となり，両辺一致する。

条件 4　左辺は

$$\begin{aligned}(\boldsymbol{A}^+\boldsymbol{A})^H &= \boldsymbol{A}^H(\boldsymbol{A}^+)^H = \left(\sum_{i=1}^{p}\mu_i\boldsymbol{u}_i\boldsymbol{v}_i^H\right)^H\left(\sum_{i=1}^{p}\frac{1}{\mu_i}\boldsymbol{v}_i\boldsymbol{u}_i^H\right)^H\\ &= \left(\sum_{i=1}^{p}\mu_i\boldsymbol{v}_i\boldsymbol{u}_i^H\right)\left(\sum_{i=1}^{p}\frac{1}{\mu_i}\boldsymbol{u}_i\boldsymbol{v}_i^H\right) = \sum_{i=1}^{p}\boldsymbol{v}_i\boldsymbol{v}_i^H\end{aligned}$$

一方，右辺は

$$\boldsymbol{A}^{+}\boldsymbol{A} = \left(\sum_{i=1}^{p} \frac{1}{\mu_i}\boldsymbol{v}_i\boldsymbol{u}_i^H\right)\left(\sum_{i=1}^{p} \mu_i\boldsymbol{u}_i\boldsymbol{v}_i^H\right) = \sum_{i=1}^{p} \boldsymbol{v}_i\boldsymbol{v}_i^H$$

となり，両辺一致する。

【4】 $\boldsymbol{V}$ は $N \times N$ のユニタリ行列なので，$\boldsymbol{\Delta V}^H$ は可逆である。特異値分解の両辺に右から $(\boldsymbol{\Delta V}^H)^{-1}$ を乗じると，$\boldsymbol{U} = \boldsymbol{A}(\boldsymbol{\Delta V}^H)^{-1} = \boldsymbol{AV\Delta}^{-1}$ である。これより，$\boldsymbol{U}^H\boldsymbol{U} = \boldsymbol{\Delta V}^H\boldsymbol{A}^H\boldsymbol{AV\Delta}^{-1}$ となるが，$\boldsymbol{A}^H\boldsymbol{A}$ の固有値分解 $\boldsymbol{A}^H\boldsymbol{A} = \boldsymbol{V\Delta}^2\boldsymbol{V}^H$ を用いると，$\boldsymbol{U}^H\boldsymbol{U} = \boldsymbol{\Delta V}^H(\boldsymbol{V\Delta}^2\boldsymbol{V}^H)\boldsymbol{V\Delta}^{-1} = \boldsymbol{I}$ を得る。

【5】 【3】の解より，$\boldsymbol{P} = \sum_{i=1}^{p} \boldsymbol{u}_i\boldsymbol{u}_i^H$ である。これより

$$\boldsymbol{P}^2 = \left(\sum_{i=1}^{p} \boldsymbol{u}_i\boldsymbol{u}_i^H\right)\left(\sum_{i=1}^{p} \boldsymbol{u}_i\boldsymbol{u}_i^H\right) = \sum_{i=1}^{p} \boldsymbol{u}_i\boldsymbol{u}_i^H = \boldsymbol{P}$$

を得る。また，$\boldsymbol{P}^H = \left(\sum_{i=1}^{p} \boldsymbol{u}_i\boldsymbol{u}_i^H\right)^H = \sum_{i=1}^{p} \boldsymbol{u}_i\boldsymbol{u}_i^H = \boldsymbol{P}$ を得る。

8章

【1】 $P(x_1 < X \leq x_2) = F_X(x_2) - F_x(x_1) = \int_{-\infty}^{x_2} f_X(x)dx - \int_{-\infty}^{x_1} f_X(x)dx = \int_{x_1}^{-\infty} f_X(x)dx + \int_{-\infty}^{x_2} f_X(x)dx = \int_{x_1}^{x_2} f_X(x)dx$

【2】 ガウスの積分公式 (8.12) を用いる。正規分布で $X = \dfrac{x-\mu}{\sqrt{2\sigma^2}}$ とおくと，$dx = \sqrt{2\sigma^2}dX$ なので

$$\begin{aligned}\frac{1}{\sqrt{2\pi\sigma^2}}\int_{-\infty}^{\infty} e^{-\frac{(x-\mu)^2}{2\sigma^2}}dx &= \frac{1}{\sqrt{2\pi\sigma^2}}\int_{-\infty}^{\infty} e^{-X^2}dX \\ &= \sqrt{2\sigma^2}dX = \frac{1}{\sqrt{\pi}}\int_{-\infty}^{\infty} e^{-X^2}dX = 1\end{aligned}$$

【3】 分散の定義より，$\sigma_X^2 = E[(X-\mu_X)^2] = E[X^2 - 2X\mu_X + \mu_X^2] = E[X^2] - 2\mu_X E[X] + \bar{X}^2 = E[X^2] - (E[X])^2$ を得る $\mu_X = E[X]$ であることと，μ_X は定数であることを利用した。

【4】 X と Y の同時確率密度関数を $f_{X,Y}(x,y)$，それぞれの周辺確率密度関数を $f_X(x)$，$f_Y(y)$ とする。統計的に独立であれば，$f_{X,Y}(x,y) = f_X(x)f_Y(y)$ が成り立つ。このとき，XY の相関は，$E[XY] = \int\int xyf_{X,Y}(x,y)dxdy =$

$$\int\int xyf_X(x)f_Y(y)dxdy = \left(\int xf_X(x)dx\right)\left(\int yf_Y(y)dy\right) = E[X]E[Y]$$

が成り立ち，無相関性が示された。

【5】 共分散の定義より $\sigma_{12} = E[(X_1 - \mu_{X_1})(X_2 - \mu_{X_2})] = E[X_1X_2 - \mu_{X_1}X_2 - X_1\mu_{X_2} + \mu_{X_1}\mu_{X_2}] = E[X_1X_2] - \mu_{X_1}E[X_2] - E[X_1]\mu_{X_2} + \mu_{X_1}\mu_{X_2} = E[X_1X_2] - E[X_1]E[X_2]$ を得る。

9章 ………………………………………………………………

【1】 $\boldsymbol{P}^2 = \boldsymbol{X}(\boldsymbol{X}^H\boldsymbol{X})^{-1}\boldsymbol{X}^H\boldsymbol{X}(\boldsymbol{X}^H\boldsymbol{X})^{-1}\boldsymbol{X}^H = \boldsymbol{X}(\boldsymbol{X}^H\boldsymbol{X})^{-1}\boldsymbol{X}^H = \boldsymbol{P}$ が成り立つ。また，$\boldsymbol{P}^H = (\boldsymbol{X}(\boldsymbol{X}^H\boldsymbol{X})^{-1}\boldsymbol{X}^H)^H = \boldsymbol{X}((\boldsymbol{X}^H\boldsymbol{X})^{-1})^H\boldsymbol{X}^H$ となるが，式 (3.26) と (3.17) より $((\boldsymbol{X}^H\boldsymbol{X})^{-1})^H = ((\boldsymbol{X}^H\boldsymbol{X})^H)^{-1} = (\boldsymbol{X}^H\boldsymbol{X})^{-1}$ となるので，$\boldsymbol{P}^H = \boldsymbol{P}$ が成り立つ。

【2】 式 (7.18) より，$(\boldsymbol{X}^H\boldsymbol{X})^+ = \boldsymbol{X}^+(\boldsymbol{X}^H)^+$ が成り立つので，$(\boldsymbol{X}^H\boldsymbol{X})^+\boldsymbol{X}^H = \boldsymbol{X}^+(\boldsymbol{X}^H)^+\boldsymbol{X}^H = \boldsymbol{X}^+(\boldsymbol{X}^+)^H\boldsymbol{X}^H = \boldsymbol{X}^+(\boldsymbol{X}\boldsymbol{X}^+)^H = \boldsymbol{X}^+\boldsymbol{X}\boldsymbol{X}^+ = \boldsymbol{X}^+$ が成り立つ。ここで，式 (7.17) と，定義 7.1 の条件 3 を用いた。この結果よりただちに，$(\boldsymbol{X}^H\boldsymbol{X})^+\boldsymbol{X}^H\boldsymbol{X} = \boldsymbol{X}^+\boldsymbol{X}$ も成り立つので，式 (9.20) が成り立つ。

【3】 エルミート性は明らか。つぎに，任意のベクトル $\boldsymbol{p} \in \mathbb{C}^N$ に対して

$$\begin{aligned}\boldsymbol{p}^H\boldsymbol{R}\boldsymbol{p} &= \boldsymbol{p}^H\left(\sum_{k=1}^{K}\boldsymbol{x}(k)\boldsymbol{x}^H(k)\right)\boldsymbol{p}\\ &= \sum_{k=1}^{L}\boldsymbol{p}^H\boldsymbol{x}(k)\boldsymbol{x}^H(k)\boldsymbol{p} = \sum_{k=1}^{L}\boldsymbol{p}^H\boldsymbol{x}(k)\overline{\boldsymbol{p}^H\boldsymbol{x}(k)}\\ &= \sum_{k=1}^{L}|\boldsymbol{p}^H\boldsymbol{x}(k)|^2 \geq 0\end{aligned}$$

が成り立つので，$\boldsymbol{R}$ は半正定値である。

付録A ………………………………………………………………

【1】 (1) エルミート性（$\boldsymbol{A}^H = \boldsymbol{A}$）より，$\overline{\boldsymbol{x}^H\boldsymbol{A}\boldsymbol{x}} = \boldsymbol{x}^H\boldsymbol{A}\boldsymbol{x}$ が成り立つので，この項は実数である。また，$\boldsymbol{x}^H\boldsymbol{b} = \overline{\boldsymbol{b}^H\boldsymbol{x}}$ なので，$\boldsymbol{b}^H\boldsymbol{x}+\boldsymbol{x}^H\boldsymbol{b} = \boldsymbol{b}^H\boldsymbol{x}+\overline{\boldsymbol{b}^H\boldsymbol{x}}$ であり，複素数とその共役の和は実数になるため，この項も実数である。

(2) $f(\boldsymbol{x})$ をトレースで表すと，$f(\boldsymbol{x}) = \mathrm{tr}\left[\boldsymbol{A}\boldsymbol{x}\boldsymbol{x}^H + \boldsymbol{x}\boldsymbol{b}^H + \boldsymbol{b}\boldsymbol{x}^H\right]$ となるので，$df(\boldsymbol{x}) = \mathrm{tr}\left[\boldsymbol{A}d\boldsymbol{x}\boldsymbol{x}^H + \boldsymbol{A}\boldsymbol{x}d\boldsymbol{x}^H + \boldsymbol{b}^Hd\boldsymbol{x} + d\boldsymbol{x}^H\boldsymbol{b}\right] = \mathrm{tr}\left[(\boldsymbol{x}^H\boldsymbol{A} + \boldsymbol{b}^H)^Td\boldsymbol{x}^T + (\boldsymbol{A}\boldsymbol{x}+\boldsymbol{b})d\boldsymbol{x}^H\right]$ なので，$\dfrac{\partial f}{\partial \overline{\boldsymbol{x}}} = \boldsymbol{A}\boldsymbol{x}+\boldsymbol{b}$

【2】 フロベニウスノルムをトレースで表すと

$$J(\boldsymbol{W}) = \mathrm{tr}\Big[\boldsymbol{X}\boldsymbol{X}^H - \boldsymbol{W}\boldsymbol{W}^H\boldsymbol{X}\boldsymbol{X}^H - \boldsymbol{X}\boldsymbol{X}^H\boldsymbol{W}\boldsymbol{W}^H + \boldsymbol{W}\boldsymbol{W}^H\boldsymbol{X}\boldsymbol{X}^H\boldsymbol{W}\boldsymbol{W}^H\Big]$$

となる。これを $\boldsymbol{W}$ で微分すれば

$$\begin{aligned} dJ(\boldsymbol{W}) = \mathrm{tr}\Big[&-d\boldsymbol{W}\boldsymbol{W}^H\boldsymbol{X}\boldsymbol{X}^H - \boldsymbol{W}d\boldsymbol{W}^H\boldsymbol{X}\boldsymbol{X}^H - \boldsymbol{X}\boldsymbol{X}^H d\boldsymbol{W}\boldsymbol{W}^H \\ &- \boldsymbol{X}\boldsymbol{X}^H\boldsymbol{W}d\boldsymbol{W}^H + d\boldsymbol{W}\boldsymbol{W}^H\boldsymbol{X}\boldsymbol{X}^H\boldsymbol{W}\boldsymbol{W}^H \\ &+ \boldsymbol{W}d\boldsymbol{W}^H\boldsymbol{X}\boldsymbol{X}^H\boldsymbol{W}\boldsymbol{W}^H + \boldsymbol{W}\boldsymbol{W}^H\boldsymbol{X}\boldsymbol{X}^H d\boldsymbol{W}\boldsymbol{W}^H \\ &+ \boldsymbol{W}\boldsymbol{W}^H\boldsymbol{X}\boldsymbol{X}^H\boldsymbol{W}d\boldsymbol{W}^H\Big] \\ = \mathrm{tr}\Big[&(\boldsymbol{W}^H\boldsymbol{X}\boldsymbol{X}^H\boldsymbol{W}\boldsymbol{W}^H + \boldsymbol{W}^H\boldsymbol{W}\boldsymbol{W}^H\boldsymbol{X}\boldsymbol{X}^H - 2\boldsymbol{W}^H\boldsymbol{X}\boldsymbol{X}^H)^T d\boldsymbol{W}^T \\ &+ (\boldsymbol{W}\boldsymbol{W}^H\boldsymbol{X}\boldsymbol{X}^H + \boldsymbol{X}\boldsymbol{X}^H\boldsymbol{W}^H\boldsymbol{W}\boldsymbol{W}^H - 2\boldsymbol{X}\boldsymbol{X}^H\boldsymbol{W})d\boldsymbol{W}^H\Big] \end{aligned}$$

より

$$\frac{\partial J}{\partial \overline{\boldsymbol{W}}} = \boldsymbol{W}\boldsymbol{W}^H\boldsymbol{X}\boldsymbol{X}^H + \boldsymbol{X}\boldsymbol{X}^H\boldsymbol{W}^H\boldsymbol{W}\boldsymbol{W}^H - 2\boldsymbol{X}\boldsymbol{X}^H\boldsymbol{W}$$

を得る。

索　　　　引

—— 著 者 略 歴 ——

1997年　東京工業大学工学部電気・電子工学科卒業
2000年　東京工業大学大学院理工学研究科修士課程修了
2002年　東京工業大学大学院理工学研究科博士後期課程修了
　　　　博士（工学）
2002年　理化学研究所脳科学総合研究センター研究員
2004年　東京農工大学講師
2006年　東京農工大学助教授
2007年　東京農工大学准教授
2018年　東京農工大学教授
　　　　現在に至る

信号・データ処理のための行列とベクトル
—複素数，線形代数，統計学の基礎—
Matrices and Vectors for Signal and Data Processing
—Fundamentals of Complex Numbers, Linear Algebra and Statistics—

2019 年 8 月 5 日　初版第 1 刷発行
2021 年 9 月 20 日　初版第 2 刷発行

検印省略

著　者　田中聡久（たなか としひさ）
発行者　株式会社　コロナ社
　　　　代表者　牛来真也
印刷所　三美印刷株式会社
製本所　有限会社　愛千製本所

112–0011　東京都文京区千石 4–46–10
発行所　株式会社　コロナ社
CORONA PUBLISHING CO., LTD.
Tokyo Japan
振替 00140–8–14844・電話(03)3941–3131(代)
ホームページ　https://www.coronasha.co.jp

ISBN 978–4–339–01401–3　C3355　Printed in Japan　（齋藤）